EDA 工程与应用丛书

# Cadence 16.6 高速电路板设计与仿真

左　昉　李　刚　等编著

机 械 工 业 出 版 社

本书以 Cadence 16.6 为平台，介绍了电路的设计与仿真的相关知识。全书共分 12 章，内容包括 Cadence 基础入门、原理图库、原理图基础、原理图环境设置、元件操作、原理图的电气连接、原理图的后续处理、仿真电路、创建 PCB 封装库、印制电路板设计、布局和布线。

本书在介绍的过程中，作者根据自己多年的经验及学习的心得，及时给出了章节总结和相关提示，帮助读者及时快捷地掌握所学知识。全书介绍详实、图文并茂、语言简洁、思路清晰。

本书可以作为大中专院校电子相关专业课程教材，也可以作为各种培训机构培训教材，同时也适合电子设计爱好者作为自学辅导书。

随书配送的多功能学习光盘包含全书实例的源文件素材和全部实例同步讲解动画，同时为方便老师备课精心制作了多媒体电子教案。

**图书在版编目（CIP）数据**

Cadence 16.6 高速电路板设计与仿真 / 左昉等编著 . —北京：机械工业出版社，2016.4（2024.1 重印）
（EDA 工程与应用丛书）
ISBN 978-7-111-54732-7

Ⅰ．①C… Ⅱ．①左… Ⅲ．①印刷电路-计算机辅助设计-应用软件
Ⅳ．①TN410.2

中国版本图书馆 CIP 数据核字（2016）第 209153 号

机械工业出版社（北京市百万庄大街 22 号　邮政编码 100037）
策划编辑：尚　晨　　责任编辑：尚　晨
责任校对：张艳霞　　责任印制：邓　博
北京盛通数码印刷有限公司印刷

2024 年 1 月第 1 版·第 3 次印刷
184mm×260mm·25 印张·619 千字
标准书号：ISBN 978-7-111-54732-7
　　　　　　ISBN：978-7-89386-077-5（光盘）
定价：69.00 元（含 1CD）

# 前　言

Cadence（Cadence Design Systems Inc.）是一家世界领先的电子设计自动化（Electronic Design Automation，EDA）工具软件公司，在国际上有着很强的品牌影响力和很大的市场份额，而中国正在从中国制造朝中国设计迈进，市场的潜力正在被越来越多的跨国电子设计公司所重视。

Cadence 公司以 Cadence 为平台，推出 PCB 设计布线工具 Allegro SPB 和前端产品 OrCAD Capture，两者完美结合，为当前高速、高密度、多层的复杂 PCB 设计提供了完美的解决方案。2012 年，Cadence 公司为了解决高级 IC 封装系统小型化、设计周期缩减和 DFM 驱动设计的问题，发布了新版本——Cadence 16.6。

Cadence 16.6 的原理图编辑器 OrCAD Capture CIS，提供了方便、快捷、直观的原理图编辑功能，支持层次式原理图创建及变体设计输出，元件信息管理系统（CIS）帮助用户缩短了产品设计周期、降低了产品成本。

Cadence 16.6 的 PCB 设计界面 Allegro PCB Editor，提供了从布局、布线到生产文件输出等一系列强大功能，如多人协同设计、RF PCB 设计、可制造性检查、SI/PI 分析、约束驱动的布局布线，降低了反复试样的风险；帮助工程师快速准确地完成 PCB Layout，降低研发成本。

Cadence 16.6 的仿真与分析编辑器 PSpice Model Editor 中的 PSpice AD/AA，可以提供工业标准的 Spice 仿真器，以解决电路功能仿真以及参数优化等各种问题，从而提高产品性能及可靠性，另外，Allegro Sigrity 提供基于非理想电源平面技术的 SI/PI 仿真分析一站式解决方案，帮助客户轻松应对当今高速设计中的 SI/PI/EMC 挑战。

本书针对硬件开发人员及相关专业的学生，对需要使用的原理图输入、相关的原理图检查及约束管理器等工具进行了全面的阐述，并对 PCB 编辑器有关的内容作了简单介绍，从而加强电路图设计者对工具的理解。

本书除利用书面讲解外，随书还配送了多功能学习光盘。光盘中包含全书讲解实例和练习实例的源文件素材，同时为方便老师备课精心制作了多媒体电子教案，并制作了全程实例同步讲解动画。通过作者精心设计的多媒体窗口，读者可以得心应手，轻松愉悦地学习本书。

本书由北京科技大学左昉和军械工程学院的李刚主编，其中左昉执笔编写了第 1 ~ 6 章，李刚执笔编写了第 7 ~ 12 章。王敏、张辉、赵志超、徐声杰、朱豆莲、赵黎黎、张琪、宫鹏涵、李兵、许洪、闫国超、解江坤、张亭、秦志霞等也为本书出版提供了大量的帮助，在此一并表示感谢。

本书作者几易其稿，由于时间仓促加之水平有限，书中不足之处在所难免，望广大读者登录 www. sjzswsw. com 或联系 win760520@ 126. com 批评指正，作者将不胜感激，也欢迎加入三维书屋图书学习交流群 QQ：379090620 交流探讨。

编　者

# 目　　录

# 第1章 Cadence 基础入门

本章将从 Cadence SPB 16.6 的功能特点讲起，介绍该软件的界面环境及基本操作方式，使读者从总体上了解和熟悉软件的基本结构和操作流程。

 知识点

- Cadence 软件新功能
- Cadence 功能模块
- Cadence 软件平台介绍

## 1.1 电路总体设计流程

为了让用户对电路设计过程有一个整体的认识和理解，下面介绍一下印制电路板（Printed circuit board，PCB）的总体设计流程。

通常情况下，从接到设计任务书到最终制作出 PCB，主要通过以下几个步骤来实现：

**1. 案例分析**

这个步骤严格来说并不是 PCB 设计的内容，但对后面的 PCB 设计又是必不可少的环节。案例分析的主要任务是来决定如何设计原理图电路，同时也影响到 PCB 如何规划。

**2. 绘制原理图元器件**

虽然 Cadence 提供了丰富的原理图元器件库，但不可能包括所有元器件，必要时需动手设计原理图元器件，建立自己的元器件库。

**3. 绘制电路原理图**

找到原理图中所有需要的元器件后，就可以开始绘制原理图了。根据电路复杂程度决定是否需要使用层次原理图。完成原理图后，用 ERC（电气规则检查）工具查错，找到出错原因并修改原理图电路，重新查错直到没有原则性错误为止。

**4. 电路仿真**

在设计电路原理图之前，有时候会对某一部分电路设计并不十分确定，因此需要通过电路仿真来验证。电路仿真还可以用于确定电路中某些重要元器件的参数。

**5. 绘制元器件封装**

与原理图元器件库一样，电路板封装库也不可能提供所有元器件的封装。需要时自行设计并建立新的元器件封装库。

**6. 设计 PCB**

确认原理图没有错误之后，则开始 PCB 的绘制。首先绘出 PCB 的轮廓，确定工艺要求（如使用几层板等）。然后将原理图传输到 PCB 中，在网络报表（简单介绍来历功能）、设计规则和原理图的引导下布局和布线。最后利用 DRC（设计规则检查）工具查错。此过程是电路设计时另一个关键环节，它将决定该产品的实用性能，需要考虑的因素很多，针对不同的电路有不同要求。

**7. 文档整理**

对原理图、PCB 图及元器件清单等文件予以保存，以便日后维护、修改。

# 1.2 Cadence 软件平台介绍

Cadence 公司在 EDA 领域处于国际领先地位，旗下有 PCB 设计领域众所周知的 OrCAD 和 Allegro SPB 两个品牌，其中 OrCAD 为其 20 世纪 90 年代收购的品牌，Allegro SPB 为其自有品牌，早期版本称为 Allegro PSD。经过十余年的发展，目前 Cadence PCB 领域仍执行双品牌战略，OrCAD 覆盖中低端市场（以极低的价格就可以获得好用的工具，主要与 Altium Designer 和 PADS 竞争），Allegro SPB 覆盖中高端市场（与 Mentor 和 Zuken 竞争）。

## 1.2.1 OrCAD Capture CIS 工作平台

Design Entry CIS 成功启动后便可进入主窗口 OrCAD Capture CIS，如图 1-1 所示。用户可以使用该窗口进行工程文件的操作，如创建新工程、打开文件、保存文件等。

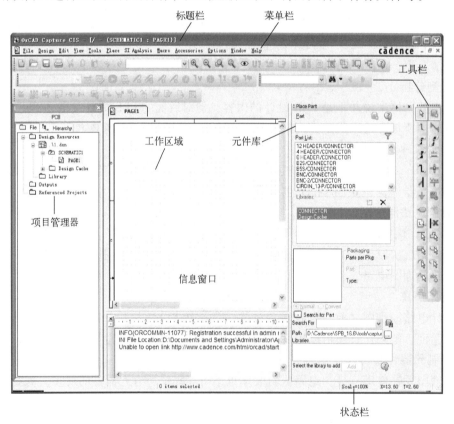

图 1-1　OrCAD Capture CIS 原理图编辑环境

原理图设计平台同标准的 Windows 软件的风格一致，包括从层叠式菜单结构到快捷键的使用，还有工具栏等。

从图 1-1 中可知，OrCAD Capture CIS 窗口由 8 个部分组成，分别是：

- 标题栏：显示当前打开软件的名称及文件的路径、名称。
- 菜单栏：同所有的标准 Windows 应用软件一样，OrCAD Capture CIS 采用的是标准的下拉式菜单。
- 工具栏：在工具栏中收集了一些比较常用功能，将它们图标化以方便用户操作使用。
- 项目管理器：此窗口可以根据需要打开和关闭，并显示工程项目的层次结构。
- 工作区域：原理图绘制、编辑的区域。
- 信息窗口：在该窗口中实时显示文件运行阶段信息。
- 状态栏：在进行各种操作时状态栏都会实时显示一些相关的信息，所以在设计过程中应及时查看状态栏。
- 元件库：可随时打开或关闭，在此窗口中进行元件的添加、搜索与查询等操作，是原理图设计的基础。

在上述图形界面中，除了标题栏和菜单栏之外，其余的各部分可以根据需要进行打开或关闭。

## 1.2.2 Design Entry HDL 工作平台

Design Entry HDL 是 Cadence 公司自身的旧版软件 Concept HDL 的升级版本，支持行为和结构的设计描述，并综合了模块编辑功能。将原理图分成很多页，每次只显示一页。原理图中的所有元件均参考不同的库，可以用归档功能将所用的库归档到一起。

在打开一个原理图设计文件或创建了一个新的原理图文件的同时，"Design Entry HDL"的原理图编辑器"Allegro Design Entry HDL"将被启动，即打开了电路原理图的软件编辑环境，如图 1-2 所示。

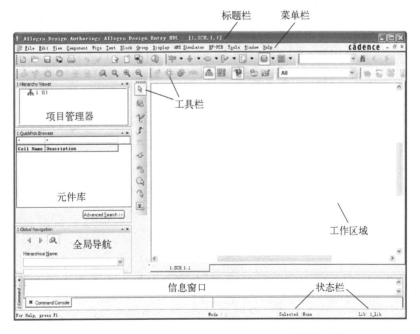

图 1-2 "Allegro Design Entry HDL"原理图编辑环境

原理图设计平台同标准的 Windows 软件风格一致，包括从层叠式菜单结构到快捷键的使用，还有工具栏等。

PADS Logic 窗口由 9 个部分组成，分别是：

- 标题栏：显示当前打开软件的名称及文件的路径、名称。
- 菜单栏：同所有的标准 Windows 应用软件一样，Allegro Design Entry HDL 采用的是标准的下拉式菜单。
- 工具栏：在工具栏中收集了一些比较常用功能，将它们图标化以方便用户操作使用。
- 项目管理器：此窗口可以根据需要打开和关闭，显示工程项目的层次结构。
- 元件库：可随时打开或关闭，在此窗口中进行元件的添加、搜索与查询等操作，是原理图设计的基础。
- 工作区域：原理图绘制、编辑的区域。
- 信息窗口：在该窗口中实时显示文件运行阶段消息。
- 状态栏：在进行各种操作时状态栏都会实时显示一些相关的信息，所以在设计过程中应及时查看状态栏。
- 全局导航：用户可以通过其浏览各个重要区域和功能。

## 1.2.3　Library Exploer 工作平台

Part Developer 编辑器不仅可以对元件的原理图库符号、物理引脚的对应信息及元件列表的数据等进行编辑，还可以创建和校验元件数据。

Part Developer 窗口由标题栏、菜单栏、工具栏、项目管理器、输出窗口、信息栏和状态栏组成，如图 1-3 所示。

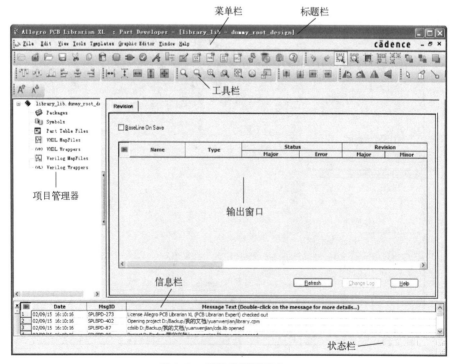

图 1-3　元件编辑图形窗口

元件编辑器 Part Developer 是用来创建元件的工具，其最大的特点是直观、简便。在 Cadence 中不管是创建一个新的元件还是对一个旧的元件进行编辑，都必须要清楚地知道，一个完整的元件到底包含了哪些内容以及这些内容是怎样有机地表现为一个完整的元件。

### 1.2.4 Allegro Package 工作平台

在 Cadence 中主要使用 Allegro Package 封装编辑器来创建和编辑新的零件封装。虽然软件自带强大的元件库及封装库，但还需要设计自己的元件库和对应的零件封装库。

Allegro Package 工作窗口主要由标题栏、菜单栏、工具栏、工作窗口、控制面板视窗、命令窗口和状态栏组成，如图 1-4 所示。

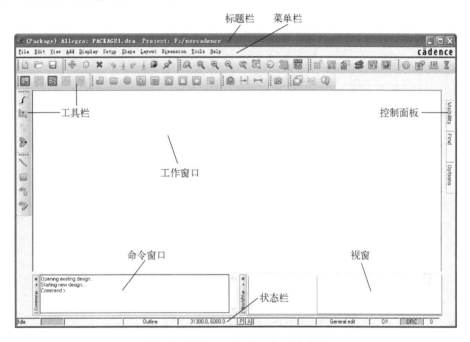

图 1-4 "Allegro Package" 工作窗口

### 1.2.5 SigXplorer 工作平台

SigXplorer 窗口有标题栏菜单栏、工具栏、工作区、信息窗口以及控制面板，如图 1-5 所示。

**1. 控制面板**

打开"Parameters（参数）"控制面板，显示整个参数的总标题 CIRCUIT，单击"CIR-CUIT"前面的"+"号，详细信息显示如图 1-6 所示。

- "tlineDelayMode"：选择是用时间（默认单位：ns）还是用长度（默认单位：mm）表示传输线的延时（传输线的默认传输速度是 140mm/ns）。
- "userRevision"表示目前的拓扑版本，第一次一般是 1.0，以后修改拓扑时可以将此处的版本提高，这样以后在 Constraint Manage 里不用重新定义拓扑，只要升级拓扑即可。
- autoSolve：选择关闭系统自动处理问题的功能，而采用手动解决电路仿真过程中的问题。

5

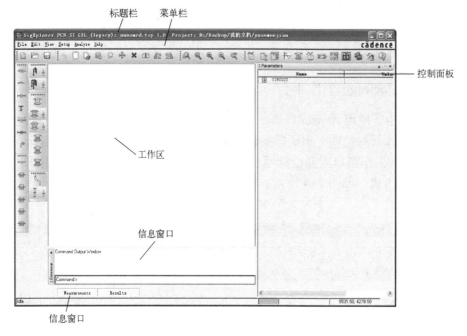

图 1-5　SigXplorer 窗口

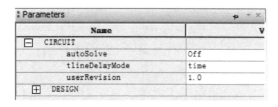

图 1-6　"Parameters" 控制面板

1）单击"DESING"前面的"＋"号，列出了组成这个电路拓扑的所有元件，如图 1-7 所示。

2）单击电路元件前面"＋"号，每个传输线对应的约束表如图 1-8 所示。

| DESIGN | |
|---|---|
| BACKPLANE | |
| DINP2 | |
| DOUTP2 | |
| J1 | |
| J2 | |
| MS1 | |
| MS2 | |
| MS3 | |
| MS4 | |
| PCB1 | |
| PCB2 | |
| VIA1 | |
| VIA2 | |
| VIA3 | |
| VIA4 | |
| VIA5 | |
| VIA6 | |
| VIA7 | |
| VIA8 | |
| VIA9 | |
| VIA10 | |
| VIA11 | |
| VIA12 | |

图 1-7　显示拓扑元件

| DESIGN | |
|---|---|
| BACKPLANE | |
| d1Constant | 4 |
| d1LossTangent | 0.022 |
| d1Thickness | 8.00 MIL |
| d1FreqDepFile | |
| d2Constant | 4 |
| d2LossTangent | 0.022 |
| d2Thickness | 8.00 MIL |
| d2FreqDepFile | |
| length | 24000.00 MIL |
| spacing | 6.00 MIL |
| traceConductivity | 595900 mho/cm |
| traceEtchFactor | 90 |
| traceThickness | 0.60 MIL |
| traceWidth | 5.00 MIL |
| traceWidth2 | BACKPLANE.traceWid |
| DINP2 | |
| DOUTP2 | |

图 1-8　约束表

提示：

白色区域是可以编辑的，灰色区域是无法编辑的。

**2. 信息窗口**

在工作区下面的信息窗口中有"Command（命令）"、"Measurements（测量）"、"Results（结果）"三个选项。

（1）"Command（命令）"窗口

在该窗口中系那是各命令操作。

（2）"Measurements（测量）"窗口

该窗口显示 4 种仿真类型，每个仿真类型前面显示" + "号，如图 1-9 所示。

| : Measurements | | | ㅓ ▾ × |
|---|---|---|---|
| **Name** | | | **Description** |
| ⊞ EMI | | ◉ | |
| ⊞ Reflection | | ○ | |
| ⊞ Crosstalk | | ○ | |
| Custom | | ○ | |

图 1-9    选择仿真类型

- "EMI"：电磁兼容性仿真。
- "Reflection"：反射仿真，反射是指信号在传输线上的回波现象。在高速的 PCB 中导线必须等效为传输线，信号功率没有全部传输到负载处，有一部分被反射回来了。按照传输线理论，如果源端与负载端具有相同的阻抗，反射就不会发生了。如果二者阻抗不匹配就会引起反射，负载会将一部分电压反射回源端。根据负载阻抗和源阻抗的大小关系不同，反射电压可能为正，也可能为负。如果反射信号很强，叠加在原信号上，很可能改变逻辑状态，导致接收数据错误。如果在时钟信号上可能引起时钟沿不单调，进而引起误触发。一般布线的几何形状不合理、不正确的线短接、经过连接器的传输及电源平面的不连续等因素均会导致此类反射。另外常有一个输出多个接收的情况出现，这时不同的布线策略产生的反射对每个接收端的影响也不相同，所以布线策略也是影响反射的一个不可忽视的因素。
- "Crosstalk"：串扰仿真，串扰是相邻两条信号线之间不必要的耦合，信号线之间的互感和互容引起线上的噪声。因此也就把它分为感性串扰和容性串扰，它们可分别引发耦合电流和耦合电压。当信号的边沿速率低于 1 ns 时，就应该考虑串扰问题。如果信号线上有交变的信号电流通过时，会产生交变的磁场，处于磁场中相邻的信号线会感应出信号电压。一般 PCB 板层的参数、信号线间距、驱动端和接收端的电气特性及信号线的端接方式对串扰都有一定的影响。在 Cadence 的信号仿真工具中可以同时对 6 条耦合信号线进行串扰后仿真，可以设置的扫描参数有：PCB 的介电常数、介质的厚度、沉铜厚度、信号线长度和宽度和信号线的间距。仿真时还必须指定一个受侵害的信号线，也就是考察另外的信号线对本条线路的干扰情况，激励设置为常高或是常低，这样就可以测到其他信号线对本条信号线的感应电压的总和，从而可以得到满足要求的最小间距和最大并行长度。

● "Custom"：自定义仿真。

单击"Reflection（反射）"前面的"＋"号，可以查看被报告的反射测量的不同类型，同时"＋"号显示为"－"号，如图 1-10 所示。

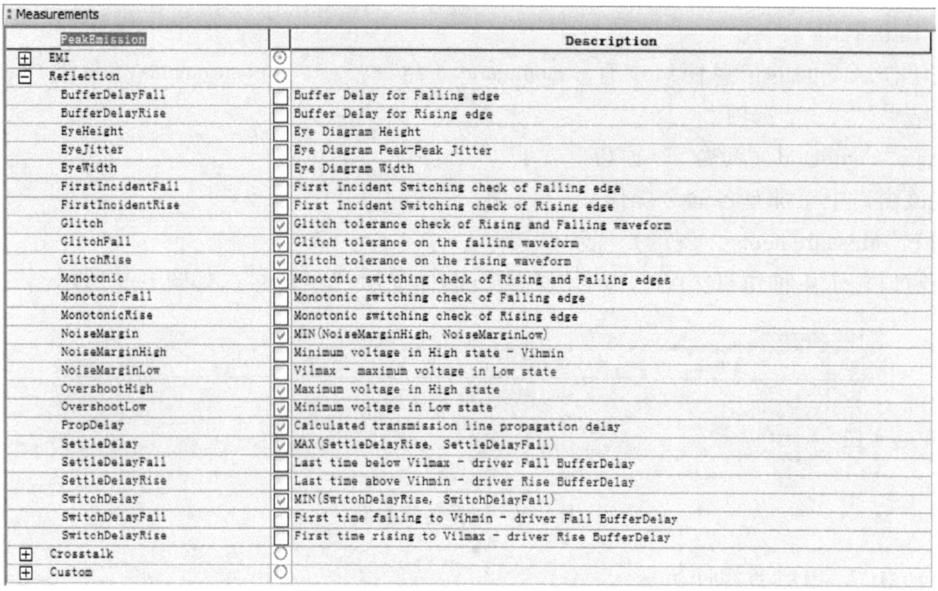

| PeakEmission | | Description |
|---|---|---|
| EMI | ⊕ | |
| Reflection | ⊖ | |
| BufferDelayFall | ☐ | Buffer Delay for Falling edge |
| BufferDelayRise | ☐ | Buffer Delay for Rising edge |
| EyeHeight | ☐ | Eye Diagram Height |
| EyeJitter | ☐ | Eye Diagram Peak-Peak Jitter |
| EyeWidth | ☐ | Eye Diagram Width |
| FirstIncidentFall | ☐ | First Incident Switching check of Falling edge |
| FirstIncidentRise | ☐ | First Incident Switching check of Rising edge |
| Glitch | ☑ | Glitch tolerance check of Rising and Falling waveform |
| GlitchFall | ☑ | Glitch tolerance on the falling waveform |
| GlitchRise | ☑ | Glitch tolerance on the rising waveform |
| Monotonic | ☑ | Monotonic switching check of Rising and Falling edges |
| MonotonicFall | ☐ | Monotonic switching check of Falling edge |
| MonotonicRise | ☐ | Monotonic switching check of Rising edge |
| NoiseMargin | ☑ | MIN(NoiseMarginHigh, NoiseMarginLow) |
| NoiseMarginHigh | ☐ | Minimum voltage in High state - Vihmin |
| NoiseMarginLow | ☐ | Vilmax - maximum voltage in Low state |
| OvershootHigh | ☑ | Maximum voltage in High state |
| OvershootLow | ☑ | Minimum voltage in Low state |
| PropDelay | ☑ | Calculated transmission line propagation delay |
| SettleDelay | ☑ | MAX(SettleDelayRise, SettleDelayFall) |
| SettleDelayFall | ☐ | Last time below Vilmax - driver Fall BufferDelay |
| SettleDelayRise | ☐ | Last time above Vihmin - driver Rise BufferDelay |
| SwitchDelay | ☑ | MIN(SwitchDelayRise, SwitchDelayFall) |
| SwitchDelayFall | ☐ | First time falling to Vihmin - driver Fall BufferDelay |
| SwitchDelayRise | ☐ | First time rising to Vilmax - driver Rise BufferDelay |
| Crosstalk | ⊕ | |
| Custom | ⊕ | |

图 1-10　查看显示类型

在"Reflection"选项组下选择表格中某一单元，单击鼠标右键在弹出的菜单中选择"All on（全选）"，勾选"Reflection"选项组下所有默认的仿真测量，如图 1-11 所示。

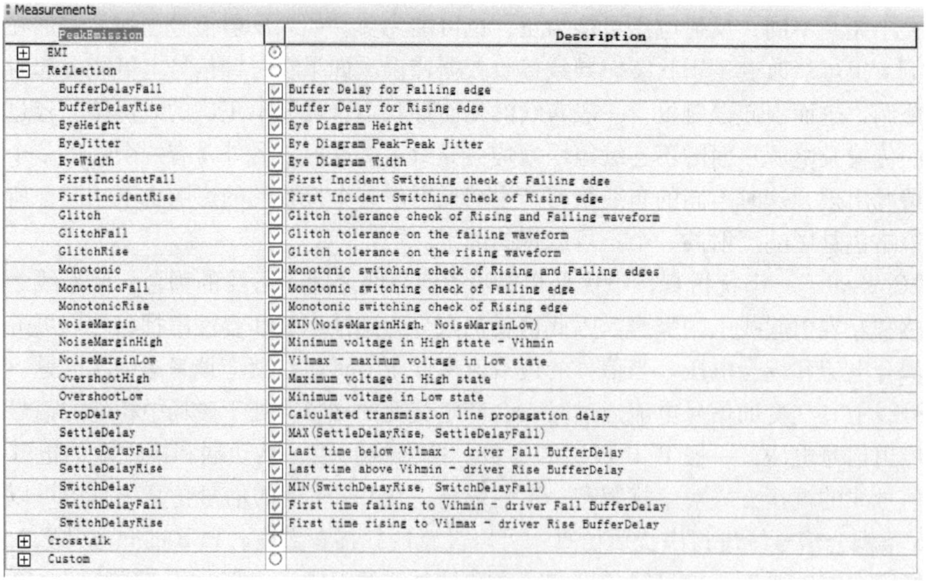

| PeakEmission | | Description |
|---|---|---|
| EMI | ⊕ | |
| Reflection | ⊖ | |
| BufferDelayFall | ☑ | Buffer Delay for Falling edge |
| BufferDelayRise | ☑ | Buffer Delay for Rising edge |
| EyeHeight | ☑ | Eye Diagram Height |
| EyeJitter | ☑ | Eye Diagram Peak-Peak Jitter |
| EyeWidth | ☑ | Eye Diagram Width |
| FirstIncidentFall | ☑ | First Incident Switching check of Falling edge |
| FirstIncidentRise | ☑ | First Incident Switching check of Rising edge |
| Glitch | ☑ | Glitch tolerance check of Rising and Falling waveform |
| GlitchFall | ☑ | Glitch tolerance on the falling waveform |
| GlitchRise | ☑ | Glitch tolerance on the rising waveform |
| Monotonic | ☑ | Monotonic switching check of Rising and Falling edges |
| MonotonicFall | ☑ | Monotonic switching check of Falling edge |
| MonotonicRise | ☑ | Monotonic switching check of Rising edge |
| NoiseMargin | ☑ | MIN(NoiseMarginHigh, NoiseMarginLow) |
| NoiseMarginHigh | ☑ | Minimum voltage in High state - Vihmin |
| NoiseMarginLow | ☑ | Vilmax - maximum voltage in Low state |
| OvershootHigh | ☑ | Maximum voltage in High state |
| OvershootLow | ☑ | Minimum voltage in Low state |
| PropDelay | ☑ | Calculated transmission line propagation delay |
| SettleDelay | ☑ | MAX(SettleDelayRise, SettleDelayFall) |
| SettleDelayFall | ☑ | Last time below Vilmax - driver Fall BufferDelay |
| SettleDelayRise | ☑ | Last time above Vihmin - driver Rise BufferDelay |
| SwitchDelay | ☑ | MIN(SwitchDelayRise, SwitchDelayFall) |
| SwitchDelayFall | ☑ | First time falling to Vihmin - driver Fall BufferDelay |
| SwitchDelayRise | ☑ | First time rising to Vilmax - driver Rise BufferDelay |
| Crosstalk | ⊕ | |
| Custom | ⊕ | |

图 1-11　勾选所有仿真测量

单击表格区域"Reflection"前面的"－"号，则收起反射测量内容。

（3）"Results（结果）"

在该窗口显示仿真结果。

## 1.2.6 Allegro PCB 工作平台

与原理图编辑器的界面一样，PCB 编辑器窗口 Allegro PCB 也是在软件主界面的基础上添加了一系列菜单和工具栏，这些菜单及工具栏主要用于 PCB 设计中的电路板设置、布局、布线及工程操作等。

由图 1-12 可知，Allegro PCB 设计系统主要由标题栏、菜单栏、工具栏、控制面板、状态栏、视窗、控制面板、工作窗口和命令窗口组成。

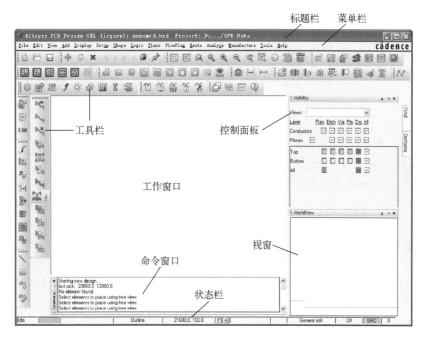

图 1-12 "Allegro PCB" 编辑器窗口

**1. 标题栏**

标题栏显示选择的开发平台、设计名称、存放路径等信息。

**2. 菜单栏**

菜单栏位于标题栏的下方，在 PCB 设计过程中，各项操作都可以使用菜单栏中相应的菜单命令来完成，包括用具的启动和优化设计的入口，各项菜单中的具体命令如下。

- "Files（文件）"菜单：主要用于文件的打开、关闭、保存与打印等操作。
- "Edit（编辑）"菜单：用于对象的选取、复制、粘贴与查找等编辑操作。
- "View（视图）"菜单：用于视图的各种管理，如工作窗口的放大与缩小，各种工具、面板、状态栏及节点的显示与隐藏等。
- "Add（添加）"：用于添加绘图工具。
- "Display（显示）"：用于显示属性参数的设置。
- "Setup（设置）"菜单：用于环境参数的设置。
- "Shape（外形）"菜单：用于设置电路板的外形。

9

- "Logic（原理图）"菜单：用于原理图属性的添加与设置。
- "Place（放置）"菜单：包含了在 PCB 中放置对象的各种菜单项。
- "Flow Plan（流程图）"：用于对流程图的插入、编辑等操作。
- "Route（布线）"菜单：可进行与 PCB 布线相关的操作。
- "Analyze（分析）"菜单：用于电路板分析设置。
- "Manufacture（制造）"菜单：用于电路板加工制造前的参数设置。
- "Tools（工具）"菜单：可为 PCB 设计提供各种工具，如 DRC 检查、元件的手动或自动布局、PCB 图的密度分析以及信号完整性分析等操作。
- "Help（帮助）"菜单：帮助菜单。

**3. 工具栏**

工具栏中以图标按钮的形式列出了常用菜单命令的快捷方式，用户可根据需要对工具栏中包含的命令项进行选择，对摆放位置进行调整。

在 PCB 设计界面中，Allegro PCB 16.6 提供了丰富的工具栏，共有 16 种，如图 1-13 所示。

图 1-13　工具栏

**4. 控制面板**

控制面板一般位于右侧，是一个浮动面板，当光标移动到其标签上时，就会显示该面板，可以通过单击标签在几个浮动面板间进行切换。也可将该面板固定显示在右侧。

当工作面板为浮动状态时，单击右上角的"固定"按钮 ，面板固定在工作窗口右侧，不随鼠标的移开而自动隐藏；单击此按钮，这时，右上角的图标变为"浮动"按钮 ，工作面板变为浮动，将鼠标放置在此处时，面板打开，移开鼠标，面板自动隐藏。

在 PCB 设计中经常用到的工作面板有 Option（选项）面板、Find（查找）面板及 Visible（可见性）面板。

**5. 视窗**

在"World View（视窗）"窗口中可以看到整个电路板的轮廓，也可以显示电路板局部区域，同时控制该电路板的大小，调整电路板位置。

**6. 状态栏**

状态栏显示在编辑器窗口最下方，与标题栏相对应，分布在整个编辑器窗口的顶端或底部。实时显示执行的命令名称、坐标点位置等信息，如图 1-14 所示。

**7. 命令窗口**

"Command（命令）"窗口是输入命令名和显示命令提示的区域，显示正在使用的命令信息，默认的命令行在工作区下方，为若干文本行。绝大多数的 Allegro 的菜单中的命令都有相对应的命令名字，通过在命令窗口中输入相应的"名字 + 〈Enter〉"，或通过鼠标单击相应的命令达到一样的效果。

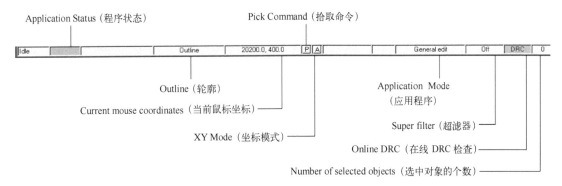

图 1-14　状态栏

通过命令窗口反馈各种信息，包括出错信息。因此，用户要时刻关注在命令窗口中出现的信息。

**8. 工作区**

工作区是进行电路原理图设计的工作平台。在该区域中，用户可以新绘制一张电路图，将从原理图中导入的封装元件进行布局、布线、覆铜等操作。

## 1.3　Cadence 功能模块

下面简单介绍 Cadence 16.6 的具体功能模块：

- "Design Entry CIS"：Cadence 公司收购的 OrCAD 公司的旧版本 Capture 和 Capture CIS，是国际上通用的、标准的原理图输入工具，设计快捷方便，图形美观，与 Allegro 软件平台实现了无缝连接。
- "Design Entry HDL"：是旧版本的 Concept HDL，提供了基于 Design Capture 环境的原理图设计，允许使用表格、原理图和 Verilog HDL 进行设计。
- "Design Entry HDL Rule Checker"：检查 Design Entry HDL 规则的工具。
- "Library Explorer"：包括 "Part Developer" 和 "Library Explorer" 两个功能，进行数字设计库的管理，可以调用建立 "Part Developer"、"PartTable Editor"、"Design Entry"、"Packager – XL" 和 "Allegro" 的元件符号和模型。
- "Model Integrity"：查看与验证模型的工具。
- "OrCAD Capture"：原理图设计工具。
- "OrCAD Capture CIS"：原理图设计工具。
- "Package Designer"：高密度 IC 封装设计和分析。
- "PCB Editor"：完整的 PCB 设计工具。
- "PCB Router"：CCT 布线器。
- "PCB SI"：建立数字 PCB 系统和集成电路封装设计的集成高速设计和分析环境，可以解决电器性能相关问题，如信号完整性、串扰、电源完整性和 EMI。
- "Physical Viewer"：Allegro 浏览器模块。
- "Project Manager"：Design Entry HDL 的项目管理器。
- "PSpiceAD"：原理图仿真工具。

- "SigXplorer"：网络拓扑的仿真和提取。
- "Sip"：是一种在基板上同时粘着两块以上芯片的单片封装。
- "System Digital Architect"：Sip 数字结构图。
- "System Architect"：系统结构图。

## 1.4　Cadence 软件新功能

Cadence 16.6 新版本软件的新增功能具体介绍如下：

- Cadence 16.6 解决方案支持一种新的数据格式，如 DRC 与 3D 查看，并支持芯片放置在腔体内进行查看。全新直观的键合线应用模式可通过专注于特定的焊线工艺提升产能。Cadence Allegro 套件可实现高效率的 WLCSP 流程，可迅速地读写 GDSII 数据。另外，全新的高级封装布线器基于 Sigrity 技术，可大大加快封装的底层互联实现。
- Cadence 16.6 可实现具有更高可预测性和更有效率的设计，Allegro 协同设计流程的改良可增强合作，芯片与 PCB 设计团队都能提高系统级的表现，从而降低总体系统成本。
- 与 Altium Designer（Protel）提供的一个完整的设计工具包不同，Cadence Allegro 工具提供了极其灵活的配置，通过拆分成许多功能模块，不同需求的客户可以找到最适合自己的方案，从而大幅节省了成本。相比 Cadence 16.5，之前其中 Pspice 工具只能支持单核，而新的 Pspice 工具可支持多核（超过 4 核），因而在仿真速度方面最高可以提升 4 倍。加强了与用户互动的功能，并可通过云存储将设计放到云端。此外，Cadence 16.6 在 Team Design、小型化、三维接口等方面都有很好的改良。
- Allegro 16.6 能够将高速界面的时序闭合加快 30%~50%，这依赖于时序敏感型物理实现与验证，其对应的业界首个电子 CAD（ECAD）环境，可以进行支持 Microsoft SharePoint 技术的 PCB 设计。
- Allegro 16.6 有助于嵌入式双面及垂直部件的小型化改良，改进时序敏感型物理实现与验证，加快时序闭合，并改进电子 CAD（ECAD）和机械化 CAD（MCAD）协同设计，这些对加快多功能电子产品的开发至关重要。
- Allegro 16.6 产品套件继续利用嵌入式有源及无源元件最新的生产工艺，解决电路板尺寸不断缩小的特定设计问题。元件可利用 Z 轴垂直潜入到 PCB 内层，大大减少 X 和 Y 轴布线空间。
- Allegro 16.6 可以通过自动交互延迟调整（AiDT）加快时序敏感型物理实现，缩短的程度可达 30%~50%。AiDT 可帮助用户逐个迅速调整关键高速信号的时间，或将其应用于字节通道级，将 PCB 上的线路调整时间从数日缩短到几个小时。

## 1.5　电路设计分类

电路设计就是指实现一个电子产品从设计构思、电学设计到物理结构设计的全过程。在 Cadence 中，设计电路板最基本的过程有以下几个步骤：

**1. 电路原理图的设计**

电路原理图的设计主要是利用 Cadence 中的原理图设计系统来绘制一张电路原理图。在这一步中，可以充分利用其所提供的各种原理图绘图工具、丰富的在线库、强大的全局编辑能力以及便利的电气规则检查，来达到设计目的。

**2. 电路信号的仿真**

电路信号仿真是原理图设计的扩展，为用户提供一个完整的从设计到验证的仿真设计环境。它与 Cadence 原理图设计服务器协同工作，以提供一个完整的前端设计方案。

**3. 产生网络表及其他报表**

网络表是电路板自动布线的灵魂，也是原理图设计与印制电路板设计的主要接口。网络表可以从电路原理图中获得，也可以从印制电路板中提取。其他报表则存放了原理图的各种信息。

**4. 印制电路板的设计**

印制电路板设计是电路设计的最终目标。利用 Cadence 的强大功能可以实现电路板的版面设计，完成高难度的布线以及输出报表等工作。

**5. 信号的完整性分析**

Cadence 包含一个高级信号完整性仿真器，能分析 PCB 和检查设计参数，测试过冲、下冲、阻抗和信号斜率，以便及时修改设计参数。

概括地说，整个电路板的设计过程先是编辑电路原理图，接着用电路信号仿真进行验证调整，然后进行布板，再人工布线或根据网络表进行自动布线。前面谈到的这些内容都是设计中最基本的步骤。除了这些，用户还可以用 Cadence 的其他服务器，如创建、编辑元件库和零件封装库等。

# 第 2 章　原　理　图　库

大多数情况下，在同一个工程的电路原理图中，所用到的元件由于性能、类型等诸多因素的不同，可能来自于很多不同的库文件。这些库文件中，有系统提供的若干个集成库文件，也有用户自己建立的原理图库文件，非常不便于管理，更不便于用户之间的交流。

基于这一点，我们可以使用 Cadence 软件中提供了专用的原理图库管理工具——Library Explorer，为自己的工程创建一个独有的原理图元件库，把本工程电路原理图中所用到的元件原理图符号都汇总到该元件库中，脱离其他的库文件而独立存在，这样，就为本工程的统一管理提供了方便。

本章将对元件库的创建进行详细介绍，并学习如何管理自己的元件库，从而更好地为设计服务。

### 知识点

- 元件库管理
- 库元件的绘制
- 库文件管理器
- 库元件的创建

## 2.1　元件库概述

在 Cadence 中具有丰富的库元件、方便快捷的原理图输入工具与元件符号编辑工具。使用原理图库管理工具可以进行元件库的管理，以及元件的编辑。

通常在 OrCAD Capture CIS 中绘制原理图时，需要绘制所用器件的元件图形。首先要建立自己的元件库，依次向其中添加，就可以创建常用器件的元件库了，当元件数量积累起来，使用就会很方便。

Cadence 元件库中的元件数量庞大，分类明确。Cadence 元件库采用下面两级分类方法。

- 一级分类：以元件制造厂家的名称分类。
- 二级分类：在厂家分类下面又以元件的种类（如模拟电路、逻辑电路、微控制器、A – D转换芯片等）进行分类。

下面介绍系统自带的元件库：

**1. AMPLIFIER. OLB**

共 182 个零件，存放模拟放大器 IC，如 CA3280、TL027C、EL4093 等。

**2. ARITHMETIC. OLB**

共 182 个零件，存放逻辑运算 IC，如 TC4032B、74LS85 等。

**3. ATOD. OLB**

共 618 个零件，存放 A/D 转换 IC，如 ADC0804、TC7109 等。

**4. BUS DRIVERTRANSCEIVER. OLB**

共 632 个零件，存放汇流排驱动 IC，如 74LS244、74LS373 等数字 IC。

**5. CAPSYM. OLB**

共 35 个零件，存放电源、地、输入输出口、标题栏等。

**6. CONNECTOR. OLB**

共 816 个零件，存放连接器，如 4 HEADER、CON AT62、RCA JACK 等。

**7. COUNTER. OLB**

共 182 个零件，存放计数器 IC，如 74LS90、CD4040B。

**8. DISCRETE. OLB**

共 872 个零件，存放分立式元件，如电阻、电容、电感、开关、变压器等常用零件。

**9. DRAM. OLB**

共 623 个零件，存放动态存储器，如 TMS44C256、MN41100 – 10 等。

**10. ELECTRO MECHANICAL. OLB**

共 6 个零件，存放电动机、断路器等元件。

**11. FIFO. OLB**

共 177 个零件，存放先进先出资料暂存器，如 40105、SN74LS232。

**12. FILTRE. OLB**

共 80 个零件，存放滤波器类元件，如 MAX270、LTC1065 等。

**13. FPGA. OLB**

存放可编程逻辑器件，如 XC6216/LCC。

**14. GATE. OLB**

共 691 个零件，存放逻辑门（含 CMOS 和 TTL）。

**15. LATCH. OLB**

共 305 个零件，存放锁存器，如 4013、74LS73、74LS76 等。

**16. LINE DRIVER RECEIVER. OLB**

共 380 个零件，存放线控驱动与接收器。如 SN75125、DS275 等。

**17. MECHANICAL. OLB**

共 110 个零件，存放机构图件，如 M HOLE 2、PGASOC – 15 – F 等。

**18. MICROCONTROLLER. OLB**

共 523 个零件，存放单晶片微处理器，如 68HC11、AT89C51 等。

**19. MICRO PROCESSOR. OLB**

共 288 个零件，存放微处理器，如 80386、Z80180 等。

共 1567 个零件，存放杂项图件，如电表（METER MA）、微处理器周边（Z80 – DMA）等未分类的零件。

**20. MISC2. OLB**

共 772 个零件，存放杂项图件，如 TP3071、ZSD100 等未分类零件。

**21. MISCLINEAR. OLB**

共 365 个零件，存放线性杂项图件（未分类），如 14573、4127、VFC32 等。

**22. MISCMEMORY. OLB**

共 278 个零件，存放记忆体杂项图件（未分类），如 28F020、X76F041 等。

**23. MISCPOWER. OLB**

共 222 个零件，存放高功率杂项图件（未分类），如 REF – 01、PWR505、TPS67341 等。

**24. MUXDECODER. OLB**

共 449 个零件，存放解码器，如 4511、4555、74AC157 等。

**25. OPAMP. OLB**

共 610 个零件，存放运算放大器，如 101、1458、UA741 等。

**26. PASSIVEFILTER. OLB**

共 14 个零件，存放被动式滤波器，如 DIGNSFILTER、RS1517T、LINE FILTER 等。

**27. PLD. OLB**

共 355 个零件，存放可编程逻辑器件，如 22V10、10H8 等。

**28. PROM. OLB**

共 811 个零件，存放只读记忆体运算放大器，如 18SA46、XL93C46 等。

**29. REGULATOR. OLB**

共 549 个零件，存放稳压 IC，如 78xxx、79xxx 等。

**30. SHIFTREGISTER. OLB**

共 610 个零件，存放移位寄存器，如 4006、SNLS91 等。

**31. SRAM. OLB**

共 691 个零件，存放静态存储器，如 MCM6164、P4C116 等。

**32. TRANSISTOR. OLB**

共 210 个零件，存放晶体管（含 FET、UJT、PUT 等），如 2N2222A、2N2905 等。

由于库文件过大，因此不建议将所有元件库文件同时加载到元件库列表中，会减慢电脑运行速度。

对于特定的设计项目，用户可以只调用几个元件厂商中的二级分类库，这样可以减轻系统运行的负担，提高运行效率。用户若要在 Cadence 的元件库中调用一个所需要的元件，首先应该知道该元件的制造厂家和该元件的分类，以便在调用该元件之前把包含该元件的元件库载入系统。

## 2.2 元件库管理

在绘制电路原理图的过程中，首先要在图样上放置需要的元件符号。Cadence 作为一个专业的电子电路计算机辅助设计软件，一般常用的电子元件符号都可以在它的元件库中找到，用户只需在 Cadence 元件库中查找所需的元件符号，并将其放置在图样适当的位置即可。

### 2.2.1 打开"Place Part（放置元件）"面板

1. 打开"Place Part（放置元件）"面板的方法如下。

1）将光标箭头放置在工作窗口右侧的"Place Part（放置元件）"标签上，此时会自动弹出"Place Part（放置元件）"面板，如图2-1所示。

2）如果在工作窗口右侧没有"Place Part（放置元件）"标签，单击"Draw（绘图）"工具栏中的"Place part（放置元件）"按钮或选择菜单栏中的"Place（放置）"→"Part（元件）"命令，自动弹出"Place Part（放置元件）"面板。

3）打开"Place Part（放置元件）"面板后，单击右上角的"浮动"按钮，则面板显示为浮动面板，当光标移动到其标签上时，就会显示该面板，当鼠标离开面板，则面板自动隐藏。此时，浮动按钮变为"固定"按钮，单击"固定"按钮，则面板固定显示在工作窗口一侧。

2. Design Cache 并不是已加载的元件库，而是用于记录所用过的元件，以便以后再次取用。

图2-1　"Place Part（放置元件）"面板

## 2.2.2　加载元件库

在OrCAD Capture CIS图形窗口中，元件库的加载分两种情况：当前项目可用的库文件和系统中可用的库文件。

**1. 系统中可用的库文件**

1）单击"Place Part（放置元件）"面板"Library（库）"选项组下"Add Library（添加库）"按钮，系统将弹出如图2-2所示的"Browse File（搜索库）"对话框，选中要加载的库文件，单击"打开"按钮，在"Place Part（放置元件）"面板中的"Library（库）"

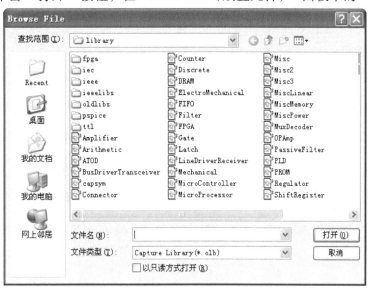

图2-2　"Browse File（搜索库）"对话框

选项组下文本框中显示加载库列表，如图 2-1 所示。

2）在"Browse File（文件搜索）"对话框中显示可加载的元件库。

3）在"Part（元件）"选项组下显示该元件库中包含的元件名称，在"Library"（库）列表框下显示元件符号缩略图，如图 2-3 所示。

4）重复上述操作就可以把所需要的各种库文件添加到系统中，作为当前可用的库文件。这时所有加载的元件库都显示在"库"面板中，用户可以选择使用。

**2. 当前项目可用的库文件**

1）选择菜单栏中的"Files（文件）"→"Open（打开）"→"Library（库）"命令，或在项目管理器窗口中"Library"文件夹上右击，弹出如图 2-4 所示的快捷菜单，选择"Add File（添加文件）"命令，弹出如图 2-5 所示的"Add File to Project Folder – Library"对话框，加载后缀名为".olb"的库文件。

图 2-3　显示元件库列表　　　　　　图 2-4　快捷菜单

2）选择库文件路径"X：\Cadence\SPB_16.6\tools\capture\library"，选中该路径下的库文件，单击 打开(0) 按钮，将选中的库文件加载到项目管理器窗口中"Library"文件夹下，如图 2-6 所示。

3）双击库文件夹下的元件，弹出如图 2-7 所示的元件编辑对话框。

图 2-5 "Add File to Project Folder – Library" 对话框

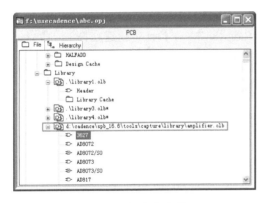

图 2-6 加载库文件

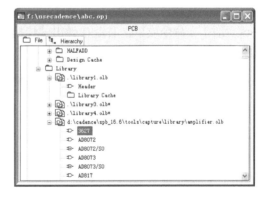

图 2-7 元件编辑对话框

## 2.2.3 卸载元件库

卸载所需元件库的操作步骤如下：

单击 "Place Part（放置元件）" 面板 "Library（库）" 选项组下 "Remove Library（移除库）" 按钮✕，在下方的元件库列表中删除选中的库文件，即将该元件库卸载。

## 2.2.4 新建元件库

选择菜单栏中的 "Files（文件）" → "New（新建）" → "Library（库）" 命令，空白元件库被自动加入到工程中，在项目管理器窗口中 "Library" 文件夹下显示新建的库文件，默认名称为 "Library1"（依次递增），后缀名为 ".olb" 的库文件，如图 2-8 所示。

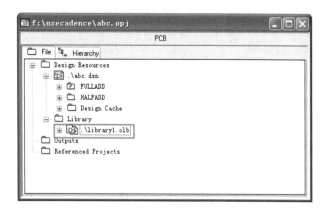

图 2-8　添加元件库文件

## 2.3　库元件的绘制

完成库文件的创建后，下面介绍库文件中单个元件的绘制方法。

### 2.3.1　新建库元件

1. 选中新建的库文件"Library1"，选择菜单栏中的"Design（设计）"→"New Part（新建元件）"命令或单击右键在弹出的快捷菜单中选择"New Part（新建元件）"命令，弹出如图 2-9 所示的"New Part Properties（新建元件属性）"对话框。

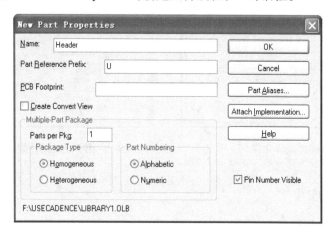

图 2-9　"New Part Properties（新建元件属性）"对话框

2. 在该对话框中可以添加元件名称，索引标识，封装名称。下面简单介绍对话框中参数的意义。

1）"Name"：在该文本框中输入新建元件的名称。

2）"Part Reference Prefix"：在该文本框中输入元件标识符前缀，图 2-10 中显示为 U，元件放置到原理图中显示的标识符为 U1、U2 等。

3）"PCB Footprint"：在该文本框中输入元件封装名称，如果还没有创建对应的封装库，可以暂时忽略，可随时进行编辑。

4）"multi - part package"：在该选项组下设置含有子部件的元件设置。

5）"Parts per Pkg"：选择元件分几部分建立。若创建的元件较大，比如有些 FPGA 有一千多个引脚，不可能都绘制在一个图形内，必须分成多个部分绘制，与层次电路原理类似。在该框中输入 8，则该元件分成 8 个部分。默认值为 1，绘制单个独立元件。

6）"Package Type"：分裂元件数据类型，包括 Homogeneous（相同的）与 Heterogeneous（不同的）两种选项。

7）"Part Numbering"：分裂元件排列方式，分两种，Alphabetic（按照字母）方式与 Numeric（按照数字）方式。

8）"Pin Number Visible"：勾选此复选框，元件引脚号可见。

Part Aliases...：单击此按钮，弹出如图 2-10 所示的 "Part Aliases（元件别名）"对话框，设置元件别名。

3. 单击 OK 按钮，弹出如图 2-11 所示的元件编辑对话框，在该对话框中可以进行元件的绘制。

图 2-10 "Part Aliases（元件别名）"对话框

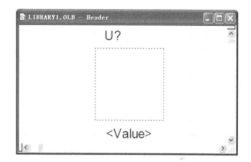

图 2-11 元件编辑对话框

## 2.3.2 绘制库元件外形

在元件编辑对话框显示的虚线框即初始图形很小，选中虚线框，在虚线框四角显示夹点，拖动夹点调整图框大小，如图 2-12 所示，设置放置图形实体的边界线。

1. 选择菜单栏中的 "Place（放置）"→ "Rectangle（矩形）"命令或单击 "Draw（绘图）"工具栏中的 "Place rectangle（放置矩形）"按钮，在边界线内绘制适当大小的元件外形，如图 2-13 所示。

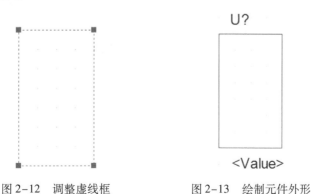

图 2-12 调整虚线框　　　图 2-13 绘制元件外形

2. 图中的矩形框用来作为库元件的原理图符号外形，其大小应根据要绘制的库元件引脚数的多少来决定。绘制的外形框应大一些，以便于引脚的放置，引脚放置完毕后，可以再调整为合适的尺寸。

### 2.3.3 添加引脚

1. 添加引脚的两种方法

1）逐次放置：一个一个的添加管脚，每次添加都能设定好管脚的属性。

2）一次放置：一次添加所有管脚，再一个一个修改属性。

2. 逐次放置

选择菜单栏中的"Place（放置）"→"Pin（引脚）"命令或单击"Draw（绘图）"工具栏中的"Place pin（放置引脚）"按钮 ，弹出如图2-14所示的"Place pin（放置引脚）"对话框，设置引脚属性。

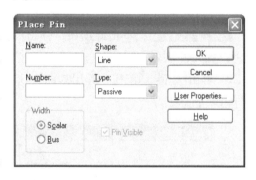

图2-14　"Place pin（放置管脚）"对话框

3. 引脚属性对话框中各项属性含义

1）"Name"：在该文本框中输入设置库元件引脚的名称。

2）"Number"：用于设置库元件引脚的编号，应该与实际的引脚编号相对应。

3）"Shape"：设置引脚线型，在图2-15所示的下拉列表中显示类型。

4）"Type"：用于设置库元件引脚的电气特性，如图2-16所示。在这里，我们选择了"Passive（无源）"，表示不设置电气特性。

图2-15　设置引脚外形　　　　　图2-16　显示电气特性

4.  ：单击该按钮，弹出"User Properties（用户属性）"对话框，如图2-17所示，在该对话框中可设置该引脚名称、引脚编号的可见性、引脚线型、引教类型等参数。

5. 单击 OK 按钮，完成参数设置，光标上附有一个引脚符号，移动该引脚到矩形边框处，单击左键完成放置，继续显示引脚符号，可继续单击放置，如图2-18所示。

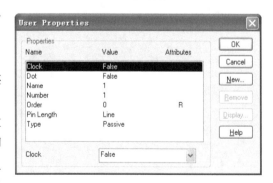

图2-17　"User Properties（用户属性）"对话框

6. 图中显示放置的引脚名称位数字，若继续放置，则后续引脚名称与编号依次递增，绘制的元件 CON6 引脚放置如图 2-19 所示。

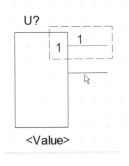

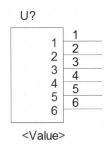

图 2-18　放置引脚

图 2-19　放置数字引脚

7. 由于元件 CON6 引脚名称不显示，因此需要将矩形框中的引脚名称设置为不可见，选择菜单栏中的"Option（选项）"→"Part Properties（元件属性）"命令，弹出"User Properties（用户属性）"对话框，在该对话框中选中"Pin Name Visible（引脚名称可见性）"选项，在该下拉列表中选择属性为"False（错误）"，即该选项不可见，如图 2-20 所示。

8. 单击 OK 按钮，关闭对话框，设置后显示工作区中元件图形的所有引脚名称隐藏不显示，如图 2-21 所示。

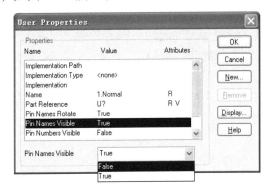

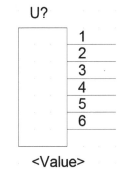

图 2-20　设置可见性

图 2-21　隐藏引脚名称

⚠ 注意：

当某些元件的引脚名称过长时，在图中显示会叠加在一起，需要隐藏显示，也可采用此方法，如图 2-22、图 2-23 所示。

图 2-22　引脚名称叠加

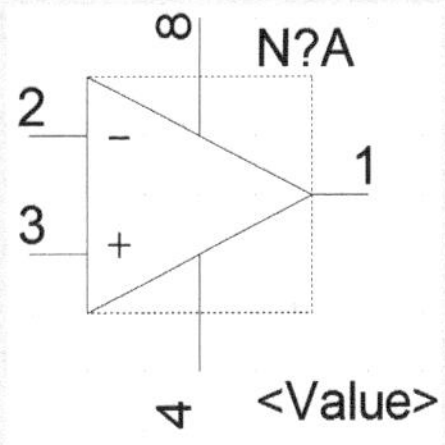

图 2-23　取消名称显示

9. 若引脚名称为其他，则完成该引脚放置后，按〈ESC〉键结束操作，继续执行上述操作，设置引脚属性，放置引脚，结果如图 2-24 所示。

### 2.3.4 编辑引脚

1. 选择菜单栏中的"Place（放置）"→"Pin Array（阵列引脚）"命令，弹出如图 2-25 所示的"Place Pin Array（放置阵列引脚）"对话框，设置阵列引脚属性。

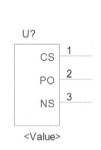

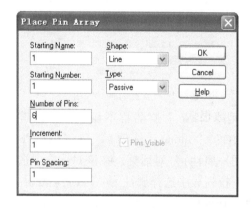

图 2-24 放置不同引脚　　　图 2-25 "Place Pin Array（放置阵列引脚）"对话框

2. 对话框中各项属性含义如下：

1）"Starting Name"：在该文本框中输入设置库元件起始引脚的名称。

2）"Starting Number"：用于设置库元件引脚的起始编号。

3）"Number of Pins"：设置引脚个数。

4）"Increment：设置引脚阵列编号间隔。

5）"Pin Spacing"：设置放置的引脚间隔距离。

6）"Shape"：设置引脚线型。

7）"Type"：用于设置库元件引脚的电气特性。

3. 单击 ▭OK▭ 按钮，此时 6 个引脚附着在光标上，如图 2-26 所示。在合适位置单击，纺织阵列引脚，选择一半的引脚直接拖到实体框的右边，调整引脚位置，结果如图 2-27 所示。

图 2-26 显示附着的阵列引脚　　　图 2-27 调整引脚位置

4. 双击某一个引脚，弹出属性对话框，在这里可以设置名称、编号、线型、类型等，如图 2-28 所示。

5. 使用同样的方法，所有引脚属性全部设定完成后如图 2-29 所示。这样就建好了一个库元件 55453/LCC。在绘制电路原理图时，只需要将该元件所在的库文件打开，就可以随时取用该元件了。

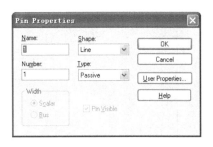

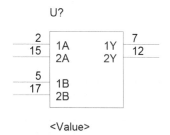

图 2-28　"Pin Properties（引脚属性）"对话框　　　图 2-29　设置完成的元件

6. 当引脚数很多时，在元件图形上逐个选择引脚编辑属性较浪费时间，这里介绍统一编辑的方法。

7. 首先框选所有引脚，如图 2-30 所示，显示选中所有引脚，选择"Edit（编辑）"→"Poperties（属性）"命令或按〈ctrl + E〉键，弹出"Browse Spreadsheet"对话框，可以对该元件所有引脚进行一次性的编辑设置，如图 2-31 所示。

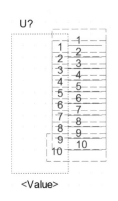

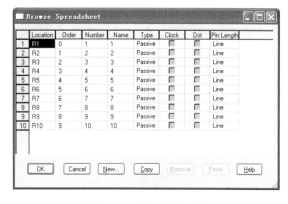

图 2-30　显示选中所有引脚　　　　　　　　图 2-31　设置所有引脚

8. 在"Type（类型）"下拉列表中显示可供选择的 8 种类型，如图 2-32 所示。在对应的引脚行中设置是否勾选"Clock"、"Dot"复选框。

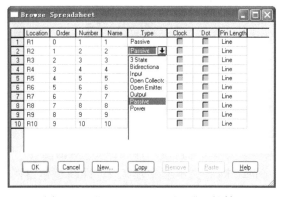

图 2-32　"Browse Spreadsheet"对话框

## 2.3.5 绘制含有子部件的库元件

在图 2-33 中显示含有四个子部件的库元件，绘制子部件的细节如图 2-34 所示。

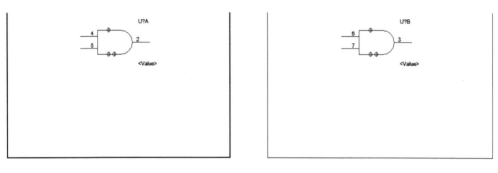

图 2-33 四个子部件的库元件

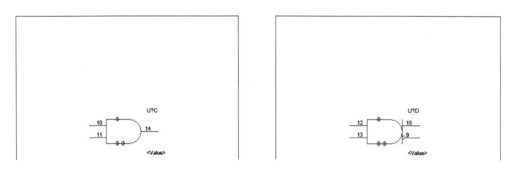

图 2-34 绘制的子部件

选中新建的库文件"Library"，选择菜单栏中的"Design（设计）"→"New Part（新建元件）"命令或单击右键在弹出的快捷菜单中选择"New Part（新建元件）"命令，弹出如图 2-35 所示的"New Part Properties（新建元件属性）"对话框。

在该对话框中"Parts per Pkg"文本框中输入 2，即新建包含两个部件的库元件，单击 OK 按钮，弹出如图 2-36 所示的元件编辑对话框，在该界面可以进行元件的绘制。

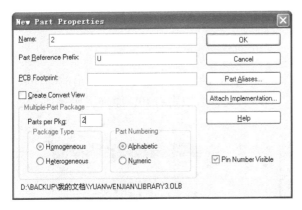

图 2-35 "New Part Properties（新建元件属性）"对话框

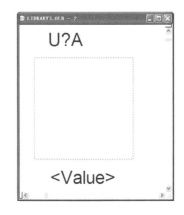

图 2-36 元件编辑对话框

选择菜单栏中的"View（视图）"→"Package（部件）"命令，可以在工作窗口显示整个库元件内所有部件，如图 2-37 所示。

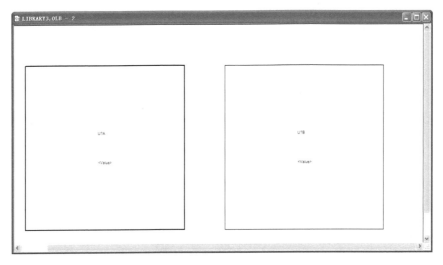

图 2-37 显示所有部件

在该窗口绘制库元件，具体绘制方法与上面单个部件的元件相同，这里不再赘述。

## 2.4 库文件管理器

除了直接在 OrCAD Capture CIS 图形窗口中创建元件库文件、绘制库元件外，Cadence 还提供了一个独立的编辑器 Library Explorer，可以用来创建和维护构建区的库，可以创建和维护库的分类元件，可以进行元件的校验，在构建区可以导入导出文件、元件和库，也可以创建库和元件。

### 2.4.1 库管理工具

1. 执行"开始"→"程序"→"Cadence SPB16.6"→"Project Manager"命令，将弹出"Cadence Product Choices"对话框。

2. 在"Cadence Product Choices"对话框内选择"Allegro PCB Librarian XL（PCB Librarian Expert）"选项。

3. 单击 ⌊ OK ⌋ 按钮后，进入库管理工具窗口，如图 2-38 所示。

4. 选择菜单栏中的"File（文件）"→"Open（打开）"命令，在弹出的"Open Project（打开项目文件）"对话框中选择一个".cpm"文件，双击打开，原理图库管理工具的窗口将被刷新，如图 2-39 所示。

图 2-38　库管理工具窗口

图 2-39　管理窗口

## 2.4.2　按照菜单命令创建库文件

在如图 2-38 所示的库管理工具窗口内，选择菜单栏中的"Tools（工具）"→"Library Tools（库工具）"→"Library Explorer（库搜索）"命令，进入"Library Explorer"图形窗口，如图 2-40 所示。

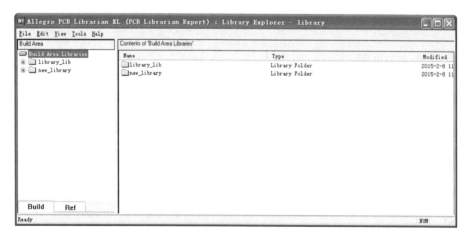

图 2-40　"Library Explorer"窗口

### 2.4.3 按照向导创建库文件

1. 执行"开始"→"程序"→"Cadence SPB 16.6"→"Library Explorer"命令,弹出"Cadence Product Choices"对话框,如图2-41所示。

2. 在"Cadence Product Choices"对话框中选择"Allegro PCB Librarian XL (PCB Librarian Expert)"选项。

3. 单击 OK 按钮,在弹出的"Getting Started"对话框中选择"Create a new Managed Library Project"选项,如图2-42所示。

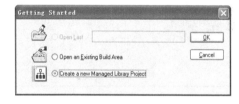

图2-41 "Cadence Product Choices"对话框     图2-42 "Getting Started"对话框

通过新建一个原理图库文件,或者通过打开一个已有的原理图库文件,都可以启动进入原理图库文件编辑环境中。

4. 在"Getting Started"对话框内选择"Create a new Manager Library Project(创建一个新的元件库项目)"单选钮,单击 OK 按钮,弹出"New Project Wizard – Project Type"对话框。

5. 在"New Project Wizard – Project Type"对话框内选择"Non – DM"选项,单击 下一步(N) > 按钮,将弹出如图2-43所示"New Project Wizard – Project Name and Location"对话框。

6. 单击 下一步(N) > 按钮,将弹出"New Project Wizard – Libraries"对话框,如图2-44所示。

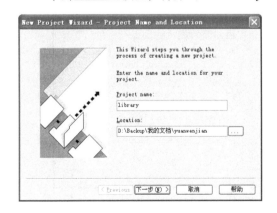

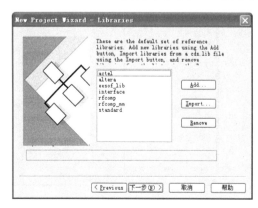

图2-43 "New Project Wizard – Project"     图2-44 "New Project Wizard – Libraries"
对话框                    对话框

1）[Add...]：单击此按钮，可以添加参考库。

2）[Import...]：单击此按钮，可以导入参考库。

3）[Remove]：单击此按钮，可以移走参考库。

7. 单击[下一步(N) >]按钮，将弹出"New Project Wizard – Summary"对话框，如图2-45所示。在此对话框内显示项目的名称和路径等内容。

8. 单击[完成]按钮，弹出"Library Explorer"对话框，如图2-46所示。提示新的库项目创建成功的信息。

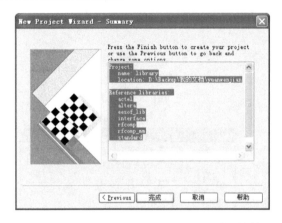

图2-45 "New Project Wizard – Summary"对话框　　　图2-46 "Library Explorer"对话框

9. 单击[确定]按钮，弹出库Library Explorer管理窗口，一个新的库项目创建成功，如图2-47所示。

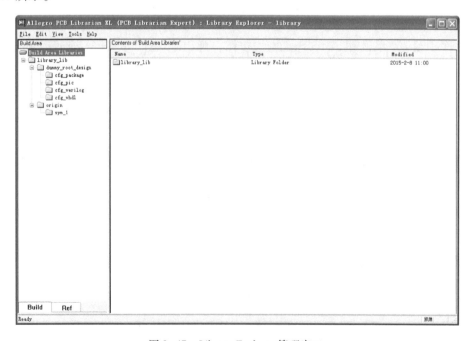

图2-47 Library Explorer管理窗口

### 2.4.4 手动创建库文件

在 Library Explorer 图形窗口中，选择菜单栏中的"File（文件）"→"New（新建）"→"Build Library（新建库）"命令，在左侧构建区"Build（创建）"选项卡下显示生成一个名为"new_ Library"的新文件夹，如图 2-48 所示。根据需要修改新库的名称，创建新库，在右侧显示区将显示所创建库文件的包含信息。

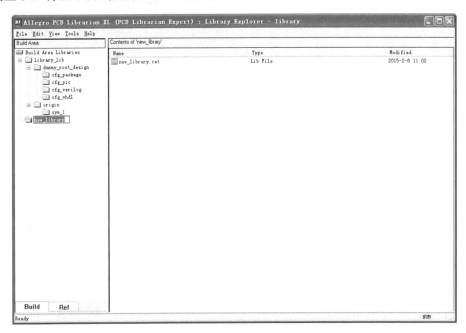

图 2-48  创建新库

### 2.4.5 Library Explorer 图形窗口

Library Explorer 的图形窗口可分为标题栏、菜单栏、构建区、显示区和状态栏 5 部分。

**1. 标题栏**

标题栏显示软件名称及所打开文件的路径与名称，如图 2-49 所示。

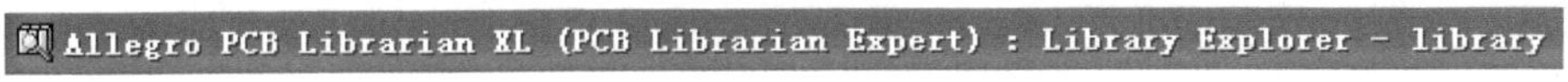

**Allegro PCB Librarian XL (PCB Librarian Expert) : Library Explorer – library**

图 2-49  标题栏

**2. 构建区**

左边的构建区内又分为 Build 构建区（如图 2-50 所示）和 Ref 参考区（如图 2-51 所示）。

（1）构成区主要显示 cds.lib 指定的库，可以在构建区对库进行创建和修改，系统会自动更新创建或重命名操作的 cds.lib 项目文件，通过在菜单栏中执行"View/Refresh"命令进行构建区内更新显示。在构建区内创建成功的库经过效验后可以导入参考区。

（2）参考区主要显示 refcds.lib 中显示的库。参考区的库都是经过校验确认的，在参考区中不可能对库进行编辑修改，如果需要可以导入到构建区内进行修改编辑，确定后再导回参考区。参考区中的库是通过导入构建区的库进行添加操作的。

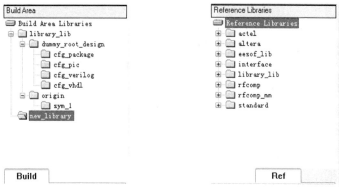

图 2-50  Build 构建区                图 2-51  Ref 参考区

### 3. 显示区

右边的显示区显示左边库中选中的内容（如图 2-52 所示），显示区内可以显示选中库中的内容包括：名称、类型、修改日期及属性。

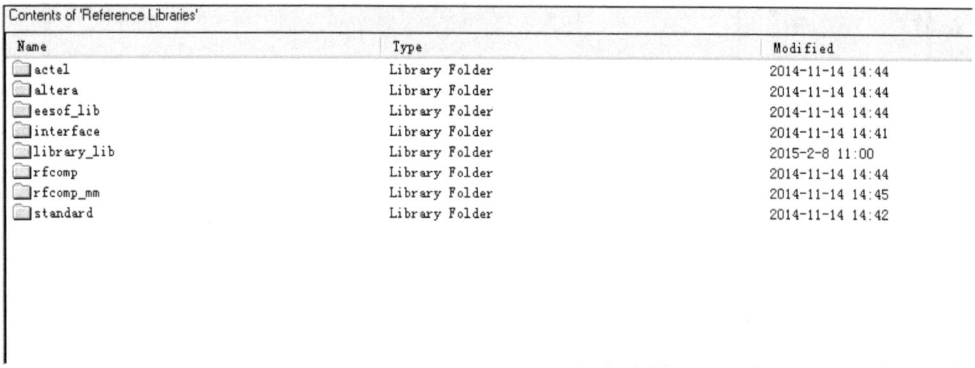

| Name | Type | Modified |
|------|------|----------|
| actel | Library Folder | 2014-11-14 14:44 |
| altera | Library Folder | 2014-11-14 14:44 |
| eesof_lib | Library Folder | 2014-11-14 14:44 |
| interface | Library Folder | 2014-11-14 14:41 |
| library_lib | Library Folder | 2015-2-8 11:00 |
| rfcomp | Library Folder | 2014-11-14 14:44 |
| rfcomp_mm | Library Folder | 2014-11-14 14:45 |
| standard | Library Folder | 2014-11-14 14:42 |

Contents of 'Reference Libraries'

图 2-52  显示区

在左侧构建区"Build（创建）"选项卡下选中添加元件库文件，在右侧显示需显示库文件详细信息，如图 2-53 所示。

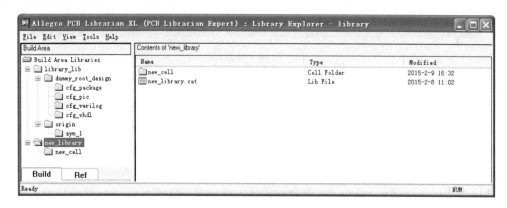

图 2-53  显示元件库信息

**4. 菜单栏**

在"Library Explorer"的窗口中，菜单栏由"File（文件）、Edit（编辑）、View（视图）、Tools（工具）、Help（帮助）"5个菜单组成，如图2-54所示。

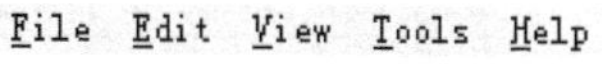

`File Edit View Tools Help`

图2-54　菜单栏

## 2.4.6　添加元件

在左侧构建区"Build（创建）"选项卡下选中添加元件库文件，选择菜单栏中的"Files（文件）"→"New"→"Part（新建元件）"命令或右击鼠标，弹出如图2-55所示的快捷菜单，选择"New Part（新建元件）"命令，在选中库的文件夹下生成一个名为"new cell"的新文件夹，如图2-56所示，可修改新建元件名称。

图2-55　快捷菜单

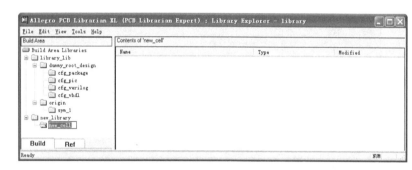

图2-56　新建元件

## 2.5　元件库编辑器

对元件进行编辑，还需要进入一个新的"Part Developer"图形窗口，有别于一般的直接绘制元件外形的方法，在该编辑窗口中通过参数设置从系统中调入设置参数对应的外形，下面介绍如何对该窗口下的元件进行设置。

### 2.5.1　启动元件编辑器

在Library Explorer图形窗口中，选择菜单栏中的"Tools（工具）"→"Part Developer"命令，将弹出如图2-57所示Part Developer的图形窗口。

Cadence提供Part Developer库开发工具供原理图库使用，Cadence的原理图库是由数据文件构成，如图2-58所示。Part Developer的图形窗口可分为标题栏、菜单栏、项目管理器、设置区和信息区5部分。

Cadence元件库必具备如下元件目录结构，如图2-59所示。

Library ----------cell ----------view（包括Sym_1, Entity, Chips, Part - table）

● "Sym_1"：存放元件符号。

● "Entity"：存放元件端口的高层语言描述。

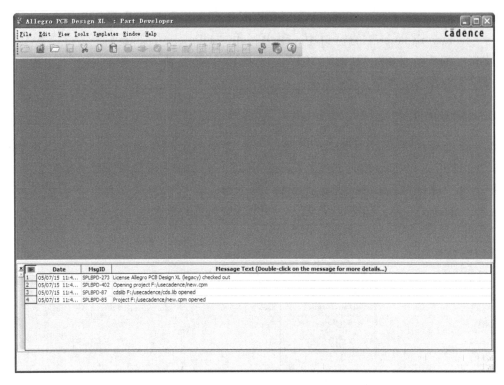

图 2-57　Part Developer 图形窗口

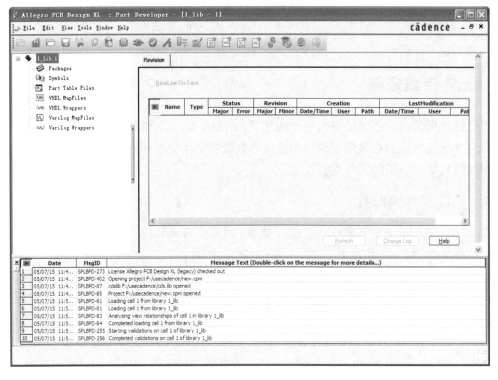

图 2-58　项目管理器

- "Chips"：存放元件的物理封装说明和属性。
- "Part – table"：存放元件的附加属性，用于构造企业特定部件。

## 2.5.2 编辑器窗口

在项目管理器窗口选中元件名称，在下方信息区可查看元件的
日志和版本信息，如图 2-58 所示。

在编辑器内设置区的表格中显示以下可以设置的选项：

- "Name"：显示元件和视图的名称。
- "Type"：显示视图的类型。
- "Status/Major"：显示元件的一些主要状态，有"Created"、
  "Baseline"、"Modified" 3 个值。"Created" 是创建新元件或
  新视图， "Baseline" 是第一次启动元件日志或重新开始，
  "Modified" 是修改元件时会显示此值。
- "Status/Error"：显示视图是否有错误。
- "Revision/Major"：显示元件或视图的主要版本。
- "Revision/Minor"：显示元件或视图的小版本。
- "Creation/Date/Time"：显示创建的日期和时间。
- "Creation/User"：显示创建的注册名。
- "Creation/Path"：显示库和元件名称。
- "Last Modification/Date/Time"：显示修改视图的日期和事件。
- "Last Modification/User：显示修改者的注册名。
- "Last Modification/Path：最后的修改及路径。

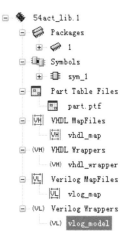

图 2-59　元件目录结构

元件编辑器提供了 7 种表述元件的方式："Package（封装）"、"Symbols（符号）、Part
Table Files（部件列表文件）、VHDL MapFiles（VHDL 映射文件）、VHDL Wrappers（VHDL
包装文件）、Verilog MapFiles（Verilog 映射文件）、Verilog Wrappers（Verilog 包装文件）"，
在不同选项中可设置元件相应参数。

### 1. Package（封装）

在项目管理器窗口中单击"Package"选项，打开封装编辑器。在封装编辑器内可以进
行元件封装的创建及修改，共有"General（通用）、Package Pin（封装引脚）和 Part Table
（部件表）"三个选项卡，如图 2-60 所示。

图 2-60　封装编辑器

## 2. General 选项卡

打开"General（通用）选项卡"，如图 2-61 所示。在该选项卡内有以下组成部分。

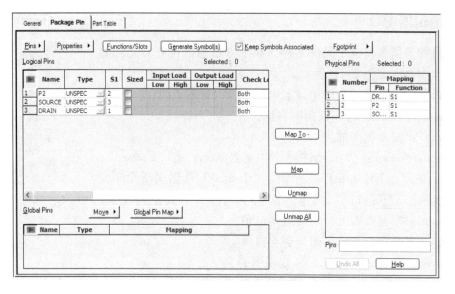

图 2-61 "Package Pin"选项卡

1）"Logical & Physical Parts"：逻辑和物理元件。

● 逻辑部分的主要功能是定义元件的逻辑引脚并且被映射到一个或者多个物理部分。逻辑部分的名称也可以以物理部分为后缀，在默认的情况下逻辑部分的名称和物理部分的名称是相同的。

● 物理部分的主要作用是逻辑到物理的引脚映射和物理属性的设置。物理部分的名称可以和逻辑部分相同。

2）"Class"：提供元件的类型，共有"DISCREIE"，"IO"，"IC"，"MECHANICAL"四种类型可选择。

3）"RefDes Prefix"：选择元件参考编号的前缀，有 C、D、M、R、T、U、X 等选项。

4）"Associated Footprints"：此区域内有 Jedec Type 和 Alt Symbols 两栏，可以将元件引脚图信息与元件联系起来。可以手工指定也可以通过浏览选择，默认的选择是来自 Cadence 提供的引脚图。

5）"Additional Properties"：可以添加其他属性。

## 3. Package Pin 选项卡

打开"Package Pin"选项卡，如图 2-62 所示。在该选项卡中可以输入封装的引脚信息，逻辑引脚和物理引脚都在这里输入。

1）"Logical Pins"：显示封装的逻辑引脚信息。

2）Properties▶：在下拉菜单中有针对封装引脚的 Add、Rename、Delete 命令。

3）Functions/Slots：弹出"Edit Functions"对话框。主要有添加封装的通道、删除封装的通道和修改通道引脚配置的功能。

4）Generate Symbol(s)：创建封装对应的符号。

5）"Keep Symbols Associated"：选择此选项，当封装的引脚列表变更了就会同时更新符号的引脚列表，确保封装和符号的对应。

6）"Global Pins 栏"：显示应用于所有通道的引脚列表。

7）"Physical Pins 栏"：显示物理引脚号，映射的逻辑引脚和通道。

8）"Pins 栏"：不用通过单击的方法来选择需要的引脚，可以进行多个引脚的选择。

**4. Part Table 选项卡**

打开"Part Table"选项卡，如图 2-62 所示，显示元件的整体属性以及排列顺序。

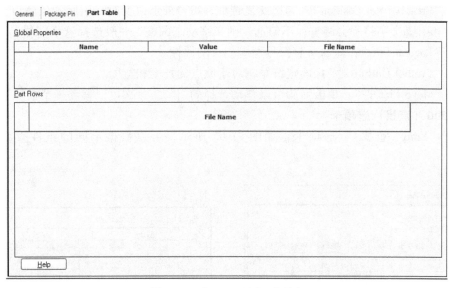

图 2-62 "Part Table"选项卡

**5. "Symbol（符号）"**

在项目管理器窗口中单击"Symbol（符号）"选项，打开元件符号编辑器。在符号编辑器中可以查看完成的符号信息，可以查看符号的图形，如图 2-63 所示，共有"General（通用）"、"Symbol Pins（符号引脚）"和"Find（查找）"三个选项卡，在右侧显示元件符号的缩略图，更直观地显示元件符号信息。

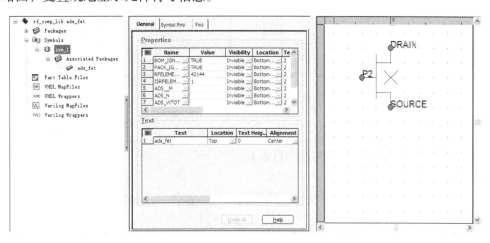

图 2-63 符号编辑器

**6. General（通用）选项卡**

打开"General（通用）"选项卡，该选项卡主要描述符号的属性。

在"Properties（属性）"栏显示元件符号的属性；在"Text（文本）"栏显示所有符号中的文字。

**7. Symbol Pins（元件符号引脚）选项卡**

（1）打开"Symbol Pins"选项卡，如图 2-64 所示，可以输入符号引脚和确定符号的大小，还可以修改存在的引脚的信息和符号尺寸。

（2）"Preserve Pin Position"：勾选此复选框，符号外形改变时，引脚的位置以及引脚关联的属性和引脚文字将不会调整；不勾选，则文字动态调整。一般选择这个选项。

（3）"Logical Pins"：显示所有符号引脚相关的属性。

（4）"Symbol Outline 栏"：确定符号相对于原点的长度和宽度。

（5）"Move Pins 栏"：单击箭头可以移动选择的引脚。一次可以移动一个格。

**8. Find（查找）选项卡**

打开"Find（查找）"选项卡，如图 2-65 所示，可以根据不同的条件查找相应的文件。

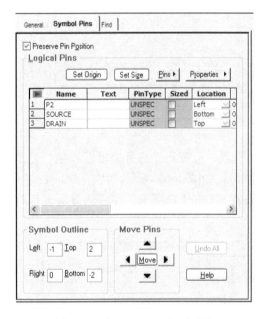

图 2-64　"Symbol Pins"选项卡　　　　图 2-65　"Find（查找）"选项卡

（1）"Filter for Object Selection"：项目选择的过滤器。

（2）"Find By Name"：通过名称进行查找。

**9. "Symbol（符号）"**

Part - table 文件是一个 ASCII 文件，用于灵活构造部件以满足用户不同需要。任何文本编辑器均可编写或修改该文件，注意文件内容必须符合图例格式，如图 2-66 所示。

该文件在"Ptf Editor - part. ptg"编辑器中编辑，如图 2-67 所示。

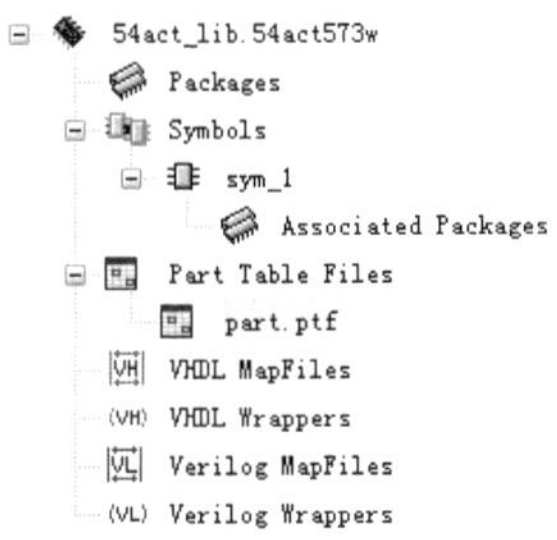

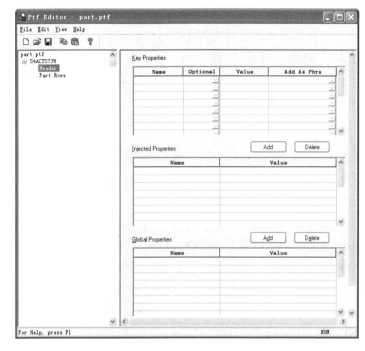

图 2-66　项目管理器

图 2-67　"Ptf Editor – part. ptf" 编辑器

## 2.5.3　环境设置

在 Part Developer 编辑环境下，需要根据要绘制的元件符号、封装等类型对编辑器环境进行相应的设置。主要有用户面值、引脚后缀有效字符、封装属性等。

选择菜单栏中的"Tools（工具）"→"Setup（设置）"命令，将弹出"Setup（设置）"对话框，如图 2-68 所示在此对话框内完成元件编辑器的相关设置。

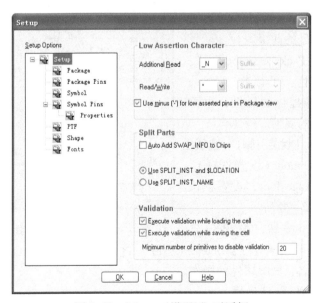

图 2-68　"Setup（设置）"对话框

"Setup（设置）"对话框分为两部分，左边显示的是"Setup Option（设置选项）"管理列表，右边的显示的是对应列表中可以设置的选项，下面分别介绍不同选项栏。

**1. "Setup（设置）"选项栏**

在左侧"Setup Option（设置选项）"管理列表中选择 Setup 选项，设置引脚名后缀的有效字符。设置低有效字符和 Split 元件的默认属性。

1）"Low Assertion Character"：设置后缀有效字符，可以进行判断有效引脚后缀字符的设置。

- "Additional Read"：设置在读元件时，判断低有效引脚的后缀是带"_N"还是"＊"。
- "Read/Write"：设置在读写元件时，确定是以带"_N"还是"＊"后缀作为低有效引脚。

2）"Split Parts"：设置 Split 元件。一个 Split 元件由多个符号代表。在组成符号和 chips.prt 文件中有以下专有的设置属性。

- "Auto Add SWAP_INFO to Chips"：勾选此复选框，将多引脚器件的逻辑部分分为几个有着相同逻辑功能的符号，符号间也可能会交换引脚。
- "Use SPLIT_INST and $LOCATION"：单击此单选钮，指定打包成同一个元件的符号属性 $LOCATION 为同一个值。
- "Use SPLIT_INST_NAME"选项的作用是：单击此单选钮，指定想要打包成同一个元件的符号属性 Use SPLIT_INST_NAME 为同一个值。

**2. "Package（封装）"选项栏**

在左侧"Setup Option（设置选项）"管理列表中选择 Package，如图 2-69 所示，设置元件封装，可以进行如下设置。

1）"Class"：集，在该下拉列表中选择元件类型，有 IC、IO 和 DISCRETE 三个选项。

2）"RefDes Prefix"：在该下拉列表中设置封装的参考编号的前缀。

3）"Additional Package Properties"：输入其他的封装属性。可以在"Name（名称）"菜单下选择提供的属性，也可以根据需要添加其他的属性。

**3. "Package Pins（封装引脚）"选项栏**

在左侧"Setup Option（设置选项）"管理列表中选择 Package Pins，设置默认封装引脚属性，如图 2-70 所示。

单击 Edit Properties ▶ 按钮，弹出包含

图 2-69　设置封装

Add（添加）、Rename（重命名）、Delete（删除）这三个命令选项的菜单，执行这些命令，可以完成添加、重命名、删除属性的操作。

**4. "Symbol（符号）"选项栏**

在左侧"Setup Option（设置选项）"管理列表中选择 Symbol 选项，如图 2-71 所示。在

对话框中可以创建符号，设置符号的默认值。具体设置内容如下。

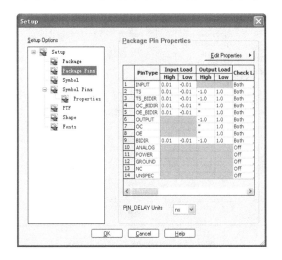

图2-70　设置默认封装引脚属性

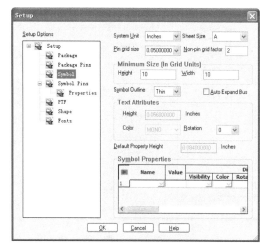

图2-71　设置符号属性

（1）"System Unit"：设置符号的测量单位。

（2）"Sheet Size"：设置原理图图框大小。如果符号超出图框的范围会出现错误报告。

（3）"Pin grid size"：设置格点大小。在添加符号引脚的时候，只能将符号引脚放在格点上。

（4）"Non－pin grid factor"：设置非引脚格点。

（5）"Minimum Size"：设置符号的最小高度和宽度。

（6）"Symbol Outline"：设置符号外行线的宽度。

（7）"Auto Expand Bus"：设置向量引脚。

（8）"Text Attributes"：设置符号中文字的高度、颜色、角度。

（9）"Default Property Height"：设置符号中属性和属性值的高度。

（10）"Symbol Properties"：设置系统属性。

**5. "Symbol Pins（符号引脚）"选项栏**

在左侧"Setup Option（设置选项）"管理列表中选择"Symbol Pins"选项，可以进行引脚文字及引脚属性的设置，如图2-72所示。

（1）"Pin Name Height"：设置引脚名称的高度。

（2）"Pin Text"区域内的设置如下："Use Pin Name as Pin Text"选项用于设置是否用引脚名称作为引脚显示的文字；"Vector（矢量）Bit Mask"选项用于设置向量引脚的引脚文字；"Pin Text Height"选项用于设置引脚文字的高度；"Pin Text Color"选项用于设置引脚的文字的颜色。

（3）"Pin Attributes"区域设置如下："Show Dot As Filled"选项用于设置符号引脚上的圆点是填充的还是空的；"Minimum Pin Spacing"选项用于设置最小引脚间距；"Low Assert Shape"选项用于设置低有效引脚的形状；"Stub Length"选项用于设置符号引脚的长度。

（4）"Pin Name Format for Bus"：设置引脚的显示格式。

（5）在该选项栏下选择"Properties"选项，在如图2-73所示的对话框内可以进行符号引脚的属性和不同类型引脚位置的设置。

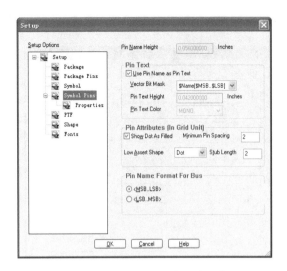
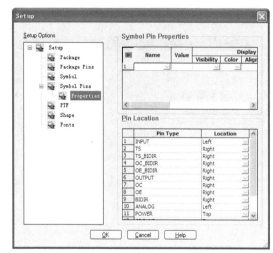

图 2-72　设置符号引脚的默认值　　　　　图 2-73　设置符号引脚的属性

（6）"Symbol Pin Properties"：设置引脚的属性、属性值和显示属性。

（7）"Pin Location"：设置不同的引脚类型在符号中的显示位置。

**6. "PTF" 选项栏**

在左侧 "Setup Option（设置选项）" 管理列表中选择 PTF 选项，如图 2-74 所示，进行默认的元件列表文件属性的设置。

（1）"Name"：设置属性名称。

（2）"Value"：设置属性值。

（3）"Context"：该选项内有 "Key、Injected、Global、Key and Injected" 四个不同的选项，根据需要进行选择。

**7. "Shape（形状）" 选项栏**

在左侧 "Setup Option（设置选项）" 管理列表中选择 "Shape" 选项，在如图 2-75 所示界面内可以进行元件形状的设置。

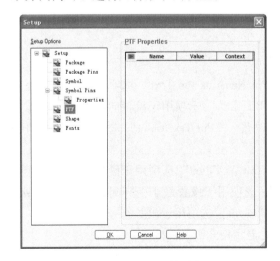
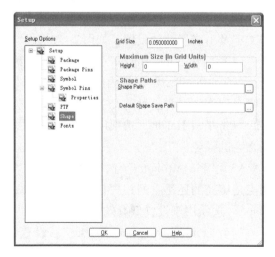

图 2-74　设置元件列表　　　　　　　　图 2-75　设置元件形状

**8. "Font（字体）"选项栏**

在左侧"Setup Option（设置选项）"管理列表中选择"Font（字体）"选项，在如图 2-76 所示对话框内可以进行元件字体的设置。

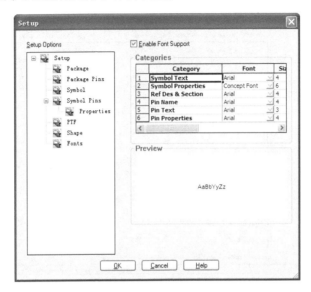

图 2-76　设置元件字体

# 2.6　库元件的创建

元件编辑器建立元件只需按每一个选项中的内容提示设置相应的参数，而且每一个数据产生的结果变化在窗口右边的阅览框中都可以实时看到。本节主要讲解新元件的建立、封装的建立以及引脚的添加。

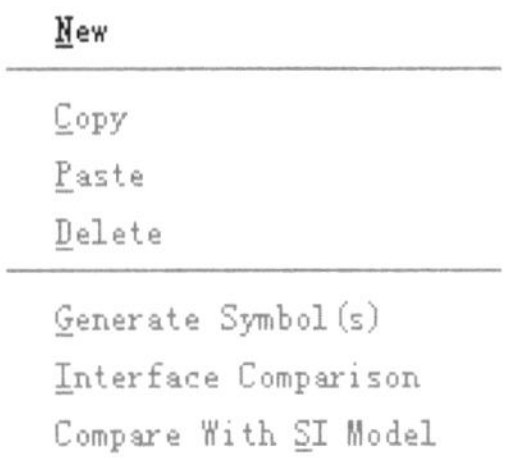

## 2.6.1　新建元件

1. 在左侧项目管理器中选择 Packages 选项，右击鼠标，在弹出图 2-77 所示的菜单中选择"New（新建）"命令，将产生一个新的封装，如图 2-78 所示。

2. 选择"General"选项卡，在 Logical & Physical Parts 栏内可以看出，元件包含逻辑和物理两部分。在 Additional Properties 栏内将显示封装的属性，如图 2-79 所示。

3. 在"General"选项卡内的树结构中选择"Physical Parts（Pack Types）选项"，右击鼠标，在弹出的菜单中选择 New 命令，再在弹出的"Add Physical Part"对话框内的 Pack Type 栏中输入"dip"，如图 2-80 所示。

4. 在"Add Physical Part"对话框内单击 OK 按钮，在"Logical & Physical Parts"的树形图中看到新建的"_DIP"封装已经完成，如图 2-81 所示。

New

Copy
Paste
Delete

Generate Symbol(s)
Interface Comparison
Compare With SI Model

图 2-77　快捷菜单

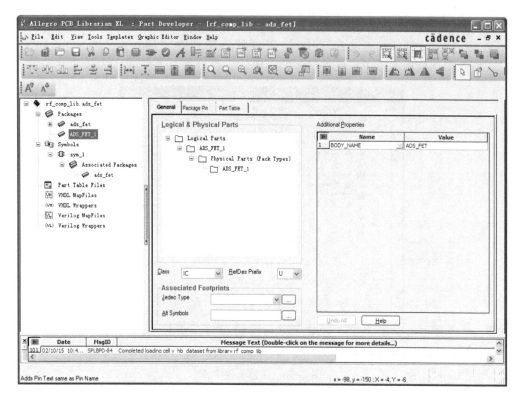

图 2-78 新建封装

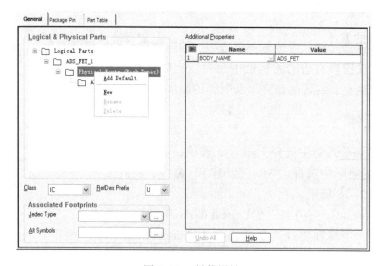

图 2-79 封装属性

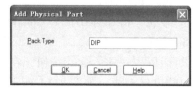

图 2-80 "Add Physical Part" 对话框

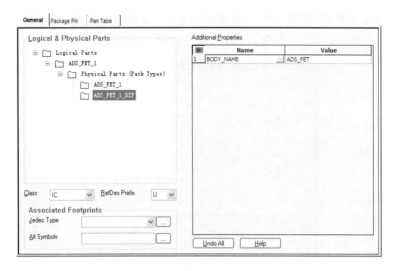

图 2-81　新建的"_DIP"封装

## 2.6.2　复制元件

在项目管理器中选择【sym_1】，右击鼠标，在弹出的菜单中选择【Copy】命令，然后选中【Symbols】，再右击选择【Paste】命令，创建了符号 sym_2，如图 2-82 所示。

## 2.6.3　添加元件引脚

引脚是元件的基本组成部分，是元件进行功能实现的关键。引脚的正确分配对元件的性能起着至关重要的作用。

**1. 管脚设置**

1）在如图 2-83 所示对话框内选择"Package Pin"选项卡。

图 2-82　复制元件

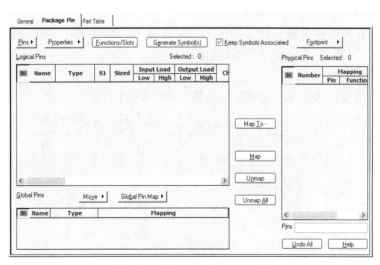

图 2-83　"Package Pin"选项卡

2）在"Package Pin"选项卡中，单击 Pins▸ 按钮，在弹出的菜单中选择"Add（添加）"命令，将弹出"Add Pin（添加引脚）"对话框，如图 2-84 所示。

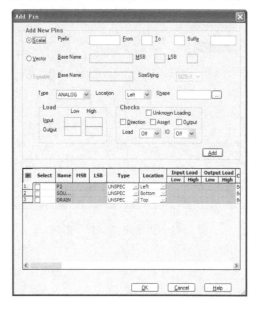

图 2-84　"Add Pin（添加引脚）"对话框

下面介绍该对话框中的各选项：

1）"Add New Pins（添加新引脚）"区域

①"Vector（矢量）"选项

在"Base Name（基极名称）"文本框内输入引脚名称；在"MSB（平均速度）"文本框内输入个数；在"LSB（最低有效值）"文本框内输入 0；在"Type（类型）"下拉列表中选择引脚电气特性。

②"Scalar（标量）"选项

在"Prefix（前缀）"文本框内输入引脚名称，在"Suffix（后缀）"栏输入"∗"，在"Type（类型）"下拉列表中选择电气特性。

不论是标量管脚还是矢量引脚，均可采用集体输入，如在 Pin Names 栏可输入"A1 - A8"、"1C - 16C"，单击 Add 按钮，添加引脚。

2）引脚显示区域

在该区域以列表的形式显示引脚添加结果，如图 2-85 所示。

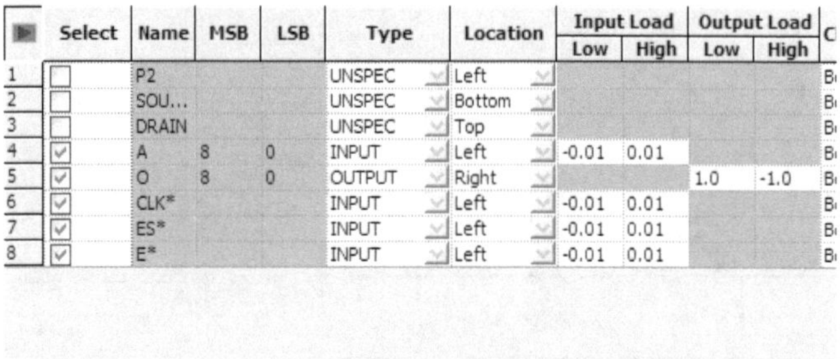

| | Select | Name | MSB | LSB | Type | Location | Input Load | | Output Load | | C |
| | | | | | | | Low | High | Low | High | |
|---|---|---|---|---|---|---|---|---|---|---|---|
| 1 | ☐ | P2 | | | UNSPEC | Left | | | | | B |
| 2 | ☐ | SOU... | | | UNSPEC | Bottom | | | | | B |
| 3 | ☐ | DRAIN | | | UNSPEC | Top | | | | | B |
| 4 | ☑ | A | 8 | 0 | INPUT | Left | -0.01 | 0.01 | | | B |
| 5 | ☑ | O | 8 | 0 | OUTPUT | Right | | | 1.0 | -1.0 | B |
| 6 | ☑ | CLK∗ | | | INPUT | Left | -0.01 | 0.01 | | | B |
| 7 | ☑ | ES∗ | | | INPUT | Left | -0.01 | 0.01 | | | B |
| 8 | ☑ | E∗ | | | INPUT | Left | -0.01 | 0.01 | | | B |

图 2-85　添加后的引脚信息

## 2. 指定引脚图

指定引脚图是指给对应的引脚指定引脚号，引脚号可以手动输入也可以在指定 PCB 引脚图中进行提取。从指定引脚图中进行引脚号的提取的步骤如下。

1）选择"Package Pin"选项卡，如图 2-86 所示。在"Package Pin"选项卡内单击 ___Footprint ▶__ 按钮，在弹出的菜单上选择"Extract from Footprint"命令，如图 2-87 所示，将弹出"pdv"对话框，如图 2-88 所示。

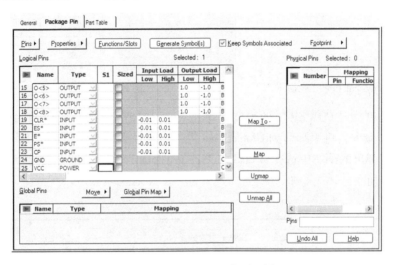

图 2-86　"Package Pin"选项卡

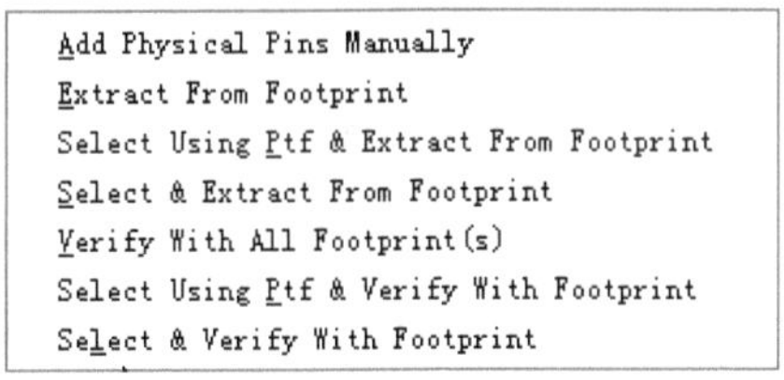

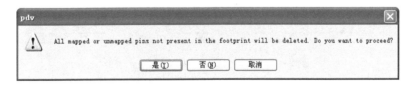

图 2-87　选择"Extract from Footprint"命令

图 2-88　"pdv"对话框

2）在弹出的"pdv"对话框中单击 是(Y) 按钮，"Physical Pins"栏显示提取的引脚号，如图 2-89 所示。单击 **Number** 可以进行引脚的排序，可倒序排列也可顺序排列。

## 3. 处理电源引脚

通常情况下电源引脚不要求显示在符号中，可以将电源引脚从"Logical Pins"栏移到"Global Pins"栏内。具体操作过程如下。

1）选择"Package Pin"选项卡，单击"Logical Pins"栏的 Type 标题，按照类型进行引脚排序，如图 2-90 所示。

| | Number | Mapping | |
|---|---|---|---|
| | | Pin | Func |
| 1 | 1 | | |
| 2 | 2 | | |
| 3 | 3 | | |
| 4 | 4 | | |
| 5 | 5 | | |
| 6 | 6 | | |
| 7 | 7 | | |
| 8 | 8 | | |
| 9 | 9 | | |
| 10 | 10 | | |
| 11 | 11 | | |
| 12 | 12 | | |
| 13 | 13 | | |
| 14 | 14 | | |
| 15 | 15 | | |

| | Name | Type | S1 | Sized | Input Load | | Output Load | | |
|---|---|---|---|---|---|---|---|---|---|
| | | | | | Low | High | Low | High | |
| 15 | A<4> | INPUT | | | -0.01 | 0.01 | | | B |
| 16 | A<5> | INPUT | | | -0.01 | 0.01 | | | B |
| 17 | A<6> | INPUT | | | -0.01 | 0.01 | | | B |
| 18 | A<7> | INPUT | | | -0.01 | 0.01 | | | B |
| 19 | A<8> | INPUT | | | -0.01 | 0.01 | | | B |
| 20 | CLR* | INPUT | | | -0.01 | 0.01 | | | B |
| 21 | ES* | INPUT | | | -0.01 | 0.01 | | | B |
| 22 | E* | INPUT | | | -0.01 | 0.01 | | | B |
| 23 | PS* | INPUT | | | -0.01 | 0.01 | | | B |
| 24 | CP | INPUT | | | -0.01 | 0.01 | | | B |
| 25 | GND | GROUND | | | | | | | C |

图 2-89 "Physical Pins"栏显示      图 2-90 引脚类排序

2）选择类型为"POWER"的引脚，单击 Move▶ 按钮，在弹出的菜单中选择"Logical Pins to Global"命令，将引脚移到 Global Pins 栏；再选择类型为"GROUND"的引脚，单击 Move▶ 按钮，在弹出的菜单中选择"Logical Pins to Global"命令，将引脚移到"Global Pins"栏，如图 2-91 所示。

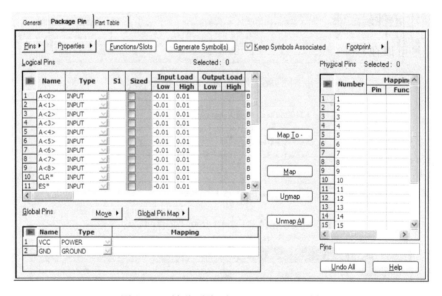

图 2-91 转移引脚到"Global Pins"栏

### 4. 映射引脚

逻辑引脚映射需要先选择逻辑引脚，再选择封装引脚，然后单击映射按钮；全局引脚的映射需要先选择全局引脚，再选择对应的封装引脚。引脚映射的具体操作如下。

选择"Package Pin"选项卡，单击"Logical Pins"栏的"A<0>"行"S1"列对应的表格，然后在"Package Pin"栏的 Number 列，选择"9"，单击 Map Io· 按钮。用同样的方法将"A<1>"到"A<8>"的引脚全部映射，如图 2-92 所示。

### 5. 隐藏引脚

分别在"Logical Pins"栏和"Physical Pins"栏中右击鼠标，在弹出菜单中，选择 Hide Mapped Pins 命令，隐藏所有映射完成的引脚。

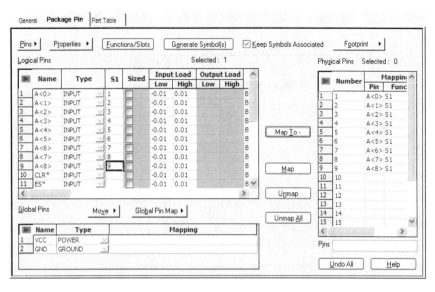

图 2-92 "A <1 >" 到 "A <8 >" 的引脚映射

## 2.6.4 创建元件轮廓

创建符号可以在符号编辑器中进行，也可以在封装中进行。在这里讲解一下如何在封装中进行符号的创建。具体操作过程如下。

1. 选择 "Package Pin" 选项卡，在 "Physical Pins" 栏中，单击 Generate Symbol(s) 按钮，将弹出 "Generate Symbol（s）for Package" 对话框，如图 2-93 所示。

2. 设置好后，单击 OK 按钮，系统会自动创建原理图符号，在元件属性的 Symbol 节点下会生成新的节点，如图 2-94 所示。

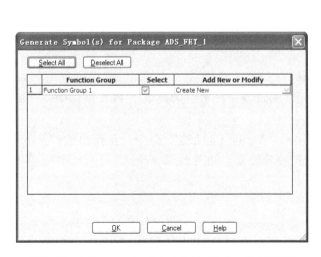

图 2-93 "Generate Symbol（s）for Package" 对话框

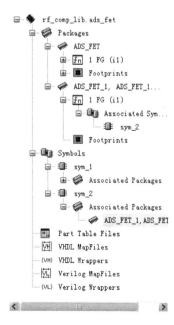

图 2-94 项目管理器

3. 选择"sym_2"文件夹，查看符号编辑器和符号，如图2-95所示。

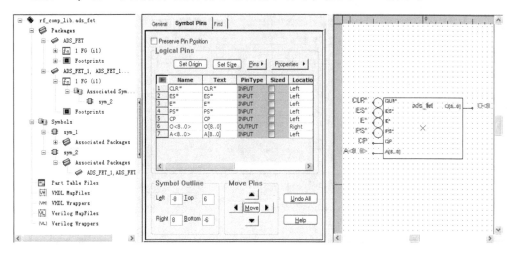

图2-95 查看元件符号

4. 在"Symbol Pins"选项卡内，在Name栏中选中选项后，单击"Move Pins"栏的
▲、▼、◀、▶按钮，移动引脚的位置。单击 Move 按钮，将弹出"Move Pins（移动引脚）"对话框，如图2-96所示，在此对话框内可以进行引脚移动方向、移动距离的设置。将各引脚移动到合适的位置，如图2-97所示。

5. 选择菜单栏中的"File（文件）"→"Save（保存）"命令，保存设置。

图2-96 "Move Pins（移动引脚）"
对话框

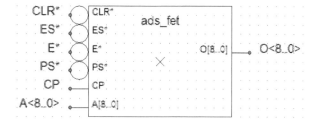

图2-97 调整引脚位置

## 2.6.5 编译库元件

为了检查元件绘制是否正确，在元件编辑器设计系统中提供了PCB设计中一样的校验功能。

在菜单栏内执行"Tool（工具）"→"Verify（验证）"命令，在弹出的"Verification（验证）"对话框内单击 Verify 可以进行校验设置。如图2-98所示。

## 2.6.6 查找元件

1. 选择"General"选项卡，单击"Associated Footprints"栏中"Jedec Type"右边的按钮 ，将弹出如图2-99所示"Browse Jedec Type"对话框。此对话框显示了所有的元件，可以通过过滤功能进行具体元件的查找。

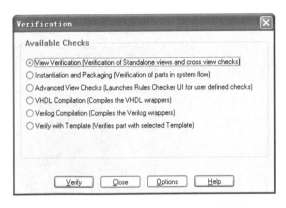

图 2-98 "Verification（验证）"对话框

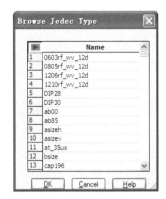

图 2-99 "Browse Jedec Type" 对话框

2. 右键单击 "Browse Jedec Type" 对话框中 "Name" 列表内的任意一项，在弹出的菜单中选择 "Filter Rows" 命令，将弹出如图 2-100 所示 "Filter Rows" 对话框。

3. 在文本框中输入所要查找元件的类型，如输入 "CAP*"，单击 OK 按钮，则 "Browse Jedec Type" 对话框中就只会显示双列直插封装的元件，如图 2-101 所示。在刷新的 "Browse Jedec Type" 对话框列表中选择想要的元件，如 cap196，单击 OK 按钮即可。

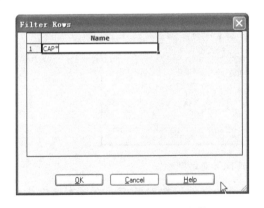

图 2-100 "Filter Rows" 对话框

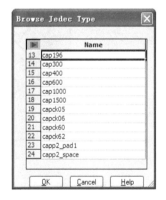

图 2-101 显示 dip 元件

## 2.7 操作实例

通过前面章节的学习，用户对 Cadence 原理图库编辑环境、编辑器的使用有了初步的了解，本节通过简单元件的绘制解说如何使用原理图库编辑器来完成电路的设计工作。

1. 执行 "开始" → "程序" → "Cadence SPB 16.6" → "Project Manager" 命令，弹出 "Cadence Product Choices" 对话框，选择 "Allegro PCB Librarian XL（PCB Librarian Expert）" 选项，如图 2-102 所示。

2. 单击 OK 按钮，打开库管理器窗口，如图 2-103 所示，单击 "Create Library Project" 按钮，弹出如图 2-104 所示的向导对话框。

图 2-102 "Cadence Product Choices" 对话框

图 2-103 库管理器窗口

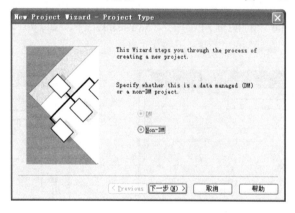

图 2-104 库向导对话框

3. 单击 下一步(N) 按钮，弹出如图 2-105 所示的文件设置对话框，在该对话框中输入库文件名称，单击 按钮，在弹出的对话框中选择文件路径。

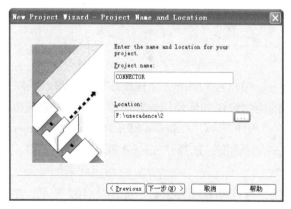

图 2-105 文件设置对话框

4. 单击 下一步(N) 按钮，将弹出 "New Project Wizard – Libraries" 对话框，按住 〈Shift〉键，选中所有库模板，如图 2–106 所示。

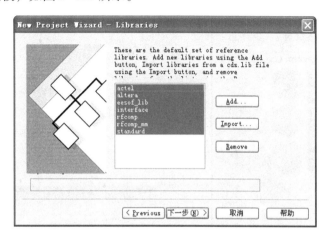

图 2–106 "New Project Wizard – Libraries" 对话框

5. 单击 下一步(N) 按钮，弹出 "New Project Wizard – Summary" 对话框，如图 2–107 所示。此对话框显示项目的名称和路径等内容。

6. 单击 完成 按钮，弹出 "Library Explorer" 对话框，提示新的库项目创建成功的信息。

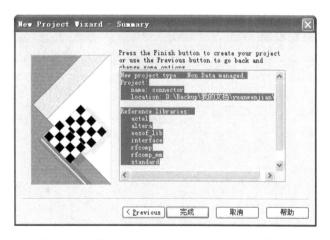

图 2–107 "New Project Wizard – Summary" 对话框

7. 单击 确定 按钮，在库管理窗口创建一个新的库项目，如图 2–108 所示。该窗口显示元件库操作。

8. 单击 "Part Developer" 按钮，进入原理图库编辑窗口。

9. 选择菜单栏中的 "File" → "New" → "Cell" 命令，或单击 "Cell（元件）" 工具栏中的 "New Cell（新建元件）" 按钮，弹出如图 2–109 所示对话框。

10. 在 "Cell" 文本栏处输入元件库的名称，用元件型号命名，单击 OK 按钮，进入 "Part Developer" 的图形窗口，如图 2–110 所示。

11. 在左侧项目管理器中选择 "symbols" 选项，单击鼠标右键，在弹出的菜单中选择

"New（新建）"命令，新建元件符号，如图 2-111 所示。

图 2-108　库管理器窗口

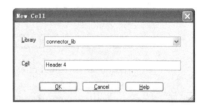

图 2-109　"New Cell"对话框

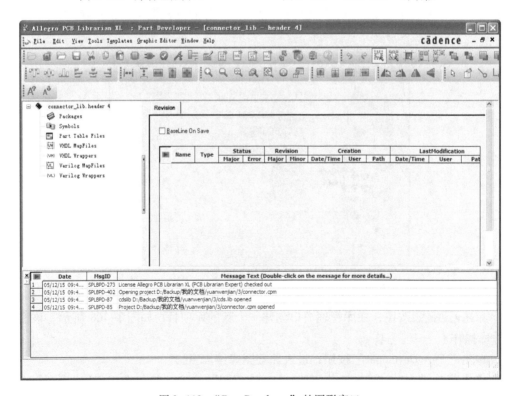

图 2-110　"Part Developer"的图形窗口

12. 打开"Package Pin"选项卡，单击 Pins 按钮，弹出如图 2-112 所示的快捷菜单，选择"Add（添加）"命令，弹出如图 2-113 所示的"Add Pin"对话框。

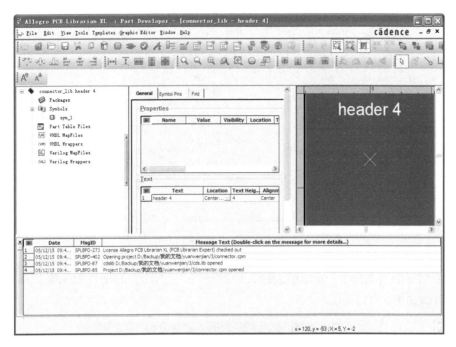

图 2-111　新建元件符号

```
Add
Global Rename
Global Modify
Global Delete
Attributes
Pin Text Attributes
Associate/Unassociate PinText
Adjust symbol outline to PinText
```

图 2-112　快捷菜单　　　　　　　　图 2-113　"Add Pin"对话框

13. 在"Add New Pins（添加新引脚）"区域内选择"Scalar（标量）"选项；在"Prefix（前缀）"文本框内输入 1；在"Type（类型）"下拉列表中选择"UNSPEC"选项；在"Location（位置）"下拉列表中选择"Left"选项。如图 2-114 所示。然后单击 Add 按钮，添加引脚。

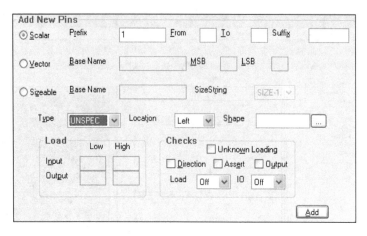

图 2-114　设置引脚 1

14. 在"Prefix（前缀）"文本框内输入"2"、"3"、"4"，其他设置不变，单击 Add 按钮。添加引脚如图 2-115 所示。

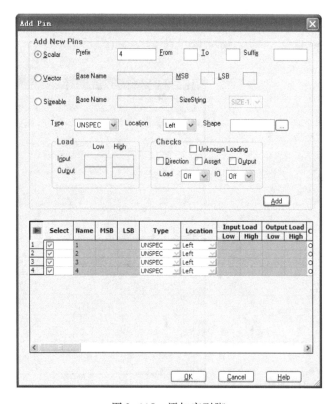

图 2-115　添加完引脚

15. 单击 OK 按钮，退出对话框，在"Package Pin"选项卡内查看添加引脚信息和"Add Pin（添加引脚）"对话框内显示的内容是否完全相同，如图 2-116 所示。

16. 选择菜单栏中的"File"→"Save"命令，保存创建元件符号，在左侧项目管理器中"sym_1"下显示"Associated Packages"，如图 2-117 所示。

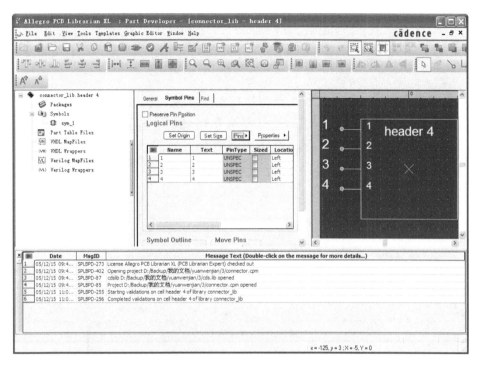

图 2-116 引脚信息

17. 右键单击"sym_1",弹出如图 2-118 所示的快捷菜单,选择"Generate Package"命令,显示如图 2-119 所示窗口。

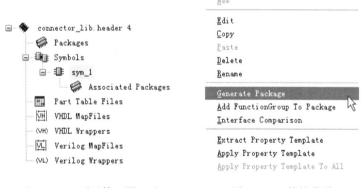

图 2-117 项目管理器显示        图 2-118 快捷菜单

18. 打开"Package Pin"选项卡,如图 2-120 所示。

19. 单击"Functions/Slots"按钮,弹出"Edit Function"对话框,显示默认有 1 个通道,如图 2-121 所示。

20. 单击"Add"按钮,弹出如图 2-122 的"Specify the number of sectors"对话框,在"Slot Count"文本框中显示添加通道个数,单击 OK 按钮,完成添加。

21. 返回"Edit Function"对话框,显示添加的通道"S2",如图 2-123 所示,单击 OK 按钮,退出对话框。

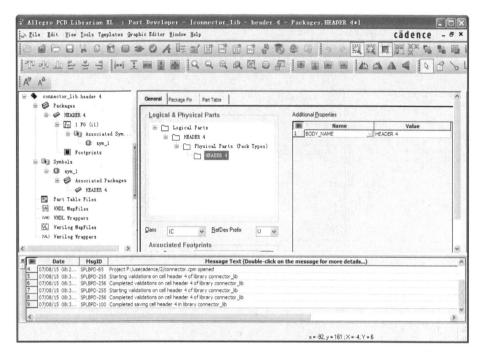

图 2-119　生成元件

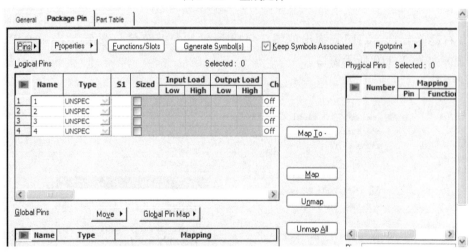

图 2-120　"Package Pin" 选项卡

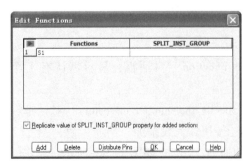

图 2-121　"Edit Function" 对话框

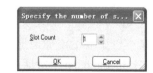

图 2-122　"Specify the number of sectors" 对话框

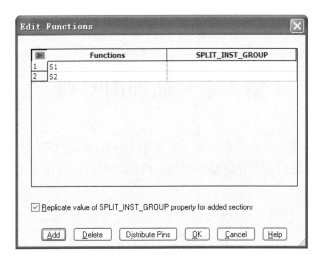

图 2-123　"Edit Function" 对话框

22. 依次在"Logical Pins"栏的"S1"列对应的表格从 1 开始排序，同时在对应"Physical Pins"栏的"Number"列显示排序后的引脚，如图 2-124 所示，完成映射。

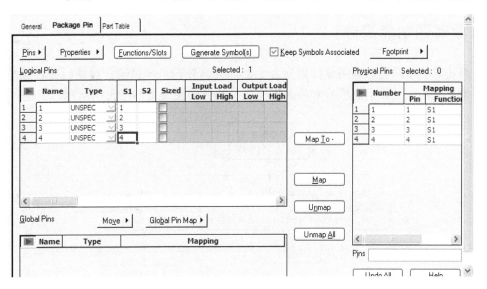

图 2-124　映射引脚

23. 选择菜单栏中的"File（文件）"→"Save（保存）"命令，保存绘制结果。

# 第3章 原理图基础

Cadence 设计原理图工作平台有两种，分别为 Design Entry CIS 和 Design Entry HDL，本章以 Capture 窗口为依托，主要介绍原理图的一些基础知识，具体包括原理图的组成、原理图编辑器的窗口。

 **知识点**

- 原理图功能简介
- 项目管理器
- 创建原理图
- 电路原理图的设计步骤

## 3.1 原理图功能简介

按照功能的不同将原理图设计划分为 5 个部分，分别是项目管理模块、元件编辑模块、电路图绘制模块、元件信息模块和后处理模块，功能模块关系如图 3-1 所示。

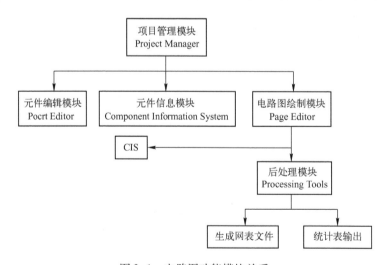

图 3-1 电路图功能模块关系

下面详细介绍各模块功能：

**1. 项目管理模块（Project Manager）**

项目管理模块是整个软件的导航模块，负责管理电路设计项目中的各种资源及文件，协调处理电路图与其他软件的接口和数据交换。

**2. 元件编辑模块（Part Editor）**

软件自带的软件包提供了大量不同元件符号的元件库，用户在绘制电路图的过程中可以直接调用，非常方便。同时软件包还包含了元件编辑模块，可以对元件库中的内容进行修改、删除或添加新的元件符号。

**3. 电路图绘制模块（Page Editor）**

在电路图中绘制模块还可以进行各种电路图的绘制工作。

**4. 元件信息模块（Component Information System）**

元件信息模块可以对元件和库进行高效的管理。通过互联网元件助理可以在互联网上从指定网站提供的元件数据库中查询更多的元件，根据需要添加到自己的电路设计中，也可以保存到软件包的元件库中，以备在后期设计中可以直接调用。

**5. 电路设计的后期处理（Processing Tools）**

软件提供了一些后处理工具，可以对编辑好的电路原理图进行元件自动编号、设计规则检查、输出统计报告及 生成网络报表文件等操作。

# 3.2 项目管理器

OrCAD Capture CIS 为用户提供了一个十分友好且易用的设计环境，它打破了传统的 EDA 设计模式，采用了以工程为中心的设计环境。项目管理器独立于原理图编辑环境，可进行一些基本操作，包括新建文件、打开已有文件、保存文件、删除文件等。

**1. 保存**

选择菜单栏中的"File（文件）"→"Save（保存）"命令或单击"Capture"工具栏中的"Save document（保存文件）"按钮，直接保存当前文件。

**2. 另存为**

选择菜单栏中的"File（文件）"→"Save As（另存为）"命令，弹出如图 3-2 所示的"Save As（另存为）"对话框，读者可以更改设计项目的名称、所保存的文件路径等，执行

图 3-2 "Save As（另存为）"对话框

此命令一般至少需修改路径或名称中的一种，完成修改后，单击"保存"按钮，完成文件另存。否则直接选择保存命令即可。

**3. 将工程另存为**

此命令只能在项目管理器窗口下进行操作，工作区窗口中此命令为灰色，无法进行操作。

（1）选择菜单栏中的"File（文件）"→"Save Project As（将工程另存为）"命令，弹出如图3-2所示的"Save Project As（将工程另存为）"对话框，打开如图3-3所示的对话框。

（2）在"Home（首页）"选项卡中，在"Destination Directory（最终目录）"文本框下单击 ![按钮，弹出如图3-4所示的"Select Directory（选择目录）"对话框，选择路径，单击 OK 按钮，返回"Save Project As（将工程另存为）"对话框。在"Project Name（工程名称）"文本框中输入工程名称。

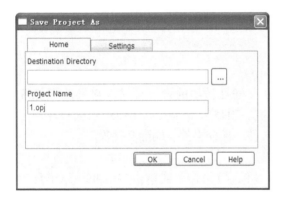

图3-3  "Save Project As（将工程另存为）"对话框

图3-4  "Select Directory（选择目录）"对话框

（3）单击"Setting（设置）"选项卡，显示如图3-5所示的对话框。

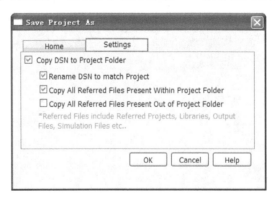

图3-5  "Setting（设置）"选项卡

- "Copy DSN to Project Folder"：将数据集保存到工程文件夹。
- "Rename DSN to match Project"：将数据集重命名以匹配工程文件。
- "Copy All Referred Files Present Within Project Folder"：将所有相关文件均保存在工程

文件夹中。

● "Copy All Referred Files Present Out of Project Folder"：将所有相关文件保存在工程文件夹外。

单击 OK 按钮，完成保存设置。

**4. 原理图文件重命名**

在工程管理器中选择要重命名的原理图文件，选择菜单栏中的"Design（设计）"→"Rename（重命名）"命令，或单击右键选择"Rename（重命名）"命令，弹出"Rename Schematic（原理图重命名）"对话框，如图3-6所示，输入新原理图文件的名称。

**5. 原理图页重命名**

在工程管理器中选择要重命名的图页文件，选择菜单栏中的"Design（设计）"→"Rename（重命名）"命令，或单击右键选择"Rename（重命名）"命令，弹出"Rename Page（图页重命名）"对话框，如图3-7所示，输入新图页名称。

图 3-6 "Rename Schematic（原理图重命名）"
对话框

图 3-7 "Rename Page（图页重命名）"
对话框

注意，不论原理图是否打开，重命名操作都会立即生效。

**6. 其他文件重命名**

工程文件 .opj 只能用另存文件的方式进行重命名，设计文件 .dsn 同样适用另存为的方式重命名文件，这样才能和工程文件保持联系，否则工程文件就找不到数据库了。

## 3.3 原理图分类

在进行电路原理图设计时，鉴于某些图样过于复杂，无法在一张图样上完成，于是衍生出两种电路设计方法（平坦式电路、层次式电路）来解决这种问题。

原理图设计分类如下：

● 进行简单的电路原理图设计（只有单张图样构成的）。

● 平坦式电路原理图设计（由多张图样拼接而成的）。

● 层次式电路原理图设计（多张图样按一定层次关系构成的）。

平坦式电路中各图页间是左右关系、层次式电路各图页间是上下关系。

按照功能分，原理图又可分为一般电路与仿真电路。

### 3.3.1 平坦式电路

平坦式电路是相互平行的电路，在空间结构上是在同一个层次上的电路，只是分布在不同的电路图样上，每张图样通过页间连接符连接起来。

平坦式电路表示不同图页间的电路连接，每张图页上均有页间连接符显示，不同图页依靠相同名称的页间连接符进行电气连接。如果图样够大，平坦式电路也可以绘制在同一张电路图上，但电路图结构过于复杂，不易理解，在绘制过程中也容易出错。采用平坦式电路虽然电路图不在一张图页上，但相当于在同一个电路图的文件夹中。

Flat Design 即平坦式设计，在电路规模较大时，将图样按功能分成几部分，每部分绘制在一页图样上，每张电路图之间的信号连接关系用"Off – Page Connector（页间连接符）"表示。

Capture 中平坦式电路结构的特点如下：

1. 每页电路图上都有"Off – Page Connector（页间连接器）"，表示不同页面电路间的连接。不同电路上相同名称的"Off – Page Connector（页间连接器）"在电学上是相连的。

2. 平坦式电路之间不同页面都属于同一层次，相当于在 1 个电路图文件夹中。如图 3-8 所示，3 张电路图都位于 1 个文件夹下。

平坦式电路从空间结构上看是在同一个层次上的电路，只是整个电路在不同的电路图样上，每张电路图之间是通过端口连接器连接起来的。

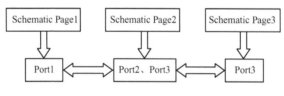

图 3-8  平坦式电路图结构

### 3.3.2  层次电路

层次电路是在空间结构上属于不同层次的，一般是先在一张图样上用框图的形式设置顶层电路，在另外的图样上设计每个框图所代表的子原理图。

如果电路规模过大，采用幅面最大的页面图样也容纳不下整个电路设计，就必须采用平坦式或层次式电路结构。但在以下几种情况下，即使电路的规模不是很大，完全可以放置在一页图样上，也往往采用平坦式或层次式电路结构。

1）将一个复杂的电路设计分为几个部分，分配给几个工程技术人员同时进行设计。

2）按功能将电路设计分成几个部分，让具有不同特长的设计人员负责不同部分的设计。

3）采用的打印输出设备不支持幅面过大的电路图页面打印。

4）目前自上而下的设计策略已成为电路和系统设计的主流，这种设计策略与层次式电路结构一致，因此对于相对复杂的电路和系统设计，大多采用层次式结构，使用平坦式电路结构的情况已相对减少。

对于层次式电路结构，首先在一张图样上用框图的形式设计总体结构，然后在另外一张图样上设计每个子电路框图代表的结构。在实际设计中，下一层次电路还可以包含有子电路框图，按层次关系将子电路框图逐级细分，直到最后一层完全为某一个子电路的具体电路图，不再含有子电路框图。

层次式电路图的基本结构如图 3-9 所示。

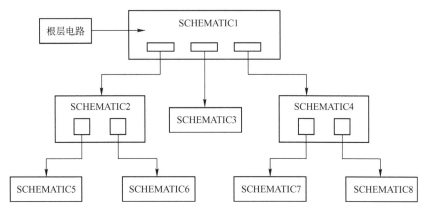

图 3-9  层次式电路结构图

在图 3-9 中，每个区域就是已给电路图系（标志为 Schematic 而不是 Page），每个区域相当于一个数据夹，其中可以只放一张电路图，也可以是几张电路图所拼接而成的平坦式电路图。

### 3.3.3  仿真电路

与普通原理图相比，仿真原理图有以下几点要求：

1）调用的器件必须有 PSpice 模型，软件本身提供的模型库，库文件存储的路径为"X：Capture\Library\pspice"，所有器件都提供 PSpice 模型，可以直接调用。

2）使用自行创建的器件，必须保证"＊.olb"、"＊.lib"两个文件同时存在，而且器件属性中必须包含 PSpice Template 属性。

3）原理图中至少必须有一条网络名称为 0，即接地。

4）必须有激励源，原理图中的端口符号并不具有电源特性，所有的激励源都存储在 Source 和 SourceTM 库中。

5）电源两端不允许短路，不允许仅由电源和电感组成回路，也不允许仅由电源和电容组成的割集。在简单回路中可用电容并联一个大电阻或电感串联一个小电阻。

6）最好不要使用负值电阻、电容和电感，因为它们容易引起电路不收敛。

## 3.4  创建原理图

不同的原理图类型采用不同的创建方法，下面简单介绍原理图的不同创建方法。

### 3.4.1  创建平坦式电路

Capture 的 Project 是用来管理相关文件及属性的。新建 Project 的同时，Capture 会自动创建相关的文件，如 DSN、OPJ 文件等，根据创建的 Project 类型的不同，生成的文件也不尽相同。

**1. 新建工程文件**

选择菜单栏中的"File（文件）"→"New（新建）"命令或单击"Capture"工具栏中

的"Create document（新建文件）"按钮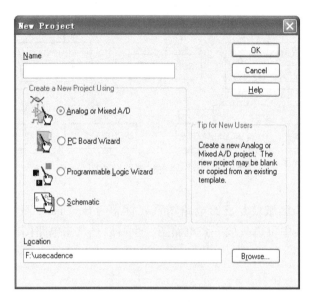，弹出如图 3-10 所示的"New Project（新建工程）"对话框。

图 3-10  "New Project（新建工程）"对话框

1）Create a New Project Using：创建一个新的工程文件。

根据不同后续处理的要求，新建工程文件时必须选择相应的类型。Capture 支持四种不同的 Project 类型：

- Analog or Mixed - signal Circuit：进行数/模混合仿真。
- PC Board Wizard：进行印制版图设计。
- Programmable Logic Wizard：可编程器件 CPLD、FPGA 的设计。
- Schematic：进行原理图设计。

一般选择上述四种情况下的"Schematic"，进行原理图设计。

2）Name：名称，输入工程文件名称。因为进行原理图设计，所以选"schematic"选项，而原理图的名称，一般全部由小写字母及数字组成，不加其他符号，如"myproject"。

3）Location：路径。单击右侧的 Browse... 按钮，选择文件路径。

完成设置后，单击 OK 按钮，进入原理图编辑环境。

**2. 新建原理图文件**

1）在一个工程文件下可以有多个"Schematic（电路图）"，每个电路包下也可以有多张电路图页，如 Page2、Page3，但是这些电路图必须是关联的。

因为电路仿真是针对整个 Schematic1 或者 Schematic2 进行的，而不是针对单个 PAGE1 或者 PAGE2。对 Shematic1 进行仿真，则对 Schematic1 目录下的 Page 全部进行仿真分析。

2）在如图 3-11 所示的项目管理器中选中工程名称，选择菜单栏中的"Design（设计）"→"New Schematic（新建原理图）"命令，或单击右键，弹出如图 3-12 所示的快捷菜单。

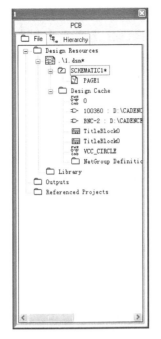

图 3-11　项目管理器　　　　　　　　图 3-12　快捷菜单

3）选择"New Schematic（新建电路图）"命令，弹出"New Schematic（新建电路图）"对话框，在"Name（名称）"文本框内输入电路图名称，默认名称为 Schematic2，如图 3-13 所示。

4）单击 OK 按钮，完成电路图添加，如图 3-14 所示。

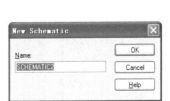

图 3-13　"New Schematic（新建电路图）"对话框　　　　图 3-14　新建电路图文件

**3. 新建原理图页文件**

1）在如图 3-15 所示的项目管理器中选中原理图名称，选择菜单栏中的"Design（设计）"→"New Schematic Page（新建原理图图页）"命令，或单击右键，弹出如图 3-16 所示的快捷菜单。

图 3-15　项目管理器　　　　　　　　　　　　图 3-16　快捷菜单

2）选择"New Page（新建图页）"命令，弹出"New Page in Schematic（在电路图中新建图页）"对话框，在"Name（名称）"文本框内输入电路图页名称，默认名称为 PAGE2，如图 3-17 所示。

3）单击　OK　按钮，完成图页的添加，使用同样的方法继续添加图页文件，结果如图 3-18 所示。

图 3-17　"New Page in Schematic（在电路图中新建图页）"对话框　　　图 3-18　新建图页文件

### 3.4.2　创建层次电路

#### 1. 生成下层电路图

1）选中图 3-19 所示的层次块，右击鼠标，弹出快捷菜单，如图 3-20 所示。选择 "Descend Hierarchy（生成下层电路图）"命令，弹出如图 3-21 所示对话框，在弹出的对话框中可以修改创建电路图文件夹的名称，在 "Name（名称）"栏输入 "AD"。

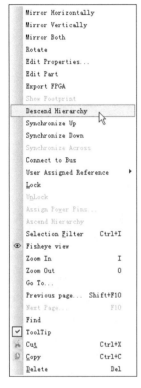

图 3-20　层次块菜单

图 3-19　在原理图中
选择层次块

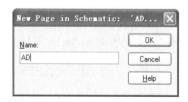

图 3-21　修改下层电路图名称

2）单击 <u>　OK　</u> 按钮，系统会自动创建一个电路图文件夹，这样层次块对应的下层电路就创建完成了，弹出的下层电路如图 3-22 所示。

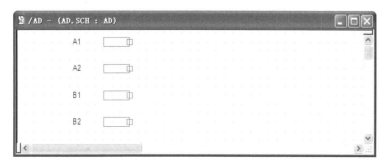

图 3-22　AD 层次块对应的下层电路

3）同时，在项目管理器中自动创建一个新的原理图文件夹 AD.SCH，在该文件夹下显示创建的子原理图 AD，如图 3-23 所示。

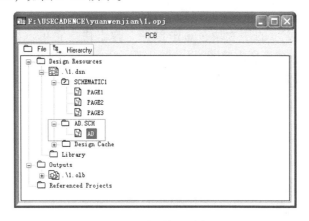

图 3-23　项目管理器窗口

按照一般绘图子原理图的方法，使用同样的方法绘制其余模块。这样，就完成了自上而下绘制层次电路的设计。

**2. 生成图表符元件**

1）首先绘制完成需要转换模块的子原理图，打开项目管理器窗口，选择菜单栏中的"Tools（工具）"→"Generate Part（生成图表符元件）"命令，弹出"Generate Part（生成图表符元件）"对话框，设置要生成的层次块元件参数。

2）单击"Netlist source files（资源文件）"选项右侧的 Browse... 按钮，选择当前项目文件，在"Part Name（元件名称）"文本框输入层次块名称，其余选项选择默认，单击 OK 按钮，弹出如图 3-24 所示的对话框，设置层次块元件的引脚信息。

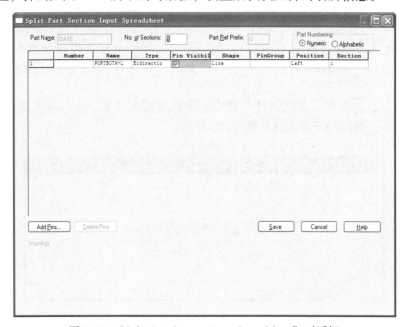

图 3-24　"Split Part Section Input Spreadsheet"对话框

单击 Save 按钮，关闭对话框，完成子原理图到层次块的转换。

3）在"Place Part（放置元件）"管理器下"Library（库）"选项组中显示系统自动加载的转换层次块元件 DATE，并保存在与当前项目文件名称同名的元件库中，如图3-25所示。

4）将该层次块放置到原理图中，结果如图3-26所示。

图3-25 "Place Part（放置元件）"管理器

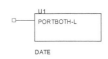

图3-26 放置层次块元件

## 3.4.3 创建仿真电路

1. 选择菜单栏中的"File（文件）"→"New（新建）"命令或单击"Capture"工具栏中的"Create document（新建文件）"按钮 📄，弹出如图3-27所示的"New Project（新建工程）"对话框。

2. 在"Create a New Project Using（创建一个新的工程文件）"选项组中选择"Analog or Mixed-signal Circuit（进行数-模混合仿真）"选项，由 Capture 直接调用 Pspice 的按钮，进行仿真原理图设计。在"Name（名称）"栏输入工程文件名称，原理图的名称，一般全部由小写字母及数字组成，不加其他符号，如 schematic1。单击"Location（路径）"右侧的 Browse... 按钮，选择文件路径。

图3-27 "New Project（新建工程）"对话框

3. 完成设置后，单击 OK 按钮，弹出"Create PSpice Project（创建仿真工程文件）"对话框，如图 3-28 所示。显示"Create based upon an existing project（基于已有的设计创建工程文件）"与"Create a blank project（创建空白工程文件）"选项，默认选择第一项。

4. 单击 OK 按钮，弹出"Cadence Product Choices（产品选择）"对话框，如图 3-29 所示。显示多种已存在的设计，选择"PSpice A – D"选项，进入仿真原理图编辑环境，如图 3-30 所示。

图 3-28 "Create PSpice Project（创建仿真工程文件）"对话框

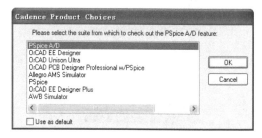

图 3-29 "Cadence Product Choices（产品选择）"对话框

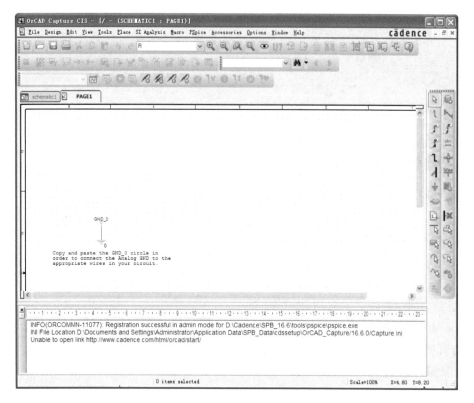

图 3-30 仿真编辑环境

5. 原理图的具体绘制方法已经在 Capture 中详细讲解，这里不再赘述。图 3-31 为绘制完成的仿真电路。

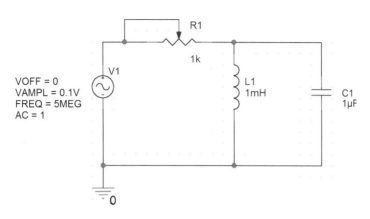

图 3-31 仿真电路图

## 3.4.4 更改文件类型

Capture 可以在当前任意工程中，直接更改文件类型。

在项目管理器中选中".Dsn"工程文件，右击鼠标弹出如图 3-32 所示的快捷菜单，选择"Change Project Type（更改工程类型）"命令，弹出"Select Project Type（选择工程文件类型）"对话框，在该对话框中可以修改工程文件类型，如图 3-33 所示。

图 3-32 快捷菜单

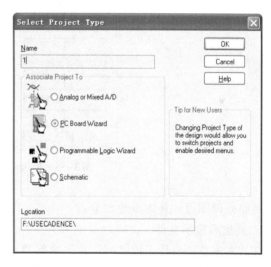

图 3-33 "Select Project Type（选择工程文件类型）"对话框

## 3.4.5 原理图基本操作

缩放是 OrCAD Capture CIS 最常用的图形显示工具，用户可以用此功能方便地查看图样的细节和不同位置的局部信息。

选择菜单栏中的"View（视图）"→"Zoom（缩放）"命令，在下拉菜单中显示窗口缩放命令，如图 3-34 所示。

图 3-34 "Zoom（缩放）"菜单

## 3.5 电路原理图的设计步骤

电路原理图的设计大致可以分为新建原理图文件、设置工作环境、放置元器件、原理图布线、建立网络报表、原理图的电气规则检查、编译和调整等几个步骤，其流程如图3-35所示。

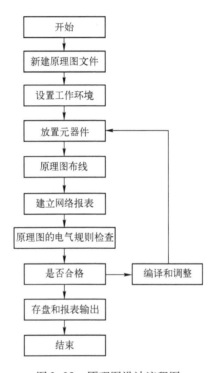

图 3-35 原理图设计流程图

电路原理图设计具体步骤如下：

**1. 新建原理图文件**

在进入电路图设计系统之前，首先要创建新的工程，在工程中建立原理图文件。

**2. 设置工作环境**

根据实际电路的复杂程度来设置图样的大小。在电路设计的整个过程中，图样的大小都可以不断地调整，设置合适的图样大小是完成原理图设计的第一步。

**3. 放置元器件**

从元器件库中选取元器件，放置到图样的合适位置，并对元器件的名称、封装进行定义和设定，根据元器件之间的连线等联系对元器件在工作平面上的位置进行调整和修改，使原理图美观且易懂。

**4. 原理图布线**

根据实际电路的需要，利用原理图提供的各种工具、指令进行布线，将工作平面上的元器件用具有电气意义的导线、符号连接起来，构成一幅完整的电路原理图。

**5. 建立网络报表**

完成上面的步骤以后，可以看到一张完整的电路原理图了，但是要完成电路板的设计，还需要生成一个网络报表文件。网络报表是印制电路板和电路原理图之间的桥梁。

**6. 原理图的电气规则检查**

当完成原理图布线后，需要设置项目编译选项来编译当前项目，利用软件提供的错误检查报告修改原理图。

**7. 编译和调整**

如果原理图已通过电气检查，那么原理图的设计就完成了。这是对于一般电路设计而言，但是对于较大的项目，通常需要对电路进行多次修改才能通过电气规则检查。

**8. 存盘和报表输出**

软件提供了利用各种报表工具生成的报表（如网络报表、元器件报表清单等），同时可以对设计好的原理图和各种报表进行存盘和输出打印，为印制电路板做好准备。

# 第4章 原理图环境设置

本章将详细介绍关于原理图的环境设置，包括系统属性与设计属性，在进行实际电路设计之前，环境的设置十分重要。

 **知识点**

- 原理图图样设置
- 配置系统属性
- 设计向导设置

## 4.1 原理图图纸设置

在原理图的绘制过程中，可以根据所要设计的电路图的复杂程度来决定图样尺寸，然后再对图样进行设置。虽然在进入电路原理图的编辑环境时，Cadence 系统会自动给出相关的图样默认参数，但是在大多数情况下，这些默认参数不一定适合用户的需求，尤其是图样尺寸。用户可以根据设计对象的复杂程度来对图样的尺寸及其他相关参数进行重新定义。

选择菜单栏中的"Option（选项）"→"Schematic Page Properties（原理图页属性）"命令，系统将弹出"Schematic Page Properties（原理图页属性）"对话框，如图4-1所示。

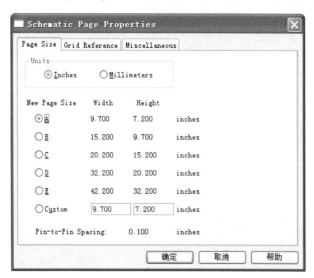

图4-1 "Schematic Page Properties（原理图页属性）"对话框

在该对话框中，有"Page Size（图页尺寸）"、"Grid Reference（参考网格）"和"Miscellaneous（杂项）"3个选项卡。

**1. 设置图页大小**

（1）单击"Page Size（图页尺寸）"选项卡，这个选项卡的上半部分为尺寸单位设置。Cadence 给出了两种图页尺寸单位方式。一种是"Inches（英制）"，另一种为"Millimeters（公制）"。

选项卡的上半部分为尺寸选择。可以选择已定义好的图样标准尺寸，英制图样尺寸（A ~ E）。

（2）在"Unis（单位）"选项组下选择"Millimeters（公制）"，如图 4-2 所示。则在下半部分显示公制图样尺寸（A0 ~ A4）。

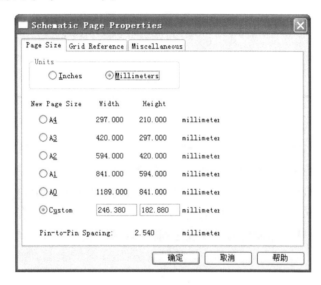

图 4-2　选择公制单位

另一种是"Custom（自定义风格）"，勾选此复选框，则自定义功能被激活，在"Width（定制宽度）"、"Height（定制高度）"文本框中可以分别输入自定义的图样尺寸。

（3）用户可以根据设计需要对这两种设置方式进行选择，默认的格式为"Inches（英制）"A 样式。

**2. 设置参考网格**

进入原理图编辑环境后，大家可能注意到编辑窗口的背景是网格形的，这种网格就为参考网格，是可以改变的。网格为元件的放置和线路的连接带来了极大的方便，使用户可以轻松地排列元件和整齐地走线。

参考网格可通过"Grid Reference（参考网格）"选项卡设置，可以设置水平方向和垂直方向网格数，如图 4-3 所示。

（1）在"Horizontal（图样水平边框）"选项组下"Count（计数）"文本框中输入设置图样水平边框参考网格的数目，在"Width（宽度）"文本框中设置图样水平边框参考网格的高度。参考网格编号有"Alphabetic（字母）"和"Numeric（数字）"两种显示方法。参考网格计数方式分为"Ascending（递增）"、"Descending（递减）"。

同样的设置应用于"Vertical（垂直）"选项组。

（2）在"Border Visible（边框可见性）"选项组下，分别勾选"Displayed（显示）"、

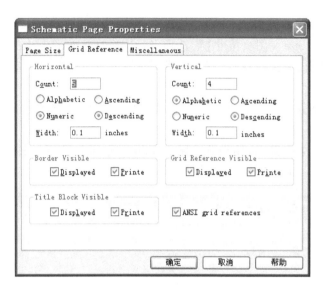

图 4-3 "Grid Reference（参考网格）"选项卡

"Printed（打印）"两复选框，设置图样边框的可见性。

（3）在"Grid Refernce Visible（参考网格可见性）"下，分别勾选"Displayed（显示）"、"Printed（打印）"两复选框，选项组下设置图样参考网格的可见性。

（4）在"Title Block Visible（标题栏可见性）"选项组下分别勾选"Displayed（显示）"、"Printed（打印）"两复选框，设置标题栏的可见性。

**3. 设置杂项**

在"Miscellaneous（杂项）"选项卡中显示图页号及创建时间和修改时间，如图 4-4 所示。

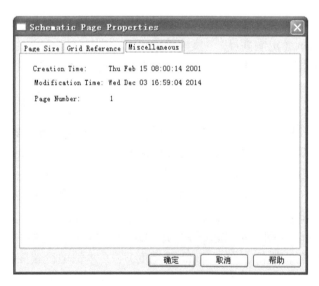

图 4-4 "Miscellaneous（杂项）"选项卡

完成图样设置后，单击"确定"按钮，进入原理图绘制的流程。

## 4.2 配置系统属性

在原理图的绘制过程中，其效率和正确性往往与系统属性的设置有着密切的关系。属性设置的合理与否，直接影响到设计过程中软件的功能是否能得到充分的发挥。下面介绍如何进行系统属性设置。

1. 选择菜单栏中的"Options（选项）"→"Preferences（属性设置）"命令，系统将弹出"Preferences（属性设置）"对话框，如图4-4所示。

2. 在"Preferences（属性设置）"对话框中有7个选项卡，即"Colors/Print（颜色/打印）、Grid Display（格点属性）、Pan and Zoom（缩放的设定）、Select（选取模式）、Miscellaneous（杂项）、Text Editor（文字编辑）、Board Simulation（电路板仿真）"。下面对其中所有选项卡的具体设置进行说明。

### 4.2.1 颜色设置

1. 电路原理图的颜色设置通过图4-5所示的"Colors/Print（颜色/打印）"标签页来实现，除了设置各种图样的颜色还可以设置打印的颜色，可以根据自己的使用习惯设置颜色，也可以选择默认设置。

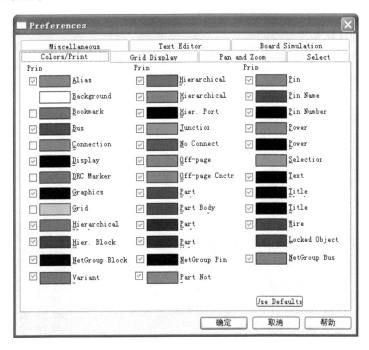

图4-5 "Preferences（属性设置）"对话框

2. 下列选项显示即设置颜色的不同组件，勾选选项前面的复选框，在打印后的图样上显示对应颜色。下面分别介绍各选项。

1）"Alias"：设置网络别名的颜色。

2）"Background"：设置图样的背景颜色。

3）"Bookmart"：设置书签的颜色。

4）"Bus"：设置总线的颜色。

5）"Connection"：设置连接处方块的颜色。

6）"Display"：设置显示属性的颜色。

7）"DRC Marker"：设置标志的颜色。

8）"Graphics"：设置注释图案的颜色。

9）"Grid"：设置格点的颜色。

10）"Hierarchical"：设置层次字体的颜色。

11）"Hier. Block"：设置层次块的颜色。

12）"NetGroup Block"：设置网络组块的颜色。

13）"Variant"：设置变体元件的颜色。

14）"Hier Block Name"：设置层次名的颜色。

15）"Hierarchical Pin"：设置层次引脚的颜色。

16）"Hierarchical Port"：设置层次端口的颜色。

17）"Junction"：设置节点的颜色。

18）"No Connect"：设置不连接指示符号的颜色。

19）"Off‐page"：设置页间连接符的颜色。

20）"Off‐page Cnctr"：设置页间连接符文字的颜色。

21）"Part"：设置元件符号的颜色。

22）"Part Body"："Part Body Rectangle"，设置元件简图方框的颜色。

23）"Part"：Part Reference 设置元件相关部件的颜色。

24）"Part"：设置元件参数值的颜色。

25）"NetGroup Pin"：设置网络组管脚的颜色。

26）"Part Not"：设置 DIN 元件的颜色

27）"Pin"：设置引脚的颜色。

28）"Pin Name"：设置引脚名称的颜色。

29）"Pin Number"：设置引脚号码的颜色。

30）"Power"：设置电源符号的颜色。

31）"Power Text"：设置电源符号文字的颜色。

32）"Selection"：设置选取图件的颜色。

33）"Text"：设置说明文字的颜色。

34）"Title"：设置标题块和标题文本的颜色。

35）"Wire"：设置导线的颜色。

36）"Locked Object"：设置锁定对象的颜色。

37）"NetGrond Bus"：设置网络组总线的颜色。

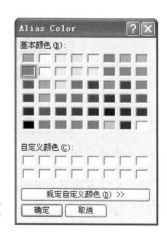

3. 当要改变某项的颜色属性时，只需单击对应的颜色块，即可打开如图 4-6 所示的颜色设置对话框，选择所需要的颜色，单击"确定"按钮即可。

图 4-6 颜色设置对话框

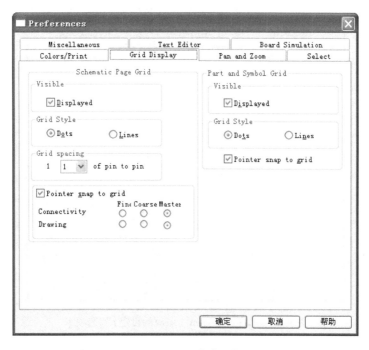

注意：

选择不同选项的颜色块，打开的对话框名称不同，但显示信息与设置方法相同，这里不再一一赘述。

Use Defaults：单击此按钮，选用默认值。

## 4.2.2 格点属性

图 4-7 所示的"Grid Display（格点属性）"选项卡主要用来调整显示网格模式，应用范围主要在原理图页及元件编辑两个方面。

图 4-7 "Grid Display（格点属性）"选项卡

整个页面分为两大部分：

1. "Schematic Page Grid"：原理图页网格设置。

1）"Visible"：可见性设置。

● "Displayed"：可视性。勾选此复选框，原理图页网格可见，反之，不可见。

2）"Grid Style"：网格类型。

● "Dots"：点状格点。

● "Lines"：线状格点。

3）"Grid spacing"：网格排列。

● "Pointer snap to grid"：光标随格点移动。

2. "Part and Symbol Grid"：元件或符号网格设置。

1）"Visible"：可见性设置。

● "Displayed"：可视性。勾选此复选框，元件或符号网格可见，反之，不可见。

81

2）"Grid Style"：网格类型。

● "Dots"：点状格点。

● "Lines"：线状格点。

3）"Grid spacing"：网格排列。

● "Pointer snap to grid"：光标随格点移动。

### 4.2.3　设置缩放窗口

图 4-8 所示的"Pan and Zoom（缩放的设定）"选项卡用来设置图样放大与缩小的倍数。

图 4-8　"Pan and Zoom（缩放的设定）"选项卡

此标签页分为两大部分：

1. "Schematic Page Editor"：原理图页编辑设置。

1）"Zoom Factor"：放大比例。

2）"Auto Scroll"：自动滚动。

2. "Part and Symbol Editor"：元件或符号网格设置。

1）"Zoom Factor"：放大比例。

2）"Auto Scroll"：自动滚动。

其余选项这里不再赘述。

## 4.3　设计向导设置

原理图设计环境的设置主要包括：字体的设置、标题栏的设置、页面尺寸的设置、边框显示的设置、层次图参数的设置及 SDT 兼容性的设置。

选择菜单栏中的"Options（选项）"→"Design Template（设计向导）"命令，系统将弹出"Design Template（设计向导）"对话框，如图 4-9 所示。

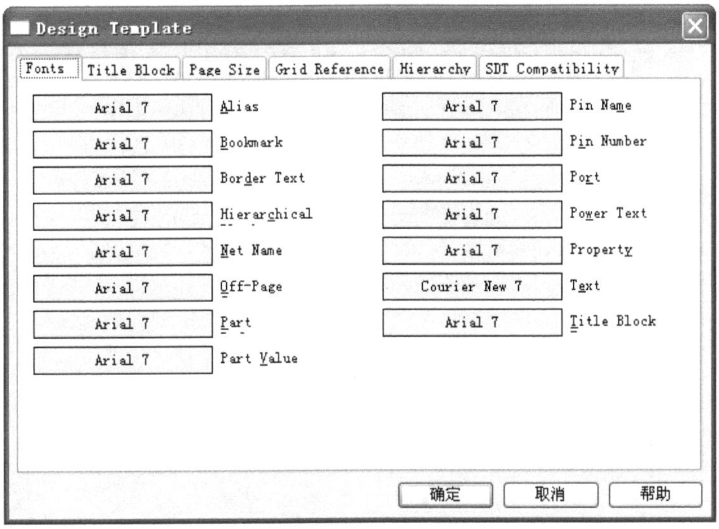

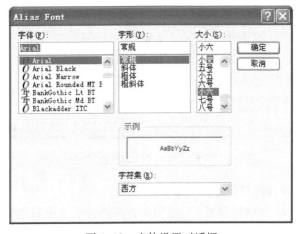

图 4-9 "Design Template（设计向导）"对话框

在该对话框中可以设置题头、字体大小、页面尺寸、网格尺寸及显示打印方式等。设置结果对原理图的电气特性没有影响，也可采用默认设置。通常为了绘制方便，只选择修改背景颜色，网格大小及显示方式。最重要的设置是页面的大小，通常用 A4 或 A3 即可。

该对话框包括 6 个选项卡，下面进行一一介绍。

**1."Fonts（字体）"选项卡**

选择"Fonts（字体）"选项卡，在该选项卡中对所有种类的字体进行设置，如图 4-9 所示。在该选项组下显示可以设置颜色的不同组件，勾选选项前面的复选框，在图样中显示对应字体。

当要改变某项的字体属性时，只需单击对应的字体块，即可打开如图 4-10 所示的字体设置对话框，进行相应设置。

图 4-10 字体设置对话框

### 2. "Title Block（标题栏）"选项卡

选择"Title Block（标题栏）"选项卡，在该选项卡中设定标题栏内容，如图 4-11 所示。

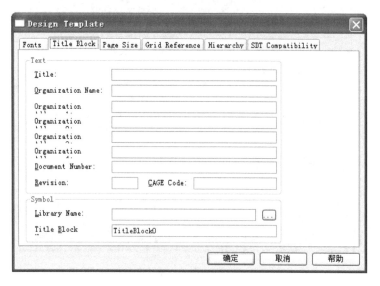

图 4-11　"Title Block（标题栏）"选项卡

### 3. "Page Size（页面设置）"选项卡

选择"Page Size（页面设置）"选项卡，在该选项卡中设置要绘制的图样大小，如图 4-12 所示。

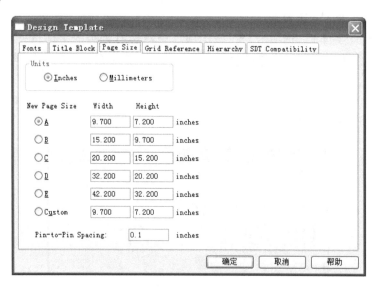

图 4-12　"Page Size（页面设置）"选项卡

### 4. "Grid Reference（网格属性）"选项卡

选择"Grid Reference（网格属性）"选项卡，在该选项卡中对边框显示进行设置，设置参考点，如图 4-13 所示。

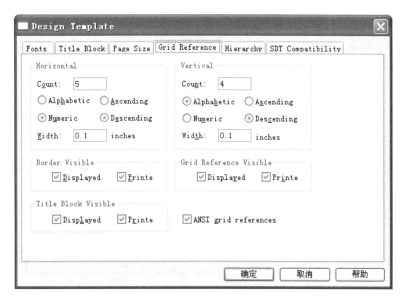

图 4-13 "Grid Reference（网格属性）"选项卡

**5. "Hierarchy（层次参数）"选项卡**

选择"Hierarchy（层次参数）"选项卡，在该选项卡中设置层次电路中方框图的属性，如图 4-14 所示。

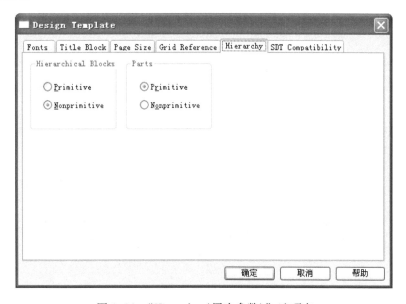

图 4-14 "Hierarchy（层次参数）"选项卡

一般的层次电路中所有元件均为基本组件，但对于嵌套的层次电路，即包含下层电路图的电路图中，包含不是基本组件的元件，是以电路图组成的元件。

**6. "SDT Compatibility（SDT 兼容性）"选项卡**

选择"SDT Compatibility（SDT 兼容性）"选项卡，在该选项卡中显示对 SDT 文件兼容性的设置，如图 4-15 所示。

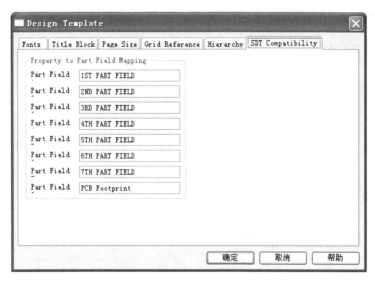

图 4-15 "SDT Compatibility（SDT 兼容性）"选项卡

Schematic Design Tools 简称 SDT，是早期 DOS 版本的 OrCAD 软件包中与 Capture 对应的软件，选择对"SDT Compatibility（SDT 兼容性）"选项卡的设置，将 Capture 绘成的电路设计存为 SDT 格式。

# 第5章 元件操作

元件与电气连接是原理图的基本组成部分，没有元件的原理图只是空谈，元件只是代理符号，与实际元件的外形没有关系。

元件保存在系统自带的元件库中，本章详细讲述如何需要按照要求将所需元件放置到原理图中并进行布局、属性设置。

 **知识点**

- 放置元件
- 对象的操作
- 元件的属性设置

## 5.1 放置元件

原理图有两个基本要素，即元件符号和线路连接。用 Cadence 绘制原理图的主要操作方法就是将元件符号放置在原理图图样上，然后用线将元件符号中的引脚连接起来，建立正确的电气连接，最后放置元件说明以增强电路的可读性。

在放置元件符号前，需要知道元件符号在哪一个元件库中，并载入该元件库。

### 5.1.1 搜索元件

以上叙述的加载元件库的操作有一个前提，就是用户已经知道了需要的元件符号在哪个元件库中，而实际情况可能并非如此。因此，当用户面对的是一个庞大的元件库时，逐个寻找列表中的所有元件，直到找到自己想要的元件会是一件非常麻烦的事情，而且工作效率会很低。Cadence 提供了强大的元件搜索能力，帮助用户轻松地在元件库中定位元件。

**1. 查找元件**

单击"Place Part（放置元件）"面板"Search for Part（查找元件）" 🔲 按钮，显示搜索操作，如图 5-1 所示。搜索元件需要设置的参数如下：

1）"Search For（搜索）"文本框用于设定查找元件的文件匹配符，"＊"表示匹配任意字符串。对于不太确定具体名称的元件，可在文本框中输入带"＊"的关键词，如"＊74ls"、"74ls＊"、"＊74ls＊"，这样可缩小搜索范围。在该文本框中，可以输入一些与查询内容有关的过滤语句表达式，有助于使系统进行更快捷、更准确的查找。在文本框汇总输入关键词"r"。

2）"Path（路径）"文本框用于设置查找元件的路径。单击"Path（路径）"文本框右

侧的 按钮，系统弹出"Browse File（搜索库）"对话框，供用户设置搜索路径。

3）单击"Search For（搜索）"文本框右侧"Part Search（搜索路径）"按钮 ，系统开始搜索，执行对含关键词元件"r"的全库搜索，如图5-2所示。

图5-1　搜索库操作

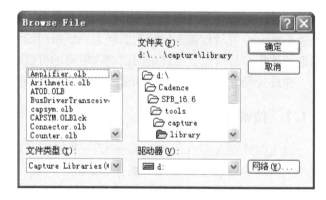

图5-2　"Browse File（搜索文件）"对话框

**2. 显示找到的元件及其所属元件库**

查找到"r"后的面板如图5-3所示。可以看到，符合搜索条件的元件名、所属库文件在该面板上被一一列出，供用户浏览参考。

**3. 加载找到元件的所属元件库**

选中需要的元件（不在系统当前可用的库文件中），单击下方的 Add 按钮，则元件所在的库文件被加载。如图5-4在"Libraries（库）"列表框中显示已加载元件库"Discrete（分立式元件库）"，在"Part List（元件列表）"列表框中显示该元件库中的元件，选中搜索的元件"R/DISCRETE"，在面板中将显示该元件符号的预览。

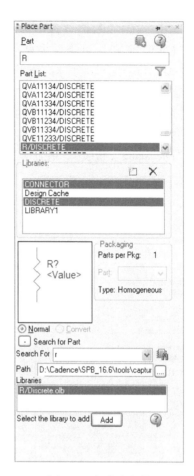

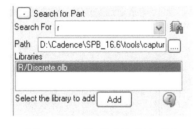

图 5-3 查找到元件后的面板　　　　图 5-4　加载库文件

## 5.1.2　放置元件

在元件库中找到元件后，加载该元件库，以后就可以在原理图上放置该元件了。放置元件是绘制电路图的主要部分，首先必须画出结构图，理清所要绘制的电路结构与组成元素之间的关系，如有需要，可使用平坦式电路图或层次式电路图。

### 1. 执行方式

1）单击"Draw（绘图）"工具栏中的"Place part（放置元件）"按钮。

2）选择菜单栏中的"Place（放置）"→"Part（元件）"命令。

3）按快捷键〈P〉。

执行上述操作，弹出如图 5-5 所示的"Place part（放置元件）"面板，基本的元件库主要有 Discrete. olb（分离元件库）、MicroController. olb（微处理器元件库）、Connector. olb（继电器元件库）、Gate. olb（门电路芯片元件库）。

### 2. 通过"Place part（放置元件）"面板放置元件的操作步骤如下

1）打开"Place part（放置元件）"面板，载入所要放置元件所属的库文件。在这里，需要的元件在元件库 Discrete. olb（分离元件库）中，确保已加载这个元件库。

2）选择想要放置元件所在的元件库。其实，所要放置的元件 LED 在元件库

"Discrete. olb"中。在"Library（库）"下拉列表框中选中该库文件，该文件以高亮显示，在"Part List（元件列表）"列表框中显示该库文件中所有的元件，这时可以放置其中含有的元件。

3）在列表框中选中所要放置的元件。在"Part（元件）"文本框中输入所要放置元件的名称或元件名称的一部分，包含输入内容的元件会以列表的形式出现在浏览器中。这里所要放置的元件为 LED，因此输入"leD"字样，该元件将以高亮显示，此时可以放置该元件的符号。在"Packaging（包装）"栏中预览元件 LED 的图形符号，如图 5-6 所示。

图 5-5 "Place part（放置元件）"面板

图 5-6 选择要放置的元件

4）选中元件，确定该元件是所要放置的元件后，单击该面板上方的"Place Part（放置元件）"按钮🖳或双击元件名称，光标将变成十字形状并附带着元件 LED 的符号出现在工作窗口中，如图 5-7 所示。

5）移动光标到合适的位置，单击鼠标或按空格键，元件将被放置在光标停留的位置。此时系统仍处于放置元件的状态，可以继续放置该元件。在完成选中元件的放置后，右击选择"End Mode（结束模式）"命令或者按〈Esc〉键退出元件放置的状态，结束元件的放置。其中元件序号自动从 1 递增，如图 5-8 所示。

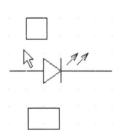

图 5-7 放置元件符号

6）完成多个元件的放置后。可以重复刚才的步骤，放置其他元件。

图 5-8　放置元件

## 5.2　对象的操作

当原理图中的元件或其余对象被选定后，对象颜色就会发生变化，同时在元件四周显示虚线组成的矩形框，如图 5-9 所示，单击鼠标右键，弹出快捷菜单，如图 5-10 所示。

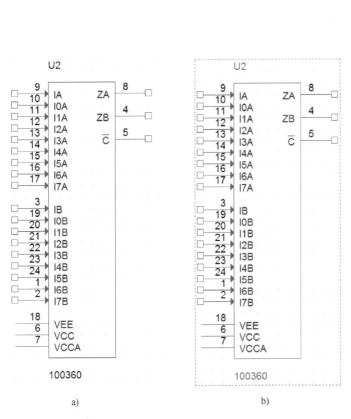

图 5-9　选中元件

a）未选中　b）已选中

图 5-10　快捷菜单

下面简单介绍与元件操作相关的快捷命令：

- "Mirror Horizontally"：将元件在水平方向上镜像，即左右翻转，快捷键为 H。
- "Mirror Vertically"：将元件在垂直方向上镜像，即上下翻转，快捷键为 V。
- "Mirror Both"：全部镜像。执行此命令，将元件同时上下左右翻转一次。
- "Rotate"：旋转，将元件逆时针旋转 90°。
- "Edit Properties"：编辑元件属性。
- "Edit Part"：编辑元件外形。
- "Show Footprint"：显示引脚。
- "Link Database Part"：连接数据库元件。
- "View Database Part"：显示数据库元件。
- "Connect to Bus"：连接到总线。
- "User Assigned Reference"：用户引用分配。
- "Lock"：固定，锁定元件位置。
- "Add Part（s）To Group"：在组中添加元件。
- "Remove Part（s）From Group"：从组中移除元件。
- "Selection Filter"：选择过滤器。
- "Zoom In"：放大，快捷键为 I。
- "Zoom Out"：缩小，快捷键为 O。
- "Go To"：指向指定位置。
- "Cut"：剪切当前图。
- "Copy"：复制当前图。
- "Delete"：删除当前图。

对元件的上述基本操作也同样适用于后面讲解的网络标签、电源和接地符号等。

## 5.2.1 调整元件位置

每个元件被放置时，其初始位置并不是很准确。在进行连线前，需要根据原理图的整体布局对元件的位置进行调整。这样不仅便于布线，也使所绘制的电路原理图清晰、美观。元件布局的好坏将直接影响到绘图的效率。

元件位置的调整实际上就是利用各种命令将元件移动到图纸上指定的位置，并将元件旋转为指定的方向。

### 1. 元件的选取

要实现元器件位置的调整，首先要选取元器件。选取的方法很多，下面介绍几种常用的方法。

（1）用鼠标直接选取单个或多个元器件

对于单个元器件的情况，将光标移到要选取的元器件上单击即可。选中的元件高亮显示，表明该元器件已经被选取，如图 5-11 所示。

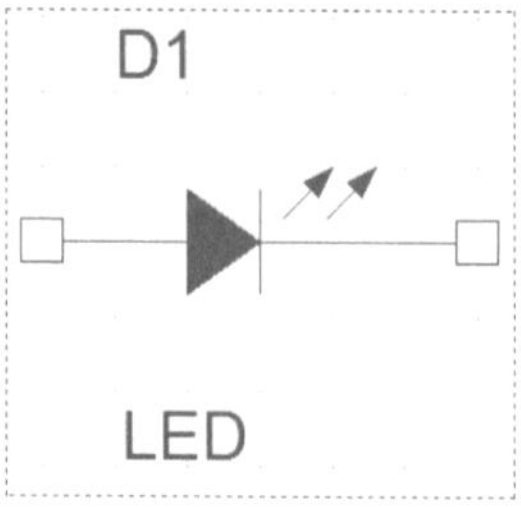

对于多个元器件的情况，将光标移到要选取的元器件上单击即可，按住〈Ctrl〉键选择元件，选中的多个元件高亮显示，表明这些元器件已经被选取，如图 5-12 所示。

图 5-11　选取单个元器件

（2）利用矩形框选取

对于单个或多个元器件的情况，按住鼠标并拖动鼠标，拖出一个矩形框，将要选取的元器件包含在该矩形框中，如5-13所示，释放鼠标后即可选取单个或多个元器件。选中的元件高亮显示，表明该元器件已经被选取，如图5-14所示。

 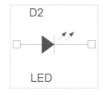

图5-12　选取多个元器件　　　　　图5-13　拖出矩形框

在图5-13中，只要元器件的一部分在矩形框内，则显示选中对象，与矩形框从上到下框选还是从下到上框选无关。

（3）用菜单栏选取元器件

选择菜单栏中的"Edit（编辑）"→"Select All（全部选择）"命令，选中原理图中的全部对象。

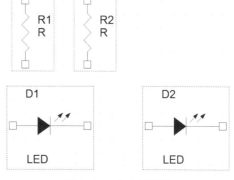

**2. 取消选取**

取消选取也有多种方法，这里介绍几种常用的方法。

图5-14　选中元器件

1）直接用鼠标单击电路原理图的空白区域，即可取消选取。

2）按住〈Ctrl〉键，单击某一已被选取的元器件，可以将其取消选取。

**3. 元件的移动**

在移动的时候是移动元件主体，而不是元件名或元件序号；同样的，如果需要调整元件名的位置，则先选择元件，再移动元件名就可以改变其位置，在图5-15中显示元件与元件名均被移动的操作过程。

图5-15　移动元件

将左右并排的两个元件，调整为上下排列，元件名从元件下方调整到元件右上方，以节省图样空间。

在实际绘制原理图的过程中，最常用的方法是直接使用鼠标拖曳来实现元件的移动。

（1）使用鼠标移动未选中的单个元件

将光标指向需要移动的元件（不需要选中），按住鼠标左键不放，此时光标会自动滑到元件的电气节点上。拖动鼠标，元件会随之一起移动。到达合适的位置后，释放鼠标左键，元件即被移动到当前光标的位置。

（2）使用鼠标移动已选中的单个元件

如果需要移动的元件已经处于选中状态，则将光标指向该元件，同时按住鼠标左键不放，拖动元件到指定位置后，释放鼠标左键，元件即被移动到当前光标的位置。

（3）使用鼠标移动多个元件

需要同时移动多个元件时，首先应将要移动的元件全部选中，再选中元件上显示浮动的移动图标✥，然后在其中任意一个元件上按住鼠标左键并拖动，到达合适的位置后，释放鼠标左键，则所有选中的元件都移动到了当前光标所在的位置。

**4. 元件的旋转**

选取要旋转的元件，选中的元件将被高亮显示，此时，元件的旋转主要有三种旋转操作，下面根据不同的操作方法分别进行介绍。

（1）菜单命令

- 选择菜单栏中的"Edit（编辑）"→"Mirror（镜像）"→"Vertically（垂直方向）"命令，被选中的元件上下对调。
- 选择菜单栏中的"Edit（编辑）"→"Mirror（镜像）"→"Horizontally（水平方向）"命令，被选中的元件左右对调。
- 选择菜单栏中的"Edit（编辑）"→"Mirror（镜像）"→"Both（全部）"命令，被选中的元件同时上下左右对调。
- 选择菜单栏中的"Edit（编辑）"→"Rotate（旋转）"命令，被选中的元件逆时针旋转90°。

（2）右键快捷命令

选中元件后右击弹出快捷菜单，执行下列命令：

- "Mirror Horizontally"：将元件在水平方向上镜像，即左右翻转，快捷键为H。
- "Mirror Vertically"：将元件在垂直方向上镜像，即上下翻转，快捷键为V。
- "Mirror Both"：全部镜像。执行此命令，将元件同时上下左右翻转一次。
- "Rotate"：旋转，将元件逆时针旋转90°。

（3）功能键

按下面的功能键，即可实现旋转。旋转至合适的位置后单击空白处取消选取元件，即可完成元件的旋转。

- "〈R〉键"：每按一次，被选中的元件逆时针旋转90°。
- "〈H〉键"：被选中的元件左右对调。
- "〈V〉键"：被选中的元件上下对调。

选择单个元件与选择多个元件进行旋转的方法相同，这里不再单独介绍。

## 5.2.2 元件的复制和删除

原理图中的相同的元件有时候不止一个，在原理图中放置多个相同元件的方法有两种，重复利用放置元件命令，放置相同元件，这种方法比较烦琐，适用于放置数量较少的相同元件，若在原理图中有大量相同元件，如电阻、电容等基本元件，这就需要用到复制、粘贴命令。

复制、粘贴的操作对象不止包括元件，还包括单个单元及相关电器符号，由于操作方法相同，因此这里只简单介绍元件的复制、粘贴操作。

**1. 复制元件**

复制元件的方法有以下 5 种。

（1）菜单命令

选中要复制的元件，选择菜单栏中的"Edit（编辑）"→"Copy（复制）"命令，复制被选中的元件。

（2）工具栏命令

选中要复制的元件，单击"Capture"工具栏中的"Copy to clipBoard（复制到剪贴板）"按钮，复制被选中的元件。

（3）快捷命令

选中要复制的元件，右击弹出快捷菜单，选择"Copy（复制）"命令，复制被选中的元件。

（4）功能键命令

选中要复制的元件，在键盘中按住〈Ctrl + C〉键，复制被选中的元件。

（5）拖曳的方法

按住〈Ctrl〉键，拖动要复制的元件，即复制出相同的元件。

**2. 剪切元件**

剪切元件的方法有以下 4 种。

（1）菜单命令

选中要剪切的元件，选择菜单栏中的"Edit（编辑）"→"Cut（剪切）"命令，剪切被选中的元件。

（2）工具栏命令

选中要剪切的元件，单击"Capture"工具栏中的"Cut to clipBoard（剪切到剪贴板）"按钮，剪切被选中的元件。

（3）快捷命令

选中要剪切的元件，右击弹出快捷菜单，选择"Cut（剪切）"命令，剪切被选中的元件。

（4）功能键命令

选中要剪切的元件，在键盘中按住〈Ctrl + X〉键，剪切被选中的元件。

**3. 粘贴元件**

粘贴元件的方法有以下 3 种。

（1）菜单命令

选择菜单栏中的"Edit（编辑）"→"Paste（粘贴）"命令，粘贴被选中的元件。

（2）工具栏命令

选中要粘贴的原件，单击"Capture"工具栏中的"Copy to clipBoard（复制到剪贴板）"

按钮 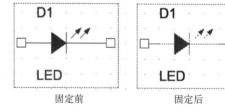，粘贴被选中的元件。

（3）功能键命令

在键盘中按住〈Ctrl + V〉键，粘贴复制的元件。

**4. 删除元件**

删除元件的方法有以下 3 种。

（1）菜单命令

选中要删除的元件，选择菜单栏中的 "Edit（编辑）" → "Delete（删除）" 命令，删除被选中的元件。

（2）快捷命令

选中要删除的元件，右击弹出快捷菜单，选择 "Delete（删除）" 命令，删除被选中的元件。

（3）功能键命令

选中要删除的元件，在键盘中按住〈Delete（删除）〉键，删除被选中的元件。

## 5.2.3　元件的固定

元件的固定是指将原件锁定在当前位置，无法进行移动操作。已经固定的元件不允许元件进行其他复制、粘贴及连线操作，图 5-16 显示元件固定前后选中后的不同显示状态。

固定元件的方法有以下 3 种。

**1. 菜单命令**

在电路原理图上选取需要固定的单个或多个元件，选择菜单栏中的 "Edit（编辑）" → "Lock（固定）" 命令，锁定被选中的元件。

**2. 执行命令**

在电路原理图上选取需要固定的单个或多个元件，右击弹出快捷菜单，选择 "Lock（固定）" 命令，固定被选中的元件。

图 5-16　选中元件

**3. 取消命令**

取消固定元件的方法与固定元件的方法相同，选择 "Unlock（取消固定）" 命令。

## 5.3　元件的属性设置

在原理图上放置的所有元件都具有自身的特定属性，在放置好每一个元件后，应该对其属性进行正确的编辑和设置，以免使后面生成的网络表及制作的 PCB 产生错误。

通过属性编辑可以使该对象的电气特性、网络连接关系、所属类型和属性等信息都非常地清楚。

编辑属性的方法有以下几种：

- 菜单命令：选择菜单栏中的 "Edit（编辑）" → "Properties（属性）" 命令。
- 快捷命令：选中元件，右击弹出快捷菜单，选择 "Edit Properties（编辑属性）" 命令。
- 双击元件，弹出属性对话框（即可对属性进行设置）。

### 5.3.1 属性设置

**1. 编辑单个元件属性**

选中元件，执行上述方法后，弹出"Property Editor（属性编辑）"窗口，如图 5-17 所示。

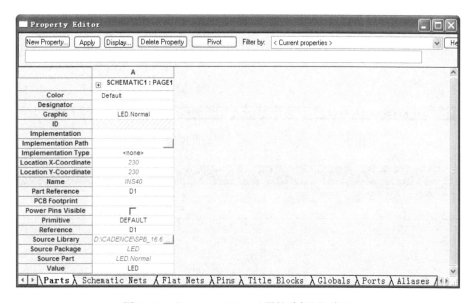

图 5-17 "Property Editor（属性编辑）"窗口

1）该图显示"Parts（元件）"选项卡，右击弹出如图 5-18 所示的快捷菜单，选择"Pivot（基准）"命令，改变视图，显示如图 5-19 所示的窗口。

图 5-18 快捷菜单

2）从图 5-19 可以看出，该标签页包含其余 7 个选项卡："Schematic Nets（原理图网络）"、"Flat Nets（平坦网络）"、"Pin（引脚）"、"Title Block（标题栏）"、"Globals（全局）"、"Ports（电路端口）"、"Aliases（别名）"选项卡，分别见图 5-20 ~ 图 5-26，可根据不同的显示项对其值进行修改。

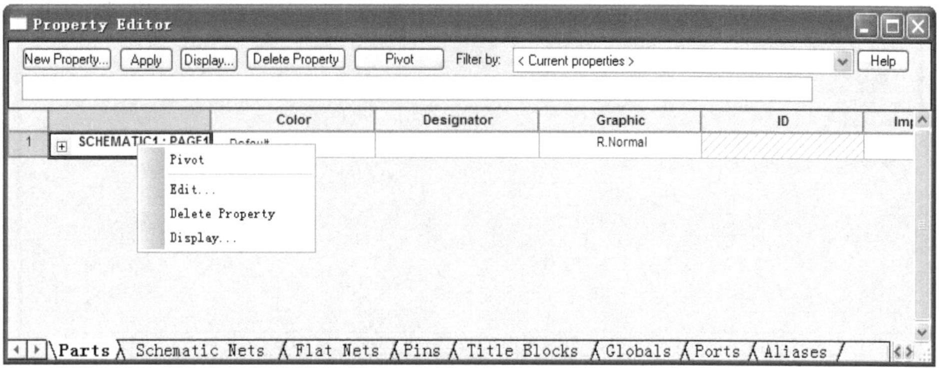

图 5-19 更改视图

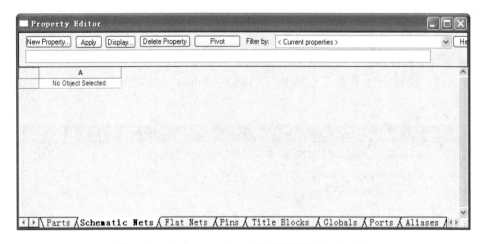

图 5-20 "Schematic Nets（原理图网络）"选项卡

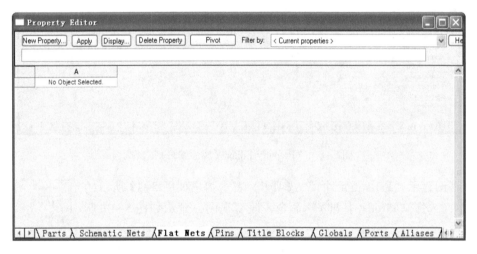

图 5-21 "Flat Nets（平坦网络）"选项卡

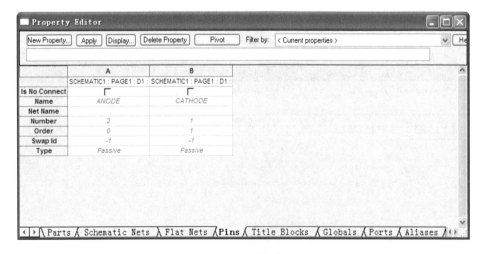

图 5-22 "Pin（引脚）"选项卡

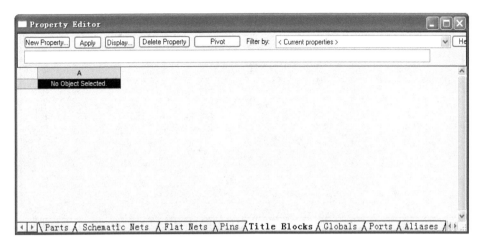

图 5-23 "Title Block（标题栏）"选项卡

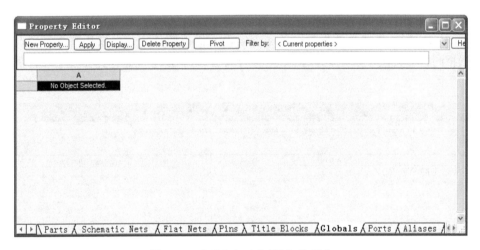

图 5-24 "Globals（全局）"选项卡

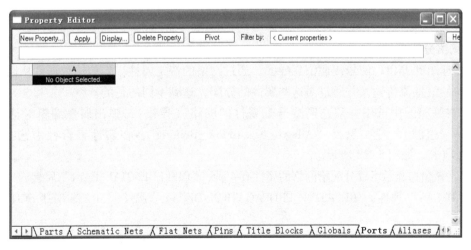

图 5-25 "Ports（电路端口）"选项卡

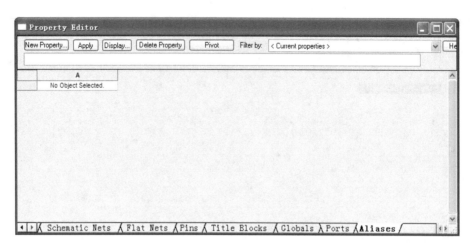

图 5-26　"Aliases（别名）"选项卡

**2. 编辑多个元件属性**

Capture 在编辑元件属性过程中除了逐个编辑元件参数外，还可使用整体赋值与分类赋值，方法相同，首先选中多个元件，在弹出的属性编辑窗口中显示所有选中元件属性，如图 5-27 所示。

| | | Reference | Value | xc_uset | Implementation Type | Ir |
|---|---|---|---|---|---|---|
| 1 | SCHEMATIC1 : OPA_B | C108 | 2000pF | | <none> | |
| 2 | SCHEMATIC1 : OPA_B | C109 | 2200pF | | <none> | |
| 3 | SCHEMATIC1 : OPA_B | C110 | 220pF | | <none> | |
| 4 | SCHEMATIC1 : OPA_B | C112 | 10uF | | <none> | |
| 5 | SCHEMATIC1 : OPA_B | R74 | 15K | | <none> | |

图 5-27　编辑多个元件属性

**3. 网络分配属性**

从原理图到 PCB，信号传递依靠导线，通过网络的特定属性记录传输数据，从而进行正向、反向的信息流传输，并通过对这些属性的分配，达到不同的目的。

1）在原理图中选中并双击需要分配属性的网络（导线），弹出属性编辑对话框，在"Filter by（过滤）"栏中选择"Allegro_SignalFlow_Routing"，在属性编辑栏中选择"Flat Nets"选项卡，如图 5-28 所示。

2）在该窗口显示可以分配给网络的属性有 4 种，"DIFFERENTIAL_PAIR"属性、"PROPA-GATION_DELAY"属性、"RELATIVE_PROPAGATION_DELAY"属性、"RATSNEST_SCHEDULE"属性。

- "DIFFERENTIAL_PAIR"属性：一对 Flat 网络以相同的方式布线，信号关于同样的参考值以相反的方向流动。
- "PROPAGATION_DELAY"属性：一个网络任意对引脚之间的最小和最大传输延迟约

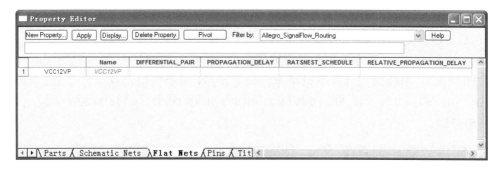

图 5-28　属性编辑窗口

束。对网络分配这一属性，可以使布线器限制互连长度在这个最小值和最大值之间，它的格式是：<pin－pair>（被约束的引脚对）、<min－value>（最小可以传输的延迟/传输长度）、<max－value>（最大可以传输的延迟/传输长度）。

- "RATSNEST_SCHEDULE"属性：约束管理器对一个网络执行 RATSNEST 计算的类型，使用该属性，在时间和噪声容限上达到平衡。
- "RELATIVE_PROPAGATION_DELAY"属性：附加给一个网络上引脚对的电气约束。

3）在"DIFFERENTIAL_PAIR"、"RATSNEST_SCHEDULE"网络属性上右击鼠标，弹出如图 5-29 所示的快捷菜单，选择对应项对属性进行编辑操作，可直接在下拉菜单中选择分配属性。如图 5-30 所示为 RATSNEST_SCHEDULE 网络属性可分配值。

4）在"PROPAGATION_DELAY"、"RELATIVE_PROPAGATION_DELAY"网络属性上右击鼠标，弹出如图 5-31 所示的快捷菜单。

图 5-29　属性编辑命令菜单 1　　　图 5-30　分配属性　　　图 5-31　属性编辑命令菜单 2

5）在"PROPAGATION_DELAY"属性上选择"Invoke UI（调用 UI）"命令，弹出一个传输延迟的对话框，如图 5-32 所示。

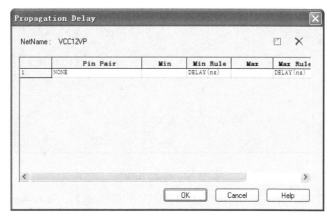

图 5-32　传输延迟对话框（一）

- ⬚：单击该按钮，弹出添加引脚对的对话框，如图5-33所示，单击 OK 按钮，关闭该对话框，完成引脚对的添加。
- ✕：单击该按钮，选中的引脚就会被删除。
- "Pin Pair"：引脚对，打开下拉菜单，如图5-34所示，包含三项："ALL_DRIVER：ALL_RECEIVER"、"LONG_DRIVER：SHORT_RECEIVER"、"LONGEST_PIN：SHORTEST_PIN"。

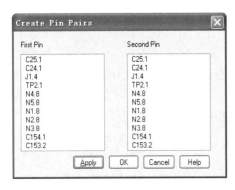

图5-33 引脚对

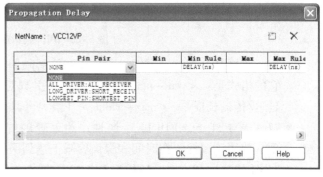

图5-34 传播延迟对话框（二）

- "ALL_DRIVER：ALL_RECEIVER" 表示为所有驱动器/接收器引脚对应用最小/最大约束。
- "LONG_DRIVER：SHORT_RECEIVER" 表示为最短的驱动器/接收器引脚对应用最小延迟，为最长的驱动器/接收器引脚对应最大延迟。
- "Min（最小值)"：在该栏中输入最小可允许传输延迟值。
- "Max（最大值)"：在该栏中输入最大可允许传输延迟值。
- "Min Rule"、"Max Rule"：在该栏中指定最小值、最大值约束的单位。
- 单击 OK 按钮，查看属性编辑器，新添加的属性就会出现在"PROPAGATIONDELAY"栏，如图5-35所示。

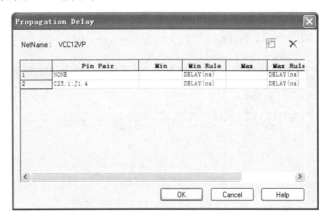

图5-35 添加引脚对

6）在"RELATIVE_PROPAGATION_DELAY"上单击选择"Invoke UI（调用UI)"命令，弹出一个传输延迟的对话框，如图5-36所示。

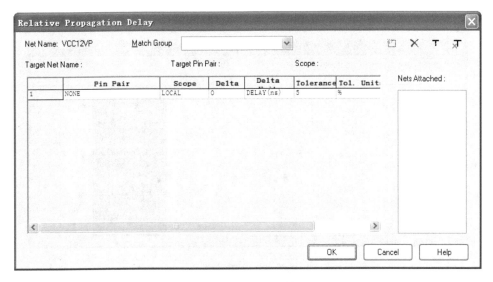

图 5-36　传输延迟对话框（三）

- "Scope"：范围，在下拉列表中显示包括 Global、Local 两项。
  - "Global"：在同一匹配组不同的网络间定义属性。
  - "Local"：在同一匹配组不同的引脚对间定义属性。
- "Delta"：组中所有网络匹配目标网络的相对值。
- "Delta Min Rule"：相对值的单位。
- "Tolerance"：指定引脚对最大可允许传输延迟值。
- "Tol. Unit"：指定允许传输延迟值的单位，分为 %、ns 和 mis。

**4. 添加元件属性**

Footprint 属性是原理图与 PCB 链接的枢纽，只有元件添加了 Footprint 属性才能真正建立连接，Room 属性是封装元件布局的关键，下面介绍如何在原理图中添加不同属性。

选中功能电路的模块，然后编辑属性。打开 "filter by（过滤器）" 下拉列表，显示不同属性，如图 5-37 所示，选择不同选项，在 "Parts（元件）" 选项卡中显示添加的属性。

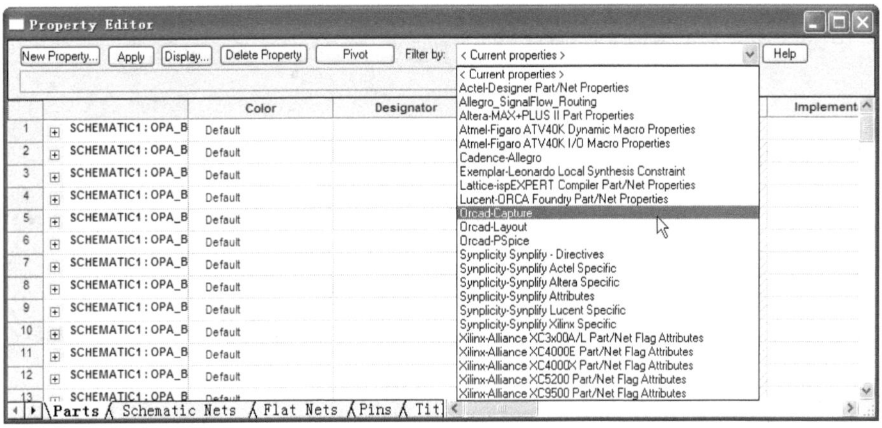

图 5-37　元件属性编辑

1）选择"Orcad – Capture"，添加"PCB Footprint"属性，如图5-38所示。

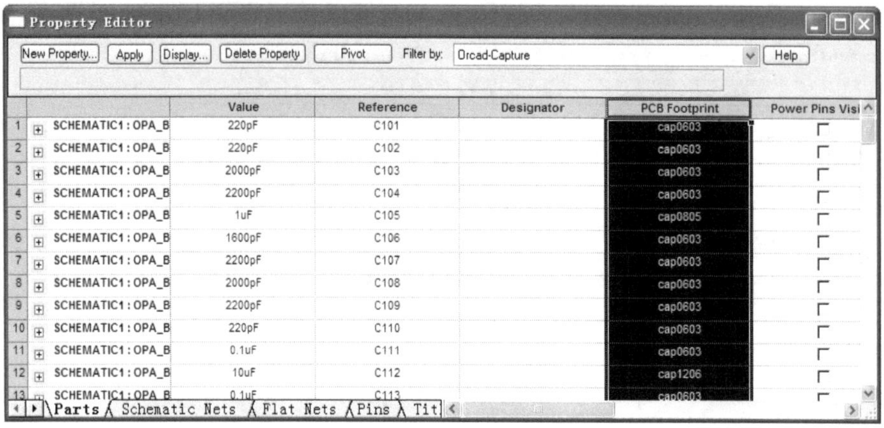

图5-38　选中属性

2）选择"Cadence – Allegro"，添加属性"Room"属性，如图5-39所示。

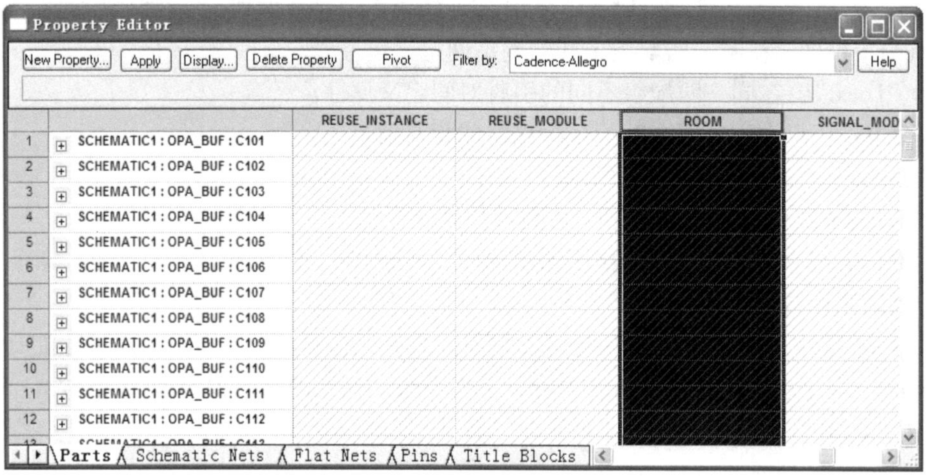

图5-39　选中属性

3）在"Filter by（过滤器）"下拉列表中选择"Current properties"，显示元件添加的属性。

## 5.3.2　参数设置

编辑元件属性主要是修改元件参数值及元件序号，因此可以单独有针对性地修改元件参数值或元件序号。具体操作步骤如下：

双击图5-40中的元件序号或元件名，也可选中元件序号或元件名执行菜单命令或右键命令，弹出如图5-41所示的"Display Properties（显示属性）"对话框，此对话框包含以下5个部分。

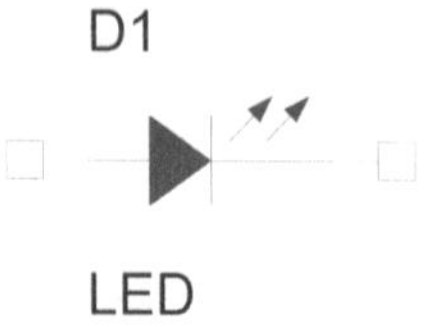

**1. "Name（名称）"**

显示为"Part Reference（元件序号）"或"Value（元件名）"。

图5-40　选择的元件

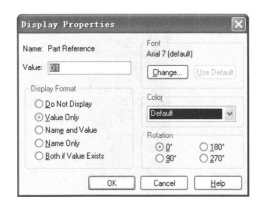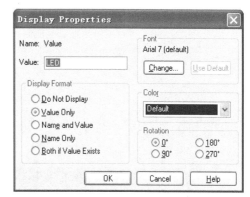

图 5-41　"Display Properties（显示属性）"对话框

"Value（参数值）"：在该文本框中显示对应的元件序号或元件名称，在图 5-41 中显示元件序号为"D1"，元件名称为"LED"。

### 2. "Display Format"：显示格式

主要设置元件在原理图中显示的参数格式。以图 5-42 为例，在此选项组中的"Name（名称）"为"Value"，"Value（参数值）"为"D1"。

1）"Do Not Display"：不显示。选择该项后，在原理图中隐藏设置的参数。即原理图中不显示元件序号 D1，如图 5-42a 所示。

2）"Value Only"：只显示参数值。原理图中只显示参数值元件序号"D1"，如图 5-42b 所示。

3）"Name and Value"：同时显示名称和参数值。原理图中同时显示元件序号名及序号值，如图 5-42c 所示。

4）"Name Only"：只显示名称，原理图中同时显示元件序号名，如图 5-42d 所示。

5）"Both if Value Exists"：如果在"Value（参数值）"一栏中输入内容，则同时显示名称和参数值，如图 5-42c 所示；若"Value（参数值）"一栏中无内容，则不显示设置的参数，如图 5-42a 所示。

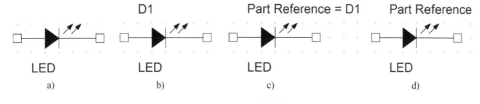

图 5-42　设置元件参数显示

### 3. Font：字体设置

单击"Change（改变）"按钮，弹出如图 5-43 所示的"字体"对话框，在该对话框中设置字体、字形及大小。

经过字体改变后，若想返回默认，单击"Use Default（使用默认）"按钮，即可返回软件初始设置。

### 4. Color：颜色设置

在如图 5-44 所示的下拉列表中选择所需的颜色设置。若选择"Default（默认）"选项，则采用原理图运行环境中设置的颜色。

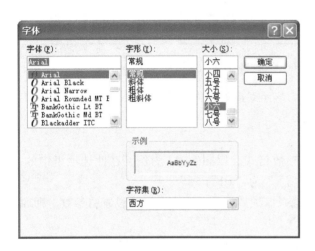

图 5-43 "字体"对话框

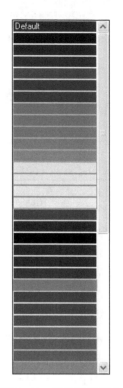

图 5-44 颜色设置列表

**5. Rotation：循环设置**

在该选项下有 4 个选项：0°、90°、180°、270°，选择不同选项，设置元件以什么方位显示，与对元件进行旋转操作的作用相同。

通过对元件的属性进行设置，一方面可以确定后面生成的网络报表的部分内容，另一方面也可以设置元件在图样上的摆放效果。

### 5.3.3 外观设置

编辑元件外观主要是修改元件符号形状，在原理图绘制过程中，所需元件在元件库中查找不到，重新创建新的元件过程太过烦琐，为减少步骤与时间，在元件库中查找到与所需元件相似的元件，并对其进行编辑，以达到代替所需元件的目的。

元件外形的编辑方法具体操作步骤如下：

选中图 5-45 中的元件，选择菜单栏中的"Edit（编辑）"→"Part（元件）"命令或单击右键选择"Edit Part（编辑元件）"快捷命令，弹出如图 5-46 所示的元件编辑窗口，在该窗口中可利用"Draw（绘图）"工具栏中的图形绘制命令进行外观编辑。

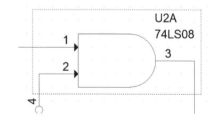

图 5-45 选择元件

106

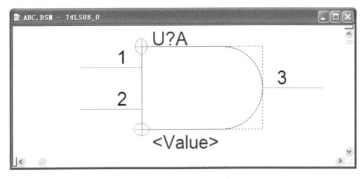

图 5-46　元件编辑窗口

## 5.3.4　自动编号

元件在放置过程中自动按照放置顺序进行编号，但有时这些编号不符合原理图设计规则，Capture 将提供重新排序功能，首先把元器件的编号更改为"?"的形式，然后再对关键字之后的"?"进行自动编号。自动编号功能可以在设计流程的任何时间执行，一般选择在全部设计完成之后再重新进行编号，这样才能保证设计电路中没有漏掉任何元件的序号，而且也不会出现两个元件有重复序号的情况。

每个元件编号的第 1 个字母为关键字，表示元件类别。其后为字母和数字组合。区分同一类中的不同个体。选择菜单栏中的"Tools（工具）"→"Annotate（标注）"命令或单击"Capture"工具栏中的"Annotate（标注）"按钮，弹出如图 5-47 所示的"Annotate（标注）"对话框，该对话框包含 3 个选项卡。

1. 打开"Packaging"选项卡，如图 5-47 所示，设置元件编号参数，下面简单介绍该选项卡中选项的意义。

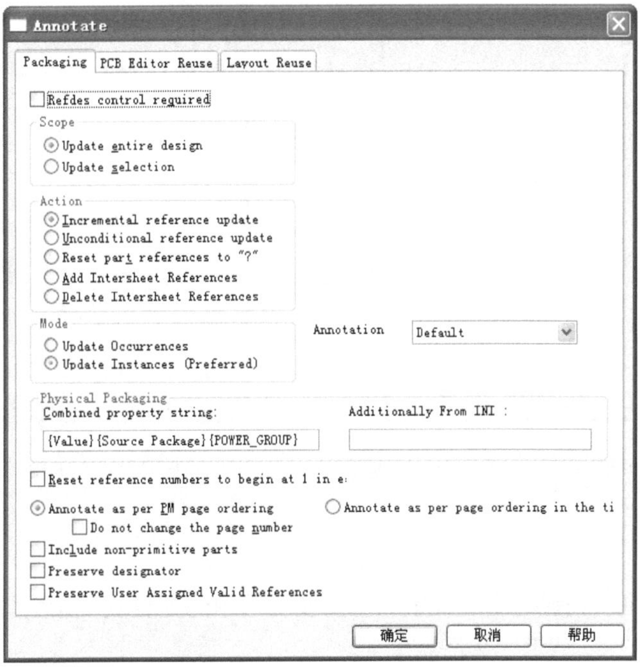

图 5-47　"Packaging"选项卡

1）"Scope（范围）"选项组：在该选项组下设置需要进行编号的对象范围是全部还是部分。

- "Update entire design"：更新整个设计。
- "Update selection"：更新选择的部分电路。

2）"Action（功能）"选项组：在该选项组下设置编号功能。

- "Incremental reference update"：在现有的基础上进行增加排序。
- "Unconditional reference update"：无条件进行排序。
- "Reset part references to '?'"：把所有的序号都变成 "?"。
- "Add Intersheet References"：在分页图样间的端口的序号加上图样编号。
- "Delete Intersheet References"：删除分页图样间的端口的序号上的图样编号。

3）"Combined property string"：组合对话框中的属性。

4）"Reset reference numbers to begin at 1 in each page"：编号时每张图样都从 1 开始。

5）"Do not change the page number"：不改变图样编号。

2. 打开 "PCB Editor Reuse"、"Layout Reuse" 选项卡，分别如图 5-48 和图 5-49 所示，设置元件重新编号参数。

图 5-48  "PCB Editor Reuse" 选项卡

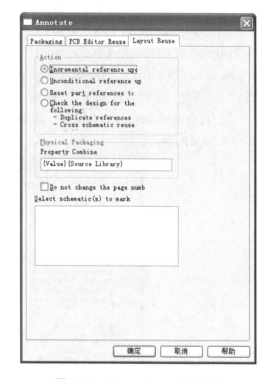

图 5-49  "Layout Reuse" 选项卡

## 5.3.5  反向标注

自动编号只能更改关键词后的数字，想要改变其中的序号或对调引脚、对调逻辑门，需要按规则编辑一个 "＊.SWP" 文件。

1. 选择菜单栏中的 "Tools（工具）" → "Back Annotation（反向标注）" 命令或单击

"Capture"工具栏中的"Back annotate（反向标注）"按钮，弹出"Back annotate（反向标注）"对话框，该对话框包含2个选项卡，"PCB Editor（PCB编辑器）"选项卡与"Layout（布局）"选项卡，分别如图5-50和图5-51所示。

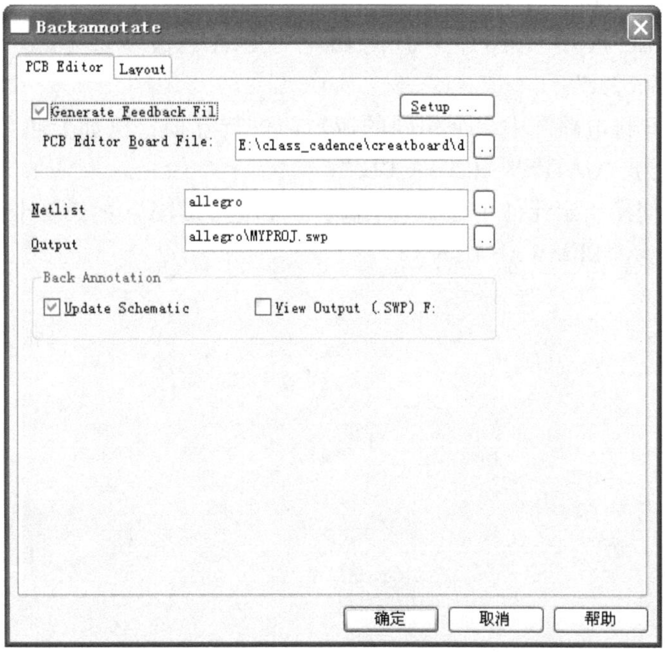

图 5-50　"PCB Editor（PCB 编辑器）"选项卡

图 5-51　"Layout（布局）"选项卡

2. "Scope（范围）"栏和"Mode（模式）"栏内容与前述"Annotate（标注）"对话框的相同，这里不再赘述。

3. "Back Annotation（反向标注）"文本框指定所编辑的文本文件的内容，而这个文件的内容与叙述方式要用到下面 3 个命令。

1）CHANGEREF 改变元件序号，例如把"U1A"改为"U2A"，其命令格式为"CHANGEREF U1A U2A"。

2）GATESWAP 将电路图中 2 个相同的逻辑门进行互换，例如要将"U1A"与"UID"交换，其命令格式为"GATESWAP U1A UID"。

3）PINSWAP 交换指定元件中的 2 只引脚，例如把"U1A"的第 1 个引脚和第 2 个引脚交换。其命令格式为"PINSWAP U1A 12"。

# 第6章 原理图的电气连接

在整个电路设计过程中，电气连接是电路设计的实质，将元件按照实际要求进行连接，在原理图中是没有标准答案的，只要求在遵守正确电气连接的原则下，尽量避免叠加及线路交叉。

本章将详细介绍如何连接原理图。希望用户通过本章的学习，掌握原理图设计的过程和方法。

**知识点**

- 原理图连接工具
- 元件的电气连接
- 绘图工具

## 6.1 原理图连接工具

Cadence 提供了 3 种对原理图进行电气连接的操作方法。

**1. 使用菜单命令**

如图 6-1 所示为菜单栏中"Place（放置）"菜单中原理图连接工具部分。在该菜单中，提供了放置各种元件的命令，还包括 Bus（总线）、Bus Entry（总线分支）、Wire（导线）、Net Alias（网络名）等连接工具的放置命令。

**2. 使用 Draw 工具栏**

在"Place（放置）"菜单中，各项命令分别与"Draw（绘图）"工具栏中的按钮一一对应，直接单击该工具栏中的相应按钮，即可完成相同的功能操作，如图 6-2 所示。

图 6-1 "Place（放置）"菜单        图 6-2 "Draw（绘图）"工具栏

**3. 使用快捷键**

上述各项命令都有相应的快捷键，在图 6-1 中显示了命令与快捷键的对应关系。例如，设置网络名的快捷键是"N"，绘制总线入口的快捷键是"E"等。使用快捷键可以大大提高操作速度。

# 6.2 元件的电气连接

在原理图的电气连接中除了根据线的种类不同分为导线连接和总线连接外，还有一些如网络名、不连接符号等操作也可达到电气连接的作用。

## 6.2.1 导线的绘制

元件之间电气连接的主要方式是通过导线来连接。导线是电气连接中最基本的组成单位，它具有电气连接的意义。

放置导线的详细步骤如下。

**1. 执行方式**

选择菜单栏中的"Place（放置）"→"Wire（导线）"命令或单击"Draw（绘图）"工具栏中的"Place wire（放置导线）"按钮，也可以按下快捷键〈W〉，这时鼠标变成十字形状，激活导线操作，如图 6-3 所示。

图 6-3　绘制导线时的鼠标

**2. 操作步骤**

原理图元件的每个引脚上都有一个小方块，在小方块处进行电气连接。将鼠标移动到想要完成电气连接的元件引脚方框上，单击鼠标或空格键来确定起点，如图 6-4a 所示，移动

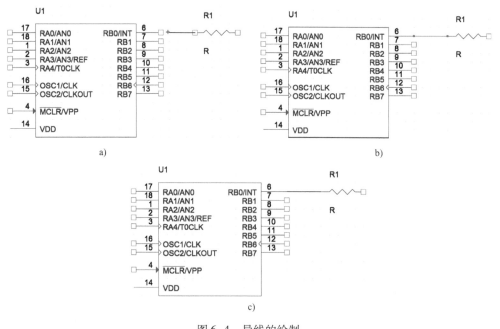

图 6-4　导线的绘制

a）确定起点　b）确定终点　c）完成连线

鼠标拖动出一条直线，到放置导线的终点单击鼠标，如图6-4b所示，完成两个元件之间的电气连接。此时鼠标仍处于放置线的状态，导线两端显示实心小方块。重复上面操作可以继续放置其他的导线。按〈ESC〉键结束连线操作，如图6-4c所示。

**3. 导线的拐弯模式**

如果要连接的两个引脚不在同一水平线或同一垂直线上，则绘制导线的过程中需要单击鼠标或按空格键来确定导线的拐弯位置，如图6-5所示。导线绘制完毕，右击鼠标或按〈Esc〉键即可退出绘制导线操作。

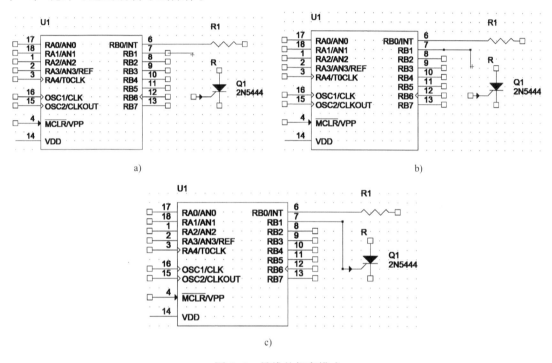

图6-5 导线的拐弯模式

a）确定起点 b）确定拐弯位置 c）完成连线

**4. 导线的交叉模式**

在连线过程中，经常会出现交叉的情况。此时，在连线交叉处会出现两种情况，如图6-6所示。一个有节点，一个没有节点。

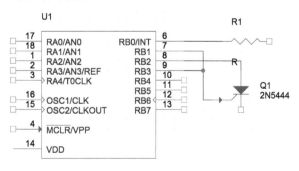

图6-6 导线的交叉模式

没有节点表示没有电气连接，有节点表示有电气连接，与后面的添加电气节点相同。

**5. 导线的重复模式**

连接线路过程中，确定起点，向外绘制一段导线后，按〈F4〉键后，可重复上述操作，如图6-7所示。

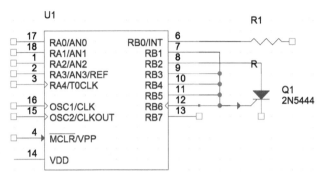

图6-7 重复操作

**6. 导线的斜线模式**

有些时候，为了增强原理图的可观性，把导线绘制成斜线。具体方法如下：

连接线路过程中，单击鼠标的同时按住〈Shift〉键，确定起点后，向外绘制的导线为斜线，单击鼠标或按空格键确定第一段导线的终点，继续绘制第二段导线过程中，松开〈Shift〉键，绘制水平或垂直的导线，继续按住〈Shift〉键，则可继续绘制斜线，如图6-8所示。

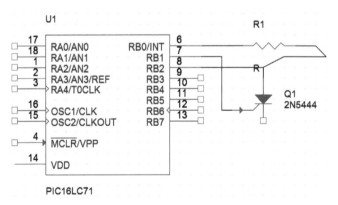

图6-8 绘制斜线

## 6.2.2 总线的绘制

总线是一组具有相同性质的并行信号线的组合，如数据总线、地址总线、控制总线等。在大规模的原理图设计中，尤其是数字电路的设计中，只用导线来完成各元件之间的电气连接的话，则整个原理图的连线就会显得细碎而烦琐，而总线的运用则可大大简化原理图的连线操作，可以使原理图更加整洁、美观。

在规模较大的原理图中，总线可以使电路布局更加清晰，总线与导线相比，颜色深、线型粗。原理图编辑环境下的总线没有任何实质的电气连接意义，仅仅是为了绘图和读图的方便而采取的一种简化连线的表现形式。

### 1. 执行方式

选择菜单栏中的"Place（放置）"→"Bus（总线）"命令或单击"Draw（绘图）"工具栏中的"Place bus（放置总线）"按钮 🔳，也可以按下快捷键〈B〉，这时鼠标变成十字形状，激活总线操作，如图6-9所示。

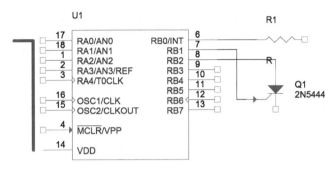

图6-9　绘制总线

### 2. 操作步骤

总线的绘制与导线的绘制基本相同，将鼠标移动到想要放置总线的起点位置，单击鼠标确定总线的起点。然后拖动鼠标，单击确定多个固定点转向，最终双击结束，如图6-8所示。总线的绘制不必与元件的引脚相连，它只是为了方便接下来对总线分支线的绘制而设定的。

### 3. 设置总线的属性

完成绘制后，双击总线可打开总线的属性设置对话框，如图6-10所示。显示总线名称，单击 🔳 按钮，弹出图6-11所示的"User Properties（用户属性）"对话框，在该对话框中显示总线的"ID"和"Net Name"两个属性。

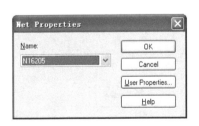

图6-10　总线属性设置对话框

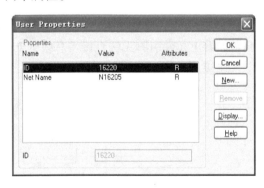

图6-11　"User Properties（用户属性）"对话框

- 单击"New（新建）"按钮，弹出"New Properties（新属性）"对话框，在该对话框中可以输入新的"Name（名称）"与"Value（值）"属性，如图6-12所示。
- 单击"Remove（移除）"按钮，可直接将新建的属性从该对话框中删除，该命令只适用于用户新建的属性，总线自带的两个命令无法删除。
- 单击"Display（显示）"按钮，弹出"Display Properties（显示属性）"对话框，在该对话框中可以设置"Name（名称）"与"Value（值）"属性的可见性，如图6-13所示。

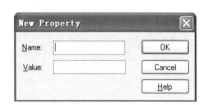

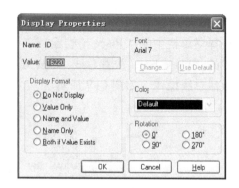

图 6-12 "New Properties（新属性）"对话框　　　图 6-13 "Display Properties（显示属性）"对话框

总线的重复模式与斜线模式同样适用于总线，方法相同，这里不再赘述。

总线不能与导线、元件等组件直接进行连接，需要加入总线分支进行过渡，在下面的章节中将讲解总线分支的具体操作方法。

### 6.2.3　总线分支线的绘制

总线分支线是单一导线与总线的连接线。使用总线分支线把总线和具有电气特性的导线连接起来，可以使电路原理图更为美观、清晰且具有专业水准。与总线一样，总线分支线也不具有任何电气连接的意义，而且它的存在并不是必须的，即便不通过总线分支线，直接把导线与总线连接也是正确的。

放置总线分支线的操作步骤如下：

1. 选择菜单栏中的"Place（放置）"→"Bus Entry（总线分支）"命令或单击"Draw（绘图）"工具栏中的"Place bus entry（放置总线分支）"按钮 ⚞，也可以按下快捷键〈E〉，这时鼠标上带有浮动的总线分支符号。

2. 在导线或元件引脚与总线之间单击鼠标，即可放置一段总线分支线。如图 6-14 所示。由此可以看出元件引脚无法直接与总线分支连接，需要经过导线连接后才可实现真正意义上的电气连接。

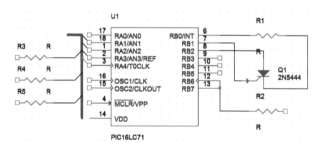

图 6-14　绘制总线分支线

总线分支的长度是固定的，与总线、导线并不一样，不能随鼠标的移动而拉长。

### 6.2.4　自动连线

导线连接是电路原理图中最重要也是用得最多的操作，重复使用单点连接的模式会耗费大量时间，相对于其他电路软件，Cadence 提供了自动连线的功能，可以半自动地进行导线连接，既确保了原理图连线的正确性，也大大节省了连线时间。

自动连线操作也分三种方式：

### 1. 两点

选择菜单栏中的"Place（放置）"→"Auto Wire（自动连线）"→"Two Points（两点）"命令或单击"Draw（绘图）"工具栏中的"Auto Connect two points（两点自动布线）"按钮 🔢，激活命令，鼠标变为十字形状，如图 6-15a 所示，在元件引脚小方块上单击，向外拖动，选择第二个连线点，如图 6-15b 所示，单击引脚上的小方块，完成两点连接，如图 6-15c 所示。

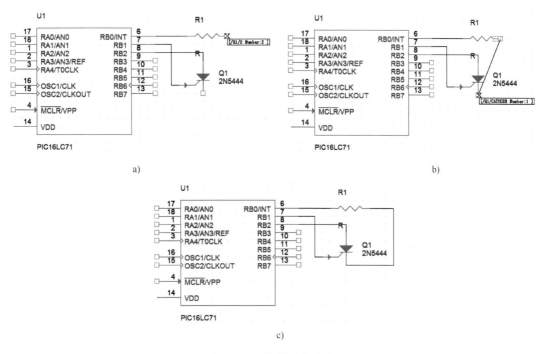

图 6-15　绘制两点连线

a）确定起点　b）确定第二点　c）完成连线

### 2. 多点

选择菜单栏中的"Place（放置）"→"Auto Wire（自动连线）"→"Multiple Points（多点）"命令或单击"Draw（绘图）"工具栏中的"Auto Connect multi points（多点自动布线）"按钮 🔢，激活命令，鼠标变为十字形状，依次选择需要连接的多个引脚，如图 6-16 所示，完成所有引脚选择后，右击鼠标弹出如图 6-17 所示的快捷菜单，选择"Connect（连接）"命令，完成所选引脚的连接，如图 6-18 所示。

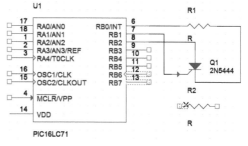

图 6-16　选择多个点

### 3. 连接到总线

选择菜单栏中的"Place（放置）"→"Auto Wire（自动连线）"→"Connect to Bus（连接到总线）"命令或单击"Draw（绘图）"工具栏中的"Auto Connect to Bus（自动连接到总线）"按钮，激活命令，鼠标变为十字形。

图 6-17　快捷菜单

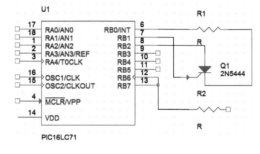

图 6-18　多点连接

　　依次选择需要连接的单个或多个引脚，如图 6-19 所示，完成引脚选择后，右击鼠标弹出如图 6-20 所示的快捷菜单，选择"Connect to Bus（总线连接）"命令，在图样中选择所要连接的总线，如图 6-21 所示。自动连接所选引脚与总线，并自动在两者中添加必要的导线与总线分支，如图 6-22 所示。

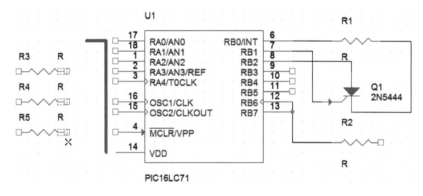

图 6-19　选择引脚

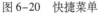

图 6-20　快捷菜单

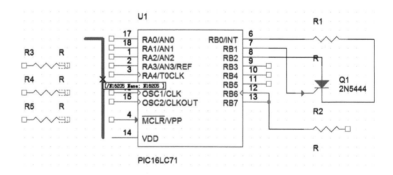

图 6-21　选择总线

　　自动连线的同时弹出"Enter Net Names（输入网络名称）"对话框，如图 6-23 所示。在"Pins Select（引脚选择）"文本框中显示与选择的总线连接的引脚数 3，在下面的文本框中输入网络名称，单击 OK 按钮，完成命名。至此，完成连线操作。

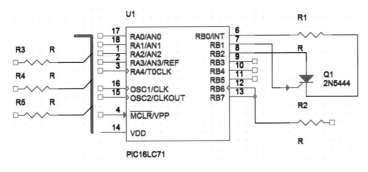

图 6-22　自动连接到总线　　　　　　图 6-23　"Enter Net Names（输入
　　　　　　　　　　　　　　　　　　　　　　　网络名称）"对话框

 注意：

　　在无命令状态下，按住〈Crtl〉键，依次在引脚小方块上单击，选中两个或多个引脚，单击右键弹出如图 6-24 所示的快捷菜单，直接选择"Connect（连接）"或"Connect to Bus（总线连接）"命令，可直接代替上面操作执行自动连线操作，此方法步骤简单，实用性强，读者可多加练习，熟练掌握此绘图技巧。

图 6-24　快捷菜单

## 6.2.5　放置手动连接

　　在 Cadence 中，默认情况下，系统会在导线的 T 型交叉点处自动放置电气节点，表示所画线路在电气意义上是连接的。但在其他情况下，如十字交叉点处，由于系统无法判断导线是否连接，因此不会自动放置电气节点。如果导线确实是相互连接的，就需要用户自己手动来放置电气节点。

　　手动放置电气节点的步骤如下：

　　1. 选择菜单栏中的"Place（放置）"→"Junction（节点）"命令或单击"Draw（绘图）"工具栏中的"Place junction（放置节点）"按钮，也可以按下快捷键〈J〉，这时鼠标带有一个电气节点符号。

*119*

2. 移动光标到需要放置电气节点的地方，单击鼠标即可完成放置，如图6-25中B点所示。此时鼠标仍处于放置电气节点的状态，重复操作即可放置其他的节点。

图中A点为连线过程中默认添加的电气节点，表示电路相通。

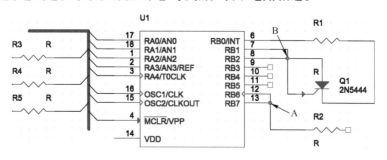

图 6-25　放置电气节点

### 6.2.6　放置电路端口

通过上面的学习我们知道，在设计原理图时，两点之间的电气连接，可以直接使用导线连接，也可以通过设置相同的网络标签来完成。还有一种方法，即使用电路的输入输出端口，能同样实现两点之间（一般是两个电路之间）的电气连接。相同名称的输入输出端口在电气关系上是连接在一起的，一般情况下在一张图样中是不使用端口连接的，层次电路原理图的绘制过程中常用到这种电气连接方式。

放置输入输出端口的具体步骤如下：

1. 选择菜单栏中的"Place（放置）"→"Hierarchical Port（电路端口）"命令或单击"Draw（绘图）"工具栏中的"Place port（放置电路端口）"按钮▧，激活命令。

2. 弹出"Place Hierarchical Port（放置电路）"对话框，如图6-26所示。在该对话框中可以对不同类型的层次端口属性进行设置。

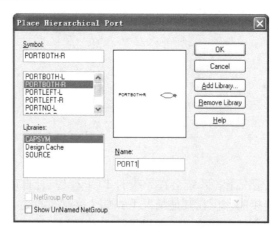

图 6-26　输入输出端口属性设置

3. 下面介绍对话框中显示CPSYM库中的I/O端口类型：

- "PORTBOTH－L"：设置双向箭头、节点在左的I/O端口符号▧⟨▭⟩PORTBOTH-L。
- "PORTBOTH－R"：设置双向箭头、节点在右的I/O端口符号PORTBOTH-R ⟨▭⟩▧。

- "PORTLEFT – L"：设置左向箭头、节点在左的 I/O 端口符号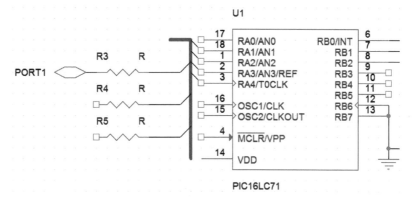PORTLEFT-L。
- "PORTLEFT – R"：设置左向箭头、节点在右的 I/O 端口符号PORTLEFT-R。
- "PORTNO – L"：设置无向箭头、节点在左的 I/O 端口符号PORTNO-L。
- "PORTNO – R"：设置无向箭头、节点在右的 I/O 端口符号PORTNO-R。
- "PORTHRIGHT – L"：设置右向箭头、节点在左的 I/O 端口符号PORTHRIGHT-L。
- "PORTHRIGHT – R"：设置右向箭头、节点在右的 I/O 端口符号PORTHRIGHT-R。

4. 在"Libraries（库）"列表库中显示已加载的元件库，在"Symbol（符号）"列表框中显示所选元件库中包含的端口符号，在"Name（名称）"文本框中编辑端口名称，在右侧显示端口符号缩略图。

5. 单击 Add Library... 按钮，弹出如图 6-26 所示的"Browser Files（文件搜索）"对话框，选择要添加的库文件。

单击 Remove Library 按钮，删除"Libraries（库）"列表库中加载的元件库。

6. 单击 OK 按钮，退出对话框，在鼠标上显示浮动的端口符号，移动光标到需要放置端口的地方，单击鼠标即可完成放置，如图 6-27 所示。此时鼠标仍处于放置端口的状态，重复操作即可放置其他的端口符号。

图 6-27　放置输入输出端口

7. 选中电路图端口，单击右键弹出如图 6-28 所示的快捷菜单，下面简单介绍部分常用的菜单命令。
- "Mirror Horizontally"：电路端口连接器左右翻转。
- "Mirror Vertically"：电路端口连接器上下翻转。
- "Rotate"：电路端口连接器逆时针旋转 90°。
- "Edit Properties"：编辑电路端口连接器的属性。
- "Fisheye view"：鱼眼视图。
- "Zoom In"：放大窗口。
- "Zoom Out"：缩小窗口。
- "Go To…"：跳转到指定位置。
- "Cut"：剪切端口连接器。
- "Copy"：复制端口连接器。
- "Delete"：删除端口连接器。

8. 端口名称的编辑还可采用元件参数编辑的方法，在原理图中双击端口名称，弹出如图 6-29 所示的 "Display Properties（显示属性）"，在该对话框中修改端口名称。

图 6-28　快捷菜单

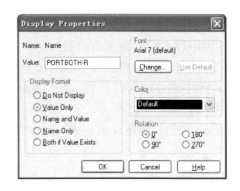

图 6-29　"Display Properties（显示属性）"对话框

## 6.2.7　放置页间连接符

在原理图设计中添加页间连接符，用于 Page1 与 Page2 间的电气连接。在上下两页连接的端口处放置页间连接符，平坦式电路页与页之间完成了完美的电气连接。

在使用页间连接符时，这些电路图页必须在同一个电路文件夹下，且分页端口连接器要有相同的名字，才能保证电路图页的电路连接的名字，也不会在电路上进行连接。

放置页间连接符的具体步骤如下：

1. 选择菜单栏中的 "Place（放置）" → "Off – Page Connector（页间连接符）" 命令或单击 "Draw（绘图）" 工具栏中的 "Place off – Page connector（放置页间连接符）" 按钮，弹出如图 6-30 所示的 "Place Off – Page Connector（放置页间连接符）" 对话框。

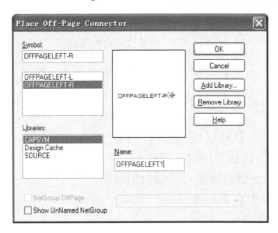

图 6-30　"Place Off – Page Connector（放置页间连接符）"对话框

2. 在该对话框中显示 CPSYM 库中的类型。

- "OFFPAGELEFT – L"：设置采用双向箭头、节点在左的页间连接符。
- "OFFPAGELEFT – R"：设置采用双向箭头、节点在右的页间连接符。

3. 在"Libraries（库）"列表库中显示已加载的元件库，在"Symbol（符号）"列表框中显示所选元件库中包含的电源、接地符号，在"Name（名称）"文本框中编辑页间连接符名称，在右侧显示页间连接符缩略图。

- 单击 Add Library... 按钮，弹出"Browser Files（文件搜索）"对话框，选择要添加的库文件。
- 单击 Remove Library 按钮，删除"Libraries（库）"列表库中加载的元件库。
- 单击 OK 按钮，退出对话框，在鼠标上显示浮动的页间连接符，移动光标到需要放置夜间连接符的地方，单击鼠标即可完成放置，如图 6-31 所示。此时鼠标仍处于放置页间连接符的状态，重复操作即可放置其他的页间连接符。

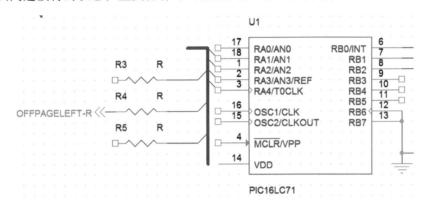

图 6-31　放置页间连接符

4. 同样在另一个页面，该网络的另一端也放好同名的页间连接符，在两个原理图页面建立了电气连接，两个页面内都放好后如图 6-32 所示。

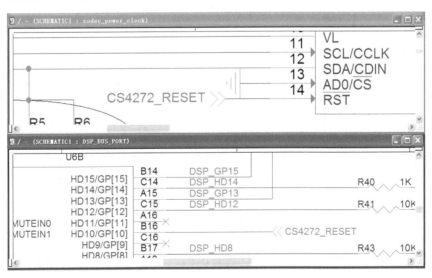

图 6-32　不同图页间放置同名页间连接符

5. 双击页间连接符，弹出如图 6-33 所示的"Edit off - Page Connector（编辑页间连接符）"对话框，在"Name（名称）"文本框中输入需要修改的页间连接符名称，如图 6-33 所示。

图 6-33 "Edit off-Page Connector（编辑页间连接符）"对话框

## 6.2.8 放置图表符

放置的图表符并没有具体的意义，只是层次电路的转接枢纽，需要进一步进行设置，包括其标识符、所表示的子原理图文件，以及一些相关的参数等。

1. 放置图表符的具体步骤

选择菜单栏中的"Place（放置）"→"Hierarchical Block（图表符）"命令，或者单击"Draw（绘图）"工具栏中的"Place Hierarchical Block（放置图表符）"按钮，弹出如图 6-34 所示的对话框。

图 6-34 放置层次模块对话框

2. 方块电路图属性的主要参数

- "Reference"：在该文本栏用来输入相应方块电路图的名称，其作用与普通电路原理图中的元件标识符相似，是层次电路图中用来表示方块电路图的唯一标志，不同的方块电路图应该有不同的标识符。
- "Implementation Type"：该电路图所连接的内层电路图类型，其下拉菜单中一共有 8 项，如图 6-35 所示。选择除"none"外的其余选项后，激活相应选项，如图 6-36 所示。
- "Implementation name"：该文本栏用来输入该方块电路图所代表的下层子原理图的文件名。
- "Path and filename"：指定该电路的存盘路径，可以不指定，默认电路图选择的路径。

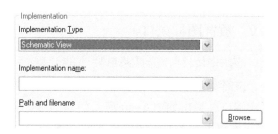

图 6-35　Implementation Type 菜单选项　　　　图 6-36　激活文本框命令

- "Implementation Type"下拉菜单说明如下：
  - " < none > "：不附加任何工具参数。
  - "Schematic View"：与电路图连接。
  - "VHDL"：与 VHDL 硬件描述语言文件连接。
  - "EDIF"：与 EDIF 格式的网络表连接。
  - "Project"：与可编辑逻辑设计项目连接。
  - "PSpice Model"：与 PSpice 模型连接。
  - "PSpice Stimulus"：与 PSpice 仿真连接。
  - "Verilog"：与 Verilog 硬件描述语言文件连接。

3. 　User Properties...　：单击此按钮，弹出如图 6-37 所示的对话框，增加和修改相关参数。

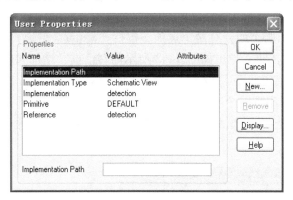

图 6-37　用户属性参数设置

单击　OK　按钮，关闭对话框。

4. 此时，鼠标变成了十字形，移动鼠标到需要放置方块电路图的地方，单击鼠标确定方块电路图的一个顶点，如图 6-38 所示。移动鼠标到合适的位置再一次单击鼠标确定其对角顶点，即可完成方块电路图的放置，设置完属性的图表符如图 6-39 所示。

图 6-38　放置图表符　　　　图 6-39　设置完的图表符

### 6.2.9 放置图样入口

1. 选中图表符，选择菜单栏中的"Place（放置）"→"Hierarchical Pin（图样入口）"命令，或者单击"Draw（绘图）"工具栏中的"Place H Pin（放置图样入口）"按钮 🔌，添加层次端口，弹出如图6-40所示的对话框。

2. 方块电路图属性的主要参数如下：

- "Type"：类型下拉列表，包含8种端口类型，这是电路端口最重要的属性，如图6-41所示。

图6-40  电路端口属性设置对话框          图6-41  类型下拉列表

- "Name"：输入电路端口的名称，与层次原理图子图中的端口名称对应，只有这样才能完成层次原理图的电气连接。
- "Width"：设置引脚类型，有两个选项，包括"Scalar（普通）"、"Bus（总线）"。
- User Properties...：单击此按钮，弹出如图6-42所示的对话框，增加和修改相关参数。

属性设置完毕后，单击 ___OK___ 按钮，关闭设置对话框。

3. 此时，在工作区出现一个随着鼠标移动的图样入口，附着图样入口的鼠标只能在方块电路图内部移动，选择要放置的位置，单击鼠标，引脚放在图表符的矩形框里，如图6-43所示。

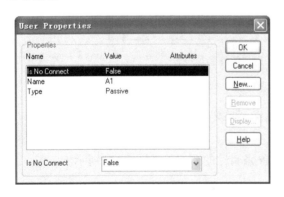 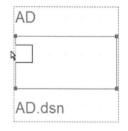

图6-42  用户属性参数设置          图6-43  移动图样入口

4. 此时，鼠标仍处于放置图样入口的状态，重复Step 3的操作即可放置其他的图样入口，如图6-44所示。完成放置后，右击鼠标或者按下〈Esc〉键便可退出操作，结果如图6-45所示。

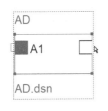

图 6-44　继续放置图样入口

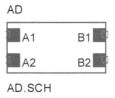

图 6-45　图样入口

## 6.2.10　放置电源符号

电源符号是电路原理图中必不可少的组成部分。在 Cadence 中提供了多种电源符号供用户选择，每种形状都有一个相应的网络标签作为标识。

放置电源符号的步骤如下：

1. 选择菜单栏中的"Place（放置）"→"Power（电源）"命令或单击"Draw（绘图）"工具栏中的"Place power（放置电源）"按钮，也可以按下快捷键〈F〉。

2. 弹出如图 6-46 所示的"Place Power（放置电源）"对话框，在该对话框中选择不同类型的电源符号。

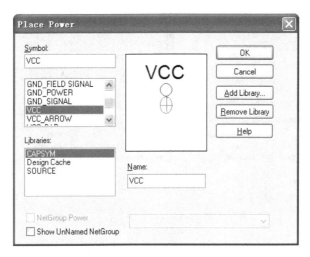

图 6-46　"Place Power（放置电源）"对话框

在 Capture 元件库中有两类电源符号，一类是"CAPSYM"库中提供的 4 种电源符号，这 4 种电源符号没有电压值，仅是一种符号的代表，但具有全局相连的特点。也就是在电路中只要电源符号相同在电学上就是相连的。另一类电源是通过设置可以有一定的电源值，给电路提供激励电源的电源符号，这类电源是由"SOURCE"库提供的，如图 6-47 和图 6-48所示是不同的电源符号。

3. 在"Libraries（库）"列表库中显示已加载的元件库，在"Symbol（符号）"列表框中显示所选元件库中包含的电源符号，在"Name（名称）"文本框中编辑电源符号名称，在右侧显示电源符号缩略图。

4. 单击 Add Library... 按钮，弹出如图 6-49 所示的"Browser Files（文件搜索）"对话框，选择要添加的库文件。

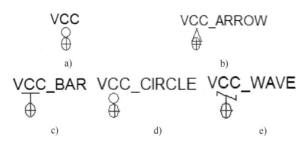

图 6-47　CAPSYM 库电源符号

a) 普通电源符号　b) 箭头状电源符号　c) 棒状电源符号　d) 圆头状电源符号　e) 波浪状电源符号

图 6-48　SOURCE 库电源符号

a) 高电平电源符号　b) 低电平电源符号

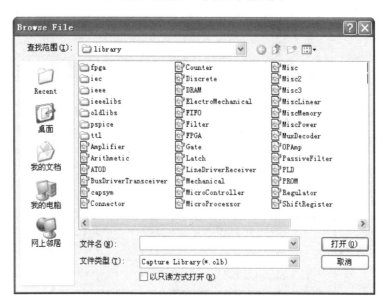

图 6-49　"Brower Files（文件搜索）"对话框

5. 单击 Remove Library 按钮，删除"Libraries（库）"列表库中加载的元件库。

6. 单击 OK 按钮，退出对话框，在鼠标上显示浮动的电源符号，如图 6-50 所示，移动光标到需要放置电源的地方，单击鼠标即可完成放置，如图 6-51 所示。此时鼠标仍处于放置电源的状态，重复操作即可放置其他的电源符号。

图 6-50　显示电源符号　　　　图 6-51　放置电源

引脚与引脚之间直接连在一起，则电气上存在连接关系，电源和地符号与引脚直接相连，也形成电气上的连接关系。但是尽量避免这样做，因为这样，"Back annotation（反向标注）"时会出问题。

## 6.2.11 放置接地符号

接地符号根据接地的选择不同，可分为模拟地、数字地和大地等，并且接地符号同样具有全局相连的特点，"CAPSYM"库中不同的接地符号如图6-52所示。

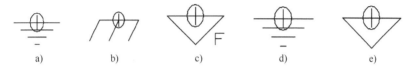

图 6-52 接地符号

a) 地符号 b) 大地符号 c) 信号地符号 d) 电源地符号 e) 信号符号

放置接地符号的步骤如下：

1. 选择菜单栏中的"Place（放置）"→"Ground（接地）"命令或单击"Draw（绘图）"工具栏中的"Place ground（放置接地）"按钮，也可以按下快捷键〈F〉。

2. 弹出如图6-53所示的"Place Ground（放置接地）"对话框，在该对话框中显示上面介绍的各种接地符号。

3. 单击 OK 按钮，退出对话框，在鼠标上显示浮动的接地符号，移动光标到需要放置接地的地方，单击鼠标即可完成放置，如图6-54所示。此时鼠标仍处于放置接地的状态，重复操作即可完成放置其他的接地符号。

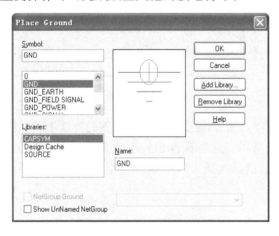

图 6-53 "Place Ground（放置电源）"对话框

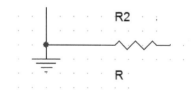

图 6-54 放置接地符号

## 6.2.12 放置网络标签

在原理图绘制过程中，元器件之间的电气连接除了使用导线外，还可以通过设置网络标签的方法来实现。

网络标签具有实际的电气连接意义，具有相同网络标签的导线或元件引脚不管在图上是否连接在一起，其电气关系都是短接的。特别是在连接的线路比较远，或者线路过于复杂，使走线比较困难时，使用网络标签代替实际走线可以大大简化原理图。对总线进行网络标签没有实际意义，只能用于辅助读图。

放置网络标签的步骤如下：

1. 选择菜单栏中的"Place（放置）"→"Net Alias（网络名）"命令或单击"Draw（绘图）"工具栏中的"Place net alias（放置网络名）"按钮，也可以按下快捷键〈N〉，激活命令。

2. 弹出"Place Net Alias（放置网络名）"对话框，如图 6-55 所示。在该对话框中可以对"网络"的颜色、位置、旋转角度、名称及字体等属性进行设置。

- 在"Alias（别名）"文本框中输入网络名称；
- 在"Color（颜色）"下拉列表中选择网络标签名称显示的颜色；
- 单击"Font（字体）"选择项下"Change（更改）"按钮，弹出"字体"对话框，如图 6-56 所示，设置字体大小及形状。
- 在"Rotation（旋转）"选项组下显示旋转的四个角度：0°、90°、180°、270°。

属性编辑结束后单击"OK（确定）"按钮即可关闭该对话框。

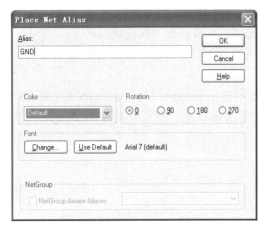

图 6-55 网络标签属性设置

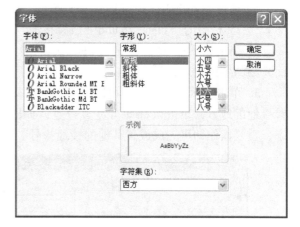

图 6-56 "字体"对话框

3. 这时鼠标带有一个矩形框的图标，移动光标到需要放置网络标签的导线上，如图 6-57 所示，单击鼠标即可完成放置，如图 6-58 所示。此时鼠标仍处于放置网络标签的状态，重复操作即可完成放置其他的网络标签。右击鼠标选择"End Mode（结束操作）"命令或者按下〈Esc〉键便可退出操作。

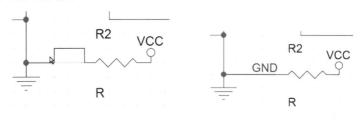

图 6-57 显示光标　　　　图 6-58 放置网络标签

4. 网络标签命名规则如下：

1）对总线进行命名。有以下三种形式：BUS[0..11]、BUS [0:11]和BUS [0-11]，其中"["与数字、字母间不能有空格，如图 6-59 所示。

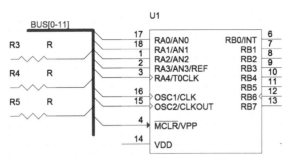

图 6-59　对总线命名

2）对与总线分支连接导线命名。若总线名称为 BUS［0 - 11］，则导线名称必须为 BUS0、BUS1 等，如图 6-60 所示。

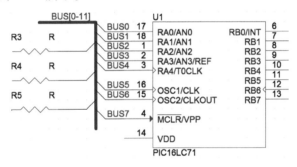

图 6-60　对导线进行命名

由于总线与总线分支相连接的线一般较多，因此在进行命名过程中，按住〈Ctrl〉键，选中导线，依次在选中的导线上放置网络标签，名称依次递增。

 注意：

> 总线和导线信号线之间只能通过网络标签来实现电气连接。
>
> 若总线不仅过总线分支，直接与导线连接，虽然在连接处也显示连接点，但这种连接没有形成真正的电气连接，总线电器信号的传递必须经过总线分支，同时总线与其相连的导线必须偶遇符合命名规则的名称（用网络标签实现）。
>
> 与导线连接相同，两段总线如果形成 T 型连接，则自动放置电气节点，形成电气连接；若两段线十字交叉，则默认是不相交，没有电气连接，不自动添加电气节点，若要形成电气连接，则需要手动添加电气节点。

## 6.2.13　放置不连接符号

在电路设计过程中，系统进行电气规则检查（ERC）时，有时会产生一些错误报告。例如，出于电路设计的需要，一些元器件的个别输入引脚有可能被悬空，但在系统默认情况下，所有的输入引脚都必须进行连接，这样在 ERC 时，系统会认为悬空的输入引脚使用错误，并在引脚处放置一个错误标记。

为了避免用户为检查这种"错误"而浪费时间，可以使用不连接符号，让系统忽略对此处的 ERC 测试，不再产生错误报告，也称之为忽略 ERC 测试点。

放置不连接符号的具体步骤如下：

1. 选择菜单栏中的"Place（放置）"→"No Connect（不连接）"命令或单击"Draw（绘图）"工具栏中的"Place no connect（放置不连接符号）"按钮![icon]，也可以按下快捷键〈X〉，这时鼠标上带有一个浮动的小叉（不连接符号）。

2. 移动光标到需要放置不连接符号的位置处，单击鼠标即可完成放置，如图 6-61 所示。此时鼠标仍处于放置不连接符号的状态，重复操作即可完成放置其他的不连接符号。右击鼠标选择"End Mode（结束模式）"命令或者按下〈Esc〉键便可退出操作。

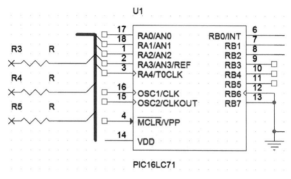

图 6-61　放置忽略 ERC 测试点

## 6.3　绘图工具

在原理图编辑环境"Place（放置）"菜单栏与"Draw（绘图）"工具栏中，用于在原理图中绘制各种标注信息，使电路原理图更清晰，数据更完整，可读性更强。该图形工具中的各种图元均不具有电气连接特性，所以系统在做 ERC 及转换成网络表时，它们不会产生任何影响，也不会附加在网络表数据中。

绘图工具主要用于在原理图中绘制各种标注信息以及各种图形，也可在原理图库中应用绘制工具。

由于绘制的这些图形在电路原理图中只起到说明和修饰的作用，不具有任何电气意义，所以系统在做电气检查（ERC）及转换成网络表时，它们不会产生任何影响。

1. 菜单栏"Place（放置）"中的绘图工具菜单命令如图 6-62 所示，选择菜单中不同的命令，就可以绘制各种图形。

2. 选择菜单栏中的"View（视图）"→"Toolbar（工具栏）"下的"Draw（绘图）"命令，打开"Draw（绘图）"工具栏，如

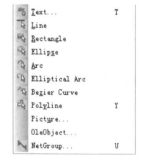

图 6-62　绘图菜单

图 6-63 所示。工具栏中框选的各项按钮与绘图工具菜单中的命令具有对应关系，具体介绍如下：

- ![icon]：用来绘制直线。
- ![icon]：用来绘制多段线。
- ![icon]：用来绘制矩形。

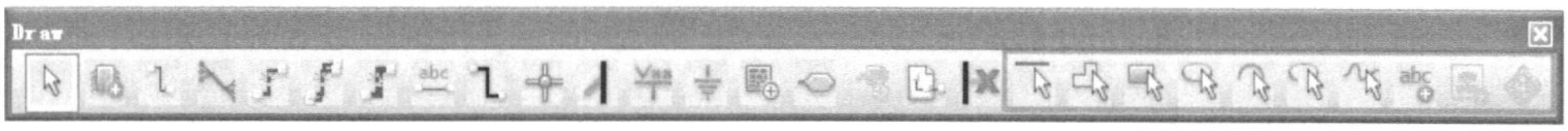

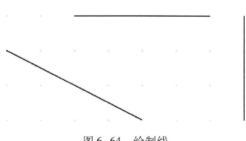

图 6-63　绘图工具栏

- ▧：用来绘制椭圆或圆。
- ▨：用来绘制圆弧。
- ▨：用来绘制椭圆弧。
- ▨：用来绘制贝塞尔曲线。
- ▨：用来在原理图中添加文字说明。
- ▨：用来在原理图中添加 IEEE 符号。
- ◈：用来在原理图中放置引脚阵列。

## 6.3.1　绘制直线

在电路原理图中绘制出的直线在功能上完全不同于前面所讲的导线，它不具有电气连接意义，所以不会影响到电路的电气结构。

1. 执行方式选择菜单栏中的 "Place（放置）" → "Line（线）" 命令，单击 "Draw（绘图）" 工具栏中的 "Place line（放置线）" 按钮▨。

2. 启动绘制直线命令后，光标变成十字形，系统处于绘制直线状态。在指定位置单击左键确定直线的起点，移动光标形成一条直线，在适当的位置再次单击左键或按空格键确定直线终点。

1）绘制出第一条直线后，此时系统仍处于绘制直线状态，将鼠标移动到新的直线的起点，按照上面的方法继续绘制其他直线，如图 6-64 所示。

图 6-64　绘制线

2）右击鼠标选择 "End Mode（结束模式）" 命令或者按下〈Esc〉键便可退出操作。

3. 完成绘制直线后，双击需要设置属性的直线，弹出 "Edit Graphic（编辑图形）" 对话框，如图 6-65 所示。

4. 选项卡设置如下：

1）"Line Style"：用来设置直线外形。单击后面的下三角按钮，可以看到有 57 个选项供用户选择，如图 6-66 所示。

2）"Line Width"：用来设置直线的宽度。也有 3 个选项供用户选择，如图 6-67 所示。

图 6-65　直线属性设置对话框

3）"Color"：用来设置直线的颜色。

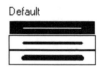

图 6-66　起点形状设置　　　　　图 6-67　"顶点"选项卡对话框

## 6.3.2　绘制多段线

由于绘制的直线是一段段的，不连续的，因此，绘制连续的线还需要利用多段线命令，同时由线段组成的各种多边形也可以由多段线命令组成。

绘制多边形的步骤如下：

1. 选择菜单栏中的"Place（放置）"→"Polyline（多段线）"命令，单击"Draw（绘图）"工具栏中的"Place polyline（放置多段线）"按钮🔲。也可以使用快捷键〈Y〉，如图 6-68 所示。

2. 启动绘制多边形命令后，光标变成十字形。单击鼠标确定多边形的起点，移动鼠标向外拉出一条直线，至多边形的第二个顶点，单击鼠标确定第二个顶点。

1）若在绘制过程中，需要转折，在折点处单击鼠标或按空格键确定直线转折的位置，每转折一次都要单击一次鼠标。转折时，可以通过按〈shift〉键来切换成斜线模式。

2）移动光标至多边形的第三个顶点，单击鼠标确定第三个顶点。此时，出现一个三角形，如图 6-69 所示。

图 6-68　确定多边形一边　　　　　图 6-69　确定多边形第三个顶点

3）继续移动光标，确定多边形的下一个顶点，可以确定多边形的第四、第五、第六个顶点，绘制出各种形状的多边形，如图 6-70 所示。

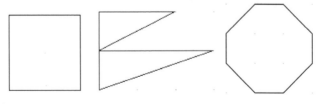

图 6-70　多边形样例

4）右击鼠标选择"End Mode（结束模式）"命令或者按下〈Esc〉键便可退出操作。

3. 绘制完成后，双击需要设置属性的多边形。

1）弹出"Edit Filled Graphic"属性设置对话框，如图6-71所示。

2）"Fill Style"：用来设置多边形内部填充样式。在如图6-72所示的下拉列表中选择填充样式，填充结果如图6-73所示，其余选项在前面已讲解，这里不再赘述。

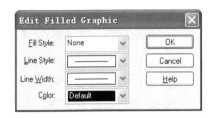

图6-71　多边形属性设置对话框

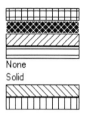

图6-72　填充样例

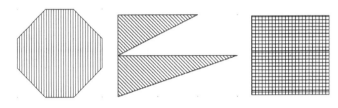

图6-73　多边形填充结果

4. 多段线命令还可以绘制如图6-74所示的不闭合图形，双击该图形，弹出如图6-75所示的"Edit Graphic（编辑图形）"对话框，该对话框与直线命令的属性设置对话框相同，这里不再赘述。

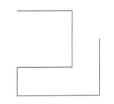

图6-74　不闭合图形

图6-75　"Edit Graphic（编辑图形）"对话框

## 6.3.3　绘制矩形

相对于利用多段线命令绘制矩形需要多个步骤，这里直接利用矩形命令即可一步绘制完成。

1. 选择菜单栏中的"Place（放置）"→"Rectangle（矩形）"命令，单击"Draw（绘图）"工具栏中的"Place rectangle（放置矩形）"按钮。

2. 启动绘制矩形的命令后，光标变成十字形。将十字光标移到指定位置，单击鼠标，确定矩形左下角位置，如图6-76所示。此时，光标自动跳到矩形的右上角，拖动鼠标，调整矩形至合适大小，再次单击鼠标，确定右上角位置，如图6-77所示。

矩形绘制完成。此时系统仍处于绘制矩形状态，若需要继续绘制，则按上面的方法绘制，若无需绘制，右击鼠标选择"End Mode（结束模式）"命令或者按下〈Esc〉键便可退出操作。

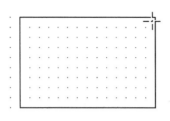

图 6-76　确定矩形左下角

图 6-77　确定矩形右上角

3. 绘制完成后，双击需要设置属性的矩形，弹出"Edit Filled Graphic（编辑填充图形）"对话框，如图 6-78 所示。此对话框可用来设置矩形的线宽、线型、填充样式、颜色等，矩形的填充效果如图 6-79 所示，与多段线绘制的四边形效果相同。

图 6-78　"Edit Filled Graphic（编辑填充图形）"对话框

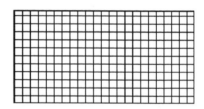

图 6-79　矩形填充效果

## 6.3.4　绘制椭圆

Cadence 中绘制椭圆和圆的工具是一样的。当椭圆的长轴和短轴的长度相等时，椭圆就会变成圆。因此，绘制椭圆与绘制圆本质上是一样的。

1. 选择菜单栏中的"Place（放置）"→"Ellipse（椭圆）"命令，单击"Draw（绘图）"工具栏中的"Place ellipse（放置椭圆）"按钮 。

2. 启动绘制椭圆命令后，光标变成十字形。将光标移到指定位置，单击鼠标，确定椭圆的起点位置。

1）光标在水平、垂直方向上拖动，自动调整椭圆的大小。水平方向移动光标改变椭圆水平轴的长短，垂直方向拖动鼠标改变椭圆垂直轴的长短。在合适位置上拖动出一个圆，如图 6-80 所示；继续向右拖动，如图 6-81 所示，显示椭圆外形。

图 6-80　确定圆外形

图 6-81　确定椭圆外形

2）在合适位置单击鼠标，完成一个椭圆或圆的绘制，如图 6-82 所示。

3）此时系统仍处于绘制椭圆状态，可以继续绘制椭圆。若要退出，右击鼠标选择"End Mode（结束模式）"命令或者按下〈Esc〉键便可退出操作。

3. 绘制完成后，双击需要设置属性的椭圆，弹出"Edit Graphic（编辑图形）"对话框，如图 6-83 所示。此对话框用来设置椭圆的线宽、线型、填充样式、颜色，在图 6-84 中显示设置后的椭圆。

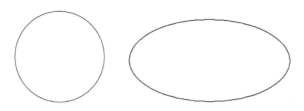

图 6-82　绘制完成的椭圆

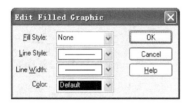

图 6-83　"Edit Filled Graphic（编辑图形）"对话框

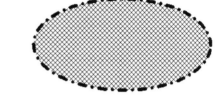

图 6-84　椭圆设置结果

## 6.3.5　绘制椭圆弧

除了绘制线类图形外，用户还可以用绘图工具绘制曲线，比如绘制椭圆弧。

1. 选择菜单栏中的"Place（放置）"→"Elliptical arc（放置椭圆弧）"命令，单击"Draw（绘图）"工具栏中的"Place elliptical arc（放置椭圆弧）"按钮。

2. 启动绘制椭圆弧命令后，光标变成十字形。移动光标到指定位置，单击鼠标确定椭圆弧的端点。如图 6-85 所示。

1）沿水平、垂直方向移动鼠标，可以改变椭圆弧的宽度、长度，如图 6-86 所示。当宽度、长度合适后单击鼠标确定椭圆弧的外形，同时确定椭圆弧的第一个端点，如图 6-87 所示。

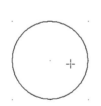

图 6-85　确定椭圆弧端点

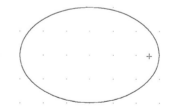

图 6-86　确定椭圆弧宽度、高度

2）沿椭圆外形拖动鼠标，单击鼠标确定椭圆弧的终点，如图 6-88 所示。完成绘制椭圆弧。此时，仍处于绘制椭圆弧状态，若需要继续绘制，则按上面的步骤绘制，若要退出绘制，右击鼠标选择"End Mode（结束模式）"命令或者按下〈Esc〉键便可退出操作。

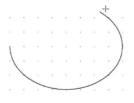

图 6-87　拖动椭圆弧

图 6-88　确定椭圆弧的终点

3）绘制完成后，双击需要设置属性的椭圆弧，弹出"Edit Graphic（编辑图形）"对话框，如图6-89所示。

在该对话框中主要用来设置椭圆弧的线宽、线型、填充样式、颜色等。在图6-90中显示设置后的椭圆弧。

图6-89　"Edit Graphic（编辑图形）"对话框

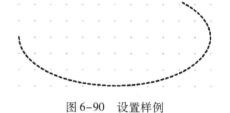

图6-90　设置样例

## 6.3.6　绘制圆弧

绘制圆弧的方法与绘制椭圆弧的方法基本相同。绘制圆弧时，不需要确定宽度和高度，只需确定圆弧的圆心、半径以及起始点和终点就可以了。

1. 选择菜单栏中的"Place（放置）"→"Wire（导线）"命令，单击"Draw（绘图）"工具栏中的"Place arc（放置圆弧）"按钮即可以启动绘制圆弧命令。

2. 启动绘制圆弧命令后，光标变成十字形。将光标移到指定位置。单击鼠标确定圆弧的圆心。此时，光标自动移到圆弧的圆周上，移动鼠标可以改变圆弧的半径。单击鼠标确定圆弧的半径。如图6-91所示。

1）光标自动移动到圆弧的起始角处，移动鼠标可以改变圆弧的起始点。单击鼠标确定圆弧的起始点。如图6-92所示。

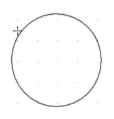

图6-91　确定圆弧半径

图6-92　确定圆弧起始点

2）此时，光标移到圆弧的另一端，单击鼠标确定圆弧的终止点。如图6-93所示。一条圆弧绘制完成，系统仍处于绘制圆弧状态，若需要继续绘制，则按上面的步骤绘制，若要退出绘制，则右击鼠标选择"End Mode（结束模式）"命令或者按下〈Esc〉键便可退出操作。

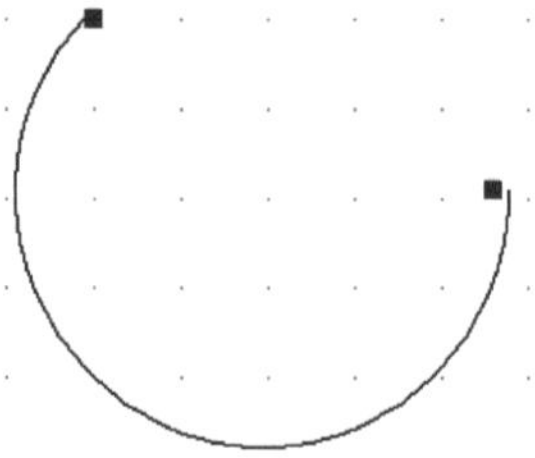

3. 绘制完成后，双击需要设置属性的圆弧，弹出"Edit Graphic（编辑图形）"对话框，如图6-94所示。

圆弧的属性设置与椭圆弧的属性设置基本相同。区别在于圆弧设置的是其半径的大小，而椭圆弧设置的是其宽度和高度。在图6-95中显示设置后的圆弧。

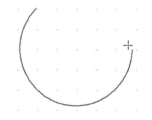

图6-93　确定圆弧终止点

图 6-94 "Edit Graphic（编辑图形）"对话框

图 6-95 圆弧设置

## 6.3.7 绘制贝塞尔曲线

贝塞尔曲线在电路原理图中的应用比较多，可以用于绘制正弦波、抛物线等。

1. 选择菜单栏中的"Place（放置）"→"Bezier Curve（贝塞尔曲线）"命令，单击 "Draw（绘图）"工具栏中的"Place Bezier（放置贝塞尔曲线）"按钮 。

2. 启动绘制贝塞尔曲线命令后，鼠标变成十字形。将十字光标移到指定位置，单击鼠标，确定贝塞尔曲线的起点。然后移动光标，再次单击鼠标确定第二点，绘制出一条直线，如图 6-96 所示。

1）继续移动鼠标，在合适位置单击鼠标确定第三点，生成一条弧线，如图 6-97 所示。

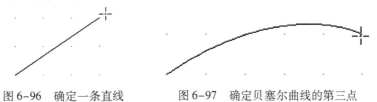

图 6-96 确定一条直线　　　图 6-97 确定贝塞尔曲线的第三点

2）继续移动鼠标，曲线将随光标的移动而变化，单击鼠标，确定此段贝塞尔曲线，如图 6-98 所示。

3）继续移动鼠标，重复操作，绘制出一条完整的贝塞尔曲线。如图 6-99 所示。

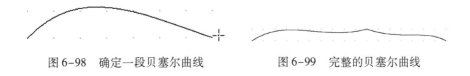

图 6-98 确定一段贝塞尔曲线　　　图 6-99 完整的贝塞尔曲线

4）此时系统仍处于绘制贝塞尔曲线状态，若需要继续绘制，则按上面的步骤绘制，否则右击鼠标选择"End Mode（结束模式）"命令或者按下〈Esc〉键便可退出操作。

3. 贝塞尔曲线属性设置双击绘制完成的贝塞尔曲线，弹出"Edit Graphic（编辑图形）"对话框，如图 6-100 所示。此对话框只用来设置贝塞尔曲线的线宽、线型和颜色。在图 6-101 中显示设置后的贝塞尔曲线。

图 6-100 "Edit Graphic（编辑图形）"对话框

图 6-101 贝塞尔曲线样例

### 6.3.8 放置文本

在绘制电路原理图的时，为了增加原理图的可读性，设计者会在原理图的关键位置添加文字说明，即添加文本。

1. 选择菜单栏中的"Place（放置）"→"Text（文本）"命令，单击"Draw（绘图）"工具栏中的"Place text（放置文本）"按钮，按功能键〈T〉。

2. 启动放置文本字命令后，弹出如图6-102所示的"Place Text（放置文本）"对话框，单击"OK（确定）"按钮后，光标上带有一个矩形方框。移动光标至需要添加文字说明处，单击鼠标即可放置文本字。如图6-103所示。

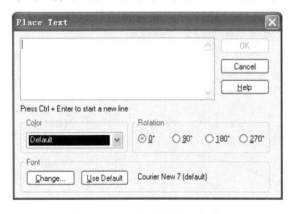

图6-102　文本属性设置对话框

图6-103　文本的放置

3. 在放置状态下或者放置完成后，双击需要设置属性的文本，弹出"Place Text（放置文本）"对话框。

1）文本：用于输入文本内容。可以自动换行，若需强制换行则需要按〈Ctrl〉+〈Enter〉键。

2）"Color"：颜色，用于设置文本字的颜色。

3）"Rotation"：定位，用于设置文本字的放置方向。有4个选项：0°、90°、180°和270°。

4）"Font"：字体，用于调整文本字体。

4. 单击下方的"Change（改变）"按钮，系统将弹出字体设置对话框，用户可以在里面设置文字样式，如图6-104所示，单击"Use Default（使用默认）"按钮，将设置的字体返回系统设定值。

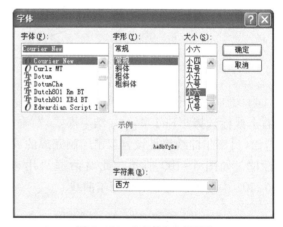

图6-104　"字体"对话框

### 6.3.9 放置图片

在电路原理图的设计过程中，有时需要添加一些图片文件，例如元器件的外观、厂家标志等，这样有助于提高设计页的可读性和打印质量。

1. 放置图片的步骤如下：

1）选择菜单栏中的"Place（放置）"→"Picture（图片）"命令。

2）启动放置图片命令后，弹出选择图片对话框，选择图片路径，如图6-105所示。选择好以后，单击 打开(Q) 按钮即可将图片添加到原理图中。

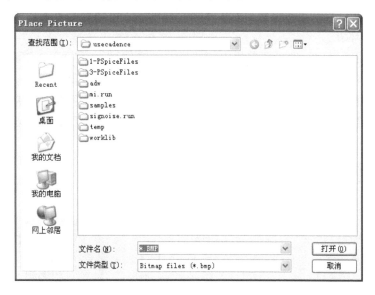

图6-105 选择图片对话框

3）光标附有一个浮动的图片，如图6-106所示，移动光标到指定位置，单击鼠标，确定放置，如图6-107所示。

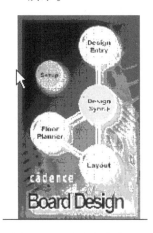

图6-106 确定起点位置

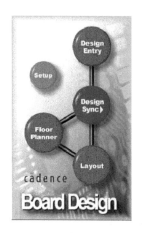

图6-107 确定终点位置

## 6.4 操作实例

本节将从实际操作的角度出发，通过绘图工具与元件库在原理图绘制过程中的实际应用来说明怎样使用原理图编辑器完成电路的设计工作。

## 6.4.1　抽水机电路

本例绘制的抽水机电路主要由四只晶体管组成。潜水泵的供电受继电器的控制，继电器中线圈中的电流是否形成，取决于晶体管 VT4 是否导通。本例中将介绍创建原理图、设置图样、放置元件、绘制原理图符号、元件布局布线和放置电源符号等操作。

**1.　建立工作环境**

在 Cadence 主窗口中，选择菜单栏中的"Files（文件）"→"New（新建）"→"Project（工程）"命令或单击"Capture"工具栏中的"Create document（新建文件）"按钮，弹出如图 6-108 所示的"New Project（新建工程）"对话框，创建工程文件"Water Pump. dsn"。在该工程文件夹下，默认创建图样文件"SCHEMATIC1"，在该图样子目录下自动创建原理图页"PAGE1"，如图 6-109 所示。

图 6-108　"New Project（新建工程）"对话框　　　　　图 6-109　项目管理器

**2.　设置图样参数**

选择菜单栏中的"Options（选项）"→"Design Template（设计向导）"命令，系统将弹出"Design Template（设计向导）"对话框，打开"Page Size（页面设置）"对话框，如图 6-110 所示。

在此对话框中对图样参数进行设置。打开"Page Size（页面设置）"选项卡，在"Units（单位）"栏选择单位为"Millimeters（公制）"，页面大小选择"A4"。

单击 确定 按钮，完成图样属性设置。

**3.　加载元件库**

选择菜单栏中的"Place（放置）"→"Part（元件）"命令或单击"Draw（绘图）"工具栏中的"Place part（放置元件）"按钮，打开"Place Part（放置元件）"面板，在"Libraries（库）"选项组下显示默认加载的元件库，如图 6-111 所示。然后在其中加载需要的元件库。

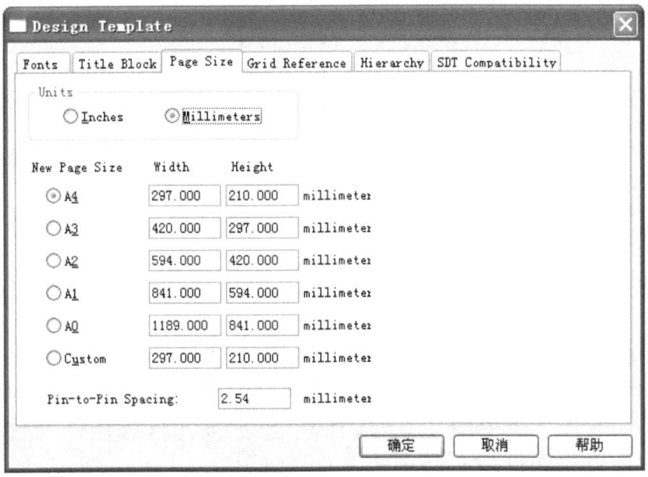

图 6-110  "Design Template（设计向导）"对话框

单击"Add Library（添加库）"按钮🗗，系统将弹出如图 6-112 所示的"Browse File（搜索库）"对话框，选中要加载的库文件 MiscLinear.olb，单击"打开"按钮，在"Place Part（放置元件）"面板"Libraries"（库）选项组下文本框中显示加载元件库列表，如图 6-113 所示。

图 6-111  显示默认加载的库文件

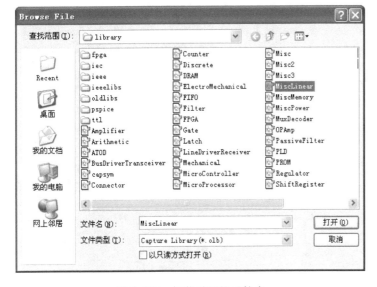

图 6-112  加载需要的元件库

图 6-113  加载元件库

### 4. 查找元器件并加载其所在的库

这里由于不知道设计中所用到的 LM395P 芯片和 MC7812/TO 所在的库位置，因此，首先要查找这两个元器件。

单击"Place Part（放置元件）"面板"Search for Part（查找元件）"🗗，显示搜索操作，在"Search For（搜索）"文本框中输入"*LM395P*"，如图 6-114 所示。单击"Search for Part（搜索路径）"按钮🖲，系统开始搜索，在"Library（库）"列表下显示符合搜索条件的元件名、所属库文件，如图 6-115 所示。

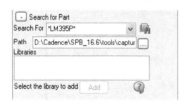

图 6-114 设置搜索条件

图 6-115 显示搜索结果

1）选中需要的元件 LM395P，单击 Add 按钮，在系统中加载该元件所在的库文件"Transistor. olb"，在"Library（库）"列表框中显示已加载元件库"Transistor. olb（晶体管元件库）"，在"Part List（元件列表）"列表框中显示该元件库中的元件，选中搜索的元件"LM395P"，在面板中显示元件符号的预览，如图 6-116 所示。

单击"Place Part（放置元件）"按钮或双击元件名称，将选择的芯片"LM395P"放置在原理图上，如图 6-117 所示。

单击"Place Part（放置元件）"面板"Search for Part（查找元件）"，显示搜索操作，在"Search For（搜索）"文本框中输入"＊MC7812＊"，如图 6-118 所示。单击"Part Search（搜索路径）"按钮，系统开始搜索，在"Library（库）"列表下显示符合搜索条件的元件名、所属库文件，如图 6-118 所示。

图 6-116 加载库文件

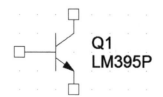

图 6-117 放置元件 LM395P

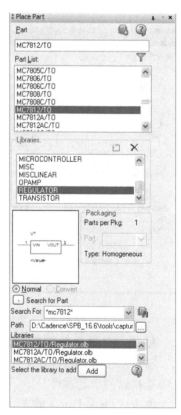

图 6-118 搜索元件

2）选中需要的元件"MC7812/TO"，单击 [Add] 按钮，在系统中加载该元件所在的库文件"Regulator. olb"，在"Library（库）"列表框中显示已加载元件库，在"Part List（元件列表）"列表框中显示该元件库中的元件，在面板中显示元件符号的预览。

单击"Place Part（放置元件）"按钮 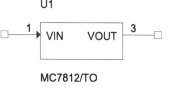 或双击元件名称，将选择的芯片"MC7812/TO"放置在原理图上，如图6-119所示。

图6-119 放置元件 MC7812/TO

### 5. 添加元件

单击"Draw（绘图）"工具栏中的"Place part（放置元件）"按钮，打开"Place Part（放置元件）"面板，选择"TRANSISTOR. olb（晶体管元件库）"，在"Part（元件）"文本框中输入"2N3904"，在下面的"Part List（元件列表）"列表中显示符合条件的元件，找到晶体管元件"2N3904"，如图6-120所示，选择晶体管元件放置在原理图中。

打开"Place Part（放置元件）"面板，选择"TRANSISTOR. olb（晶体管元件库）"，在"Part（元件）"文本框中输入"2N3906"，在下面的"Part List（元件列表）"列表中显示符合条件的元件，找到晶体管元件"2N3906"，如图6-121所示，选择元件放置在原理图中。

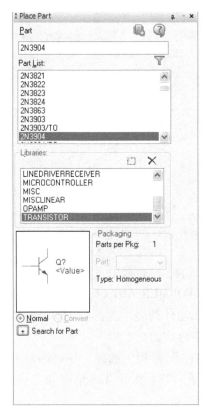

图6-120 选择元器件 2N3904

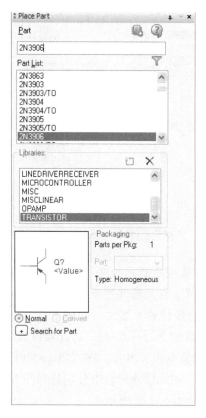

图6-121 选择元器件 2N3906

1）放置二极管元器件。在"Place Part（放置元件）"面板中选择"Discrete. olb（分立式元件库）"，在元器件过滤列表框中输入"DIODE"，在元件预览窗口中显示符合条件的元器件，如图 6-122 所示。在元器件列表中选择"DIODE"，将元器件放置到图样空白处。

2）放置发光二极管元器件。在"Place Part（放置元件）"面板中选择"Discrete. olb（分立式元件库）"，在元器件过滤列表框中输入"led"，在元件预览窗口中显示符合条件的元器件，如图 6-123 所示。在元器件列表中选择"LED"，将元器件放置到图样空白处。

3）放置整流桥（二极管）元器件。在"Place Part（放置元件）"面板中选择"Discrete. olb（分立式元件库）"，在元器件过滤列表框中输入"briDGE"，在元件预览窗口中显示符合条件的元器件，如图 6-124 所示。在元器件列表中选择"BRIDGE"，将元器件放置到图样空白处。

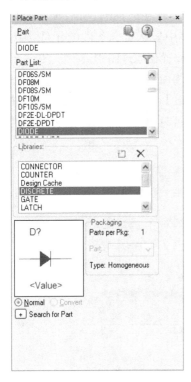 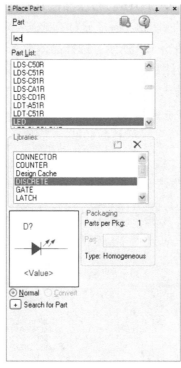 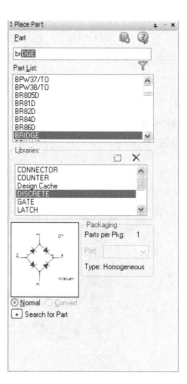

图 6-122　选择元器件 DIODE　　　图 6-123　选择元器件 LED　　　图 6-124　选择元器件 BRIDGE

4）放置变压器元器件。在"Place Part（放置元件）"面板中选择"Discrete. olb（分立式元件库）"，在元器件过滤列表框中输入"TRANSFORMER AIR CORE"，在元件预览窗口中显示符合条件的元器件，如图 6-125 所示。在元器件列表中选择"TRANSFORMER AIR CORE"，单击 ▭Place Trans▭ 按钮，将元器件放置到图样空白处。

5）放置电阻、电容。在"Place Part（放置元件）"面板中选择"Discrete. olb（分立式元件库）"，在元器件列表中分别选择图 6-126、图 6-127、图 6-128 电阻和电容进行放置。最终结果如图 6-129 所示。

**6. 元件布局**

基于布线方便的考虑，主要元件被放置在电路图中间的位置，完成所有元件的布局，如图 6-130 所示。

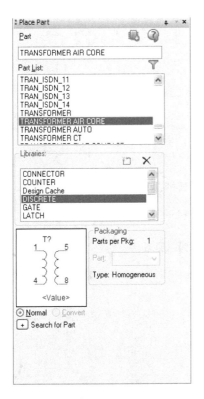

图 6-125　选择元器件 TRANSFORMER AIR CORE

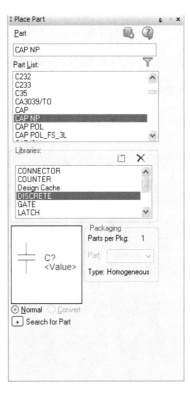

图 6-126　选择元器件 CAP NP

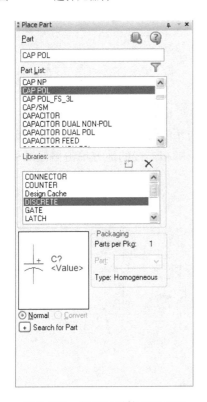

图 6-127　选择元器件 CAP POL

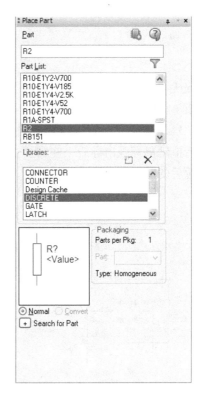

图 6-128　选择元器件 R2

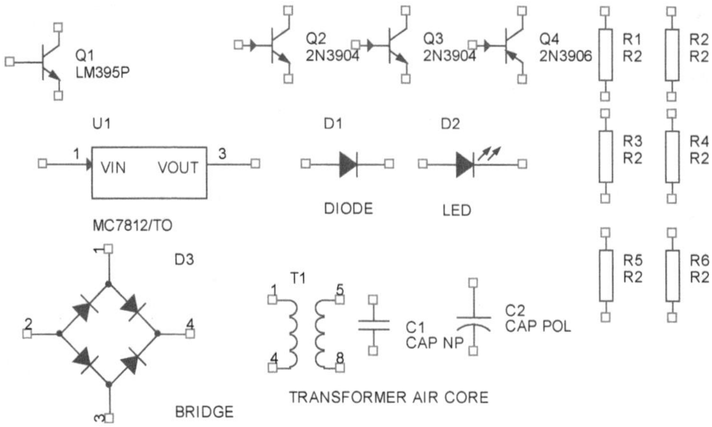

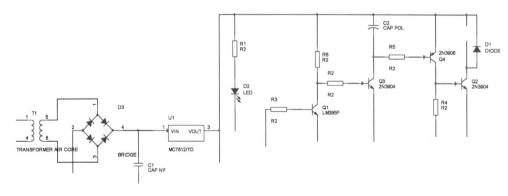

图 6-129　放置元件到原理图

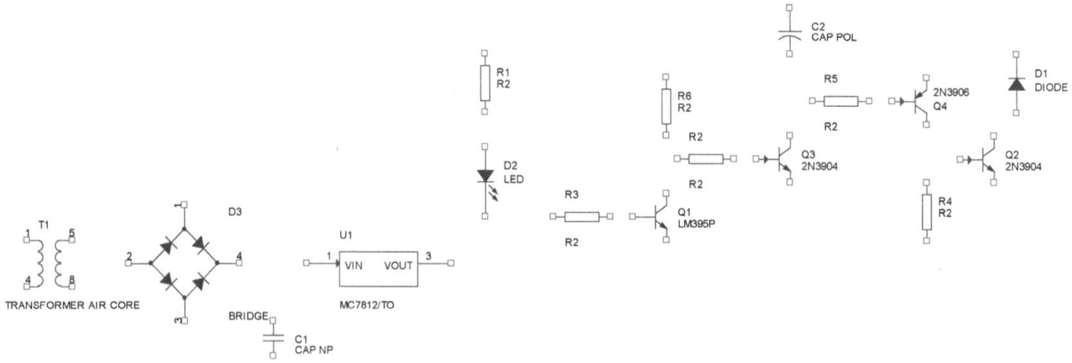

图 6-130　元件布局结果

## 7. 元件布线

择菜单栏中的"Place（放置）"→"Wire（导线）"命令或单击"Draw（绘图）"工具栏中的"Place wire（放置导线）"按钮□，移动光标到元件的一个引脚上，单击确定导线起点，然后拖动鼠标画出导线，在需要拐角或者和元件引脚相连接的地方单击鼠标即可，完成导线布置后的原理图如图 6-131 所示。

图 6-131　元件布线结果

提示:

　　由于电源、接地符号不能直接与元件引脚相连，在布线过程中，可提前在需要放置电源、接地符号的引脚处绘制浮动的导线。

**8. 放置电源符号和接地符号**

　　电源符号和接地符号是一个电路中必不可少的部分。选择菜单栏中的"Place（放置）"→"Ground（接地）"命令或单击"Draw（绘图）"工具栏中的"Place Ground（放置接地）"按钮，选择接地符号，如图6-132所示，向原理图中放置接地符号，结果如图6-133所示。

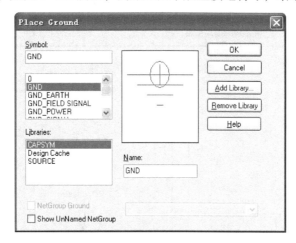

图6-132　"Place Ground"对话框

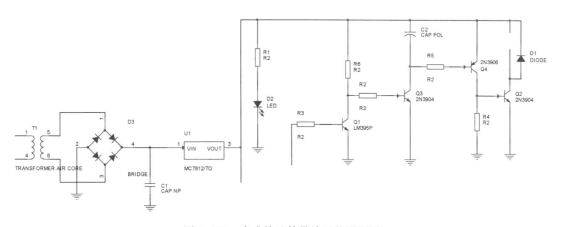

图6-133　完成接地符号放置的原理图

　　选择菜单栏中的"Place（放置）"→"Power（电源）"命令或单击"Draw（绘图）"工具栏中的"Place power（放置电源）"按钮，在弹出的对话框中选择电源符号"VCC_BAR"，如图6-134所示。

　　单击按钮，退出对话框，移动光标到目标位置并单击鼠标，就可以将电源符号放置在原理图中，结果如图6-135所示。

　　选择菜单栏中的"Place（放置）"→"Power（电源）"命令或单击"Draw（绘图）"

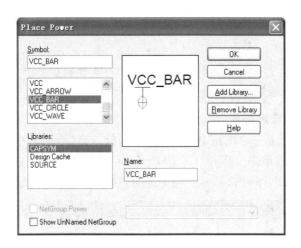

图 6-134    设置电源属性

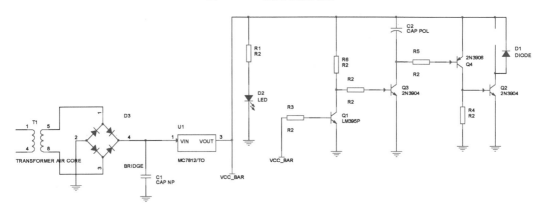

图 6-135    放置电源符号

工具栏中的"Place power（放置电源）"按钮 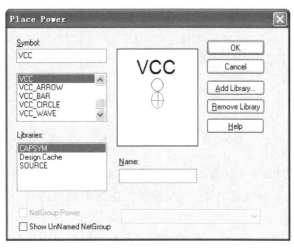，在弹出的对话框中选择电源符号"VCC"，如图 6-136 所示。

图 6-136    设置电源属性

单击 OK 按钮，退出对话框，移动光标到目标位置并单击鼠标，就可以将电源符号放置在原理图中。放置完成电源符号和接地符号的原理图如图6-137所示。

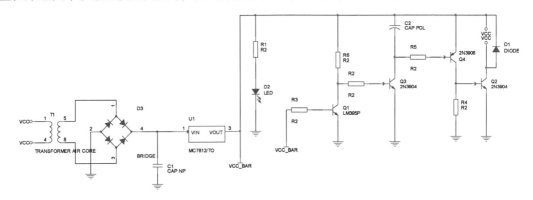

图6-137　完成电源符号放置的原理图

在本例的设计中，主要介绍了原理图中元件的搜索与放置。原理图中软件自带的系统库庞大，所需元件需要进行查找，元件搜索给设计工作带来极大的便利。

## 6.4.2　监控器电路

本例要设计的是无线电监控器电路，此电路将音频信号放大再用振荡器发射出去。其优点是没有加密，只需用调频收音机就能接收；缺点是不宜长时间窃听，易被发现，隐蔽性不好。

**1. 建立工作环境**

在 Cadence 主窗口中，选择菜单栏中的"Files（文件）"→"New"（新建）→"Project（工程）"命令或单击"Capture"工具栏中的"Create document（新建文件）"按钮，弹出如图6-138所示的"New Project（新建工程）"对话框，创建工程文件"Bug. dsn"。在该工程文件夹下，默认创建图样文件"SCHEMATIC1"，在该图样子目录下自动创建原理图页"PAGE1"。

图6-138　"New Project（新建工程）"对话框

**2. 设置图样参数**

1）选择菜单栏中的"Options（选项）"→"Design Template（设计向导）"命令，系统将弹出"Design Template（设计向导）"对话框，打开"Page Size（页面设置）"对话框，如图6-139所示，在此对话框中对图样参数进行设置。

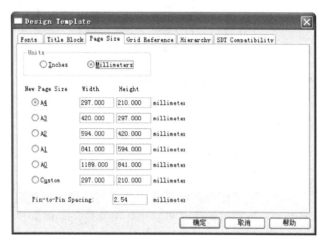

图6-139 "Design Template（设计向导）"对话框

2）打开"Page Size（页面设置）"选项卡，在"Units（单位）"栏选择单位为"Millimeters（公制）"，页面大小选择"A4"。

3）打开"Grid Reference（参考栅格）"选项卡，选择默认设置，在设置图样栅格尺寸的时候，一般来说，捕捉栅格尺寸和可视栅格尺寸一样大，也可以设置捕捉栅格的尺寸为可视栅格尺寸的整数倍。电气栅格的尺寸应该略小于捕捉栅格的尺寸，因为只有这样才能准确地捕捉电气节点。如图6-140所示。

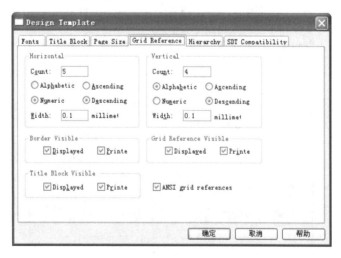

图6-140 "Grid Reference（参考栅格）"选项卡

4）打开"Title Block（标题块）"选项卡，在该选项卡中可以设置当前文件名、工程设计负责人、图样校对者、图样设计者、公司名称、图样绘制者、设计图样版本号和电路原理图编号等项，如图 6-141 所示。

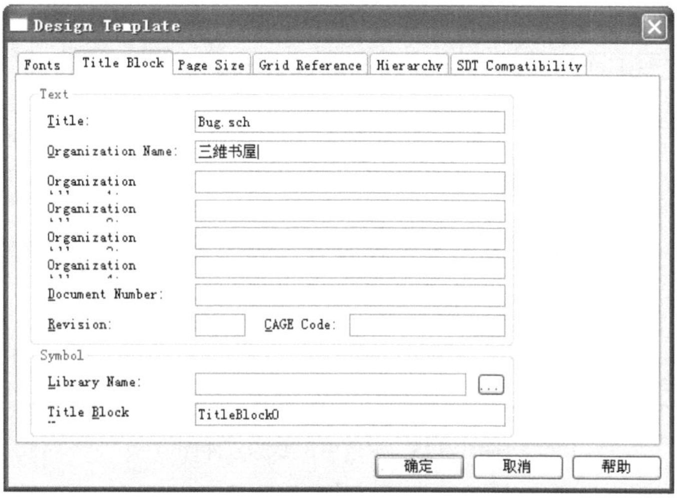

图 6-141　"Title Block（标题块）"选项卡

5）单击 确定 按钮，完成图样属性设置。

**3. 加载元件库**

1）在项目管理器窗口下，选中"Library"文件夹并右击鼠标，弹出快捷菜单，选择"Add File（添加文件）"命令，弹出如图 6-142 所示的"Add Files to Project Folder－Library"对话框，选择库文件路径"X：\Cadence\SPB_16.6\tools\capture\library"，加载所需库文件。

图 6-142　选择元件库路径

2）单击 打开(0) 按钮，将选中的库文件加载到项目管理器窗口中的"Library"文件夹下，如图 6-143 所示。

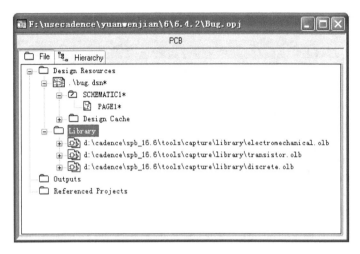

图 6-143  本例中需要的元件库

## 4. 放置元件

单击 "Draw（绘图）" 工具栏中的 "Place part（放置元件）" 按钮 ，打开 "Place Part（放置元件）" 面板，在该面板中选择要添加的元件。

1）放置电阻元器件。在 "Place Part（放置元件）" 面板中选择 "DISCRETE. olb（分立式元件库）"，在元器件过滤列表框中输入 "R2"，在元件预览窗口中显示符合条件的元器件 R2，如图 6-144 所示。将元器件放置到图样空白处。

2）放置无极性电容元器件。在 "Place Part（放置元件）" 面板中选择 "DISCRETE. olb（分立式元件库）"，在元器件过滤列表框中输入 "CAP NP"，在元件预览窗口中显示符合条件的元器件，如图 6-145 所示。将元器件放置到图样空白处。

3）放置可调电容元器件。在 "Place Part（放置元件）" 面板中选择 "DISCRETE. olb（分立式元件库）"，在元器件过滤列表框中输入 "CAPACITOR VAR"，在元件预览窗口中显示符合条件的元器件，如图 6-146 所示。将元器件放置到图样空白处。

图 6-144  选择电阻元件

图 6-145  选择无极性电容元件

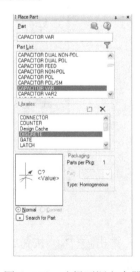
图 6-146  选择可调电容器

4）放置电源元器件。在“Place Part（放置元件）”面板中选择“DISCRETE.olb（分立式元件库）”，在元器件过滤列表框中输入“BATTERY”，在元件预览窗口中显示符合条件的元器件，如图 6-147 所示。将元器件放置到图样空白处。

5）放置话筒元器件。在“Place Part（放置元件）”面板中选择“ELECTRO MECHANI-CAL.olb（电机类元件库）”，在元器件过滤列表框中输入“micROPHONE”，在元件预览窗口中显示符合条件的元器件，如图 6-148 所示。将元器件放置到图样空白处。

6）放置天线元器件。在“Place Part（放置元件）”面板中选择“DISCRETE.olb（分立式元件库）”，在元器件过滤列表框中输入“autENNA”，在元件预览窗口中显示符合条件的元器件，如图 6-149 所示。将元器件放置到图样空白处。

图 6-147　选择电源元件　　　图 6-148　选择话筒元件　　　图 6-149　选择天线元件

7）放置开关元器件。在“Place Part（放置元件）”面板中选择“DISCRETE.olb（分立式元件库）”，在元器件过滤列表框中输入“SW SPST”，在元件预览窗口中显示符合条件的元器件，如图 6-150 所示。将元器件放置到图样空白处。

8）放置电感元器件。在“Place Part（放置元件）”面板中选择“DISCRETE.olb（分立式元件库）”，在元器件过滤列表框中输入“iuDUCTOR”，在元件预览窗口中显示符合条件的元器件，如图 6-151 所示。将元器件放置到图样空白处。

9）放置晶体管元器件。在“Place Part（放置元件）”面板中选择“TRANSISTOR.olb（晶体管元件库）”，在元器件过滤列表框中输入“bc547”，在元件预览窗口中显示符合条件的元器件，如图 6-152 所示。将元器件放置到图样空白处。

完成上述元件的放置，如图 6-153 所示。

**5. 元件布局**

选中元件，单击鼠标拖动元件，将元件放置在对应的位置，同时对元件属性进行设置，结果如图 6-154 所示。

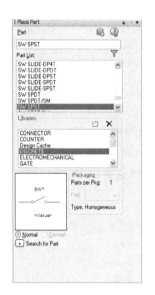

图 6-150 选择开关元件

图 6-151 选择电感元件

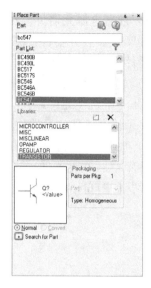

图 6-152 选择晶体管元件

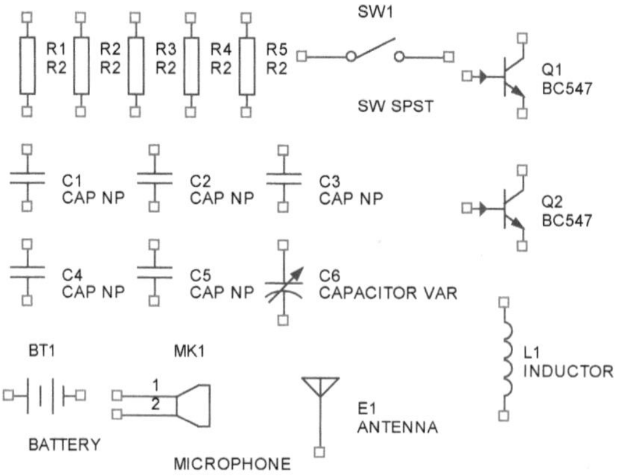

图 6-153 原理图中所需的元件

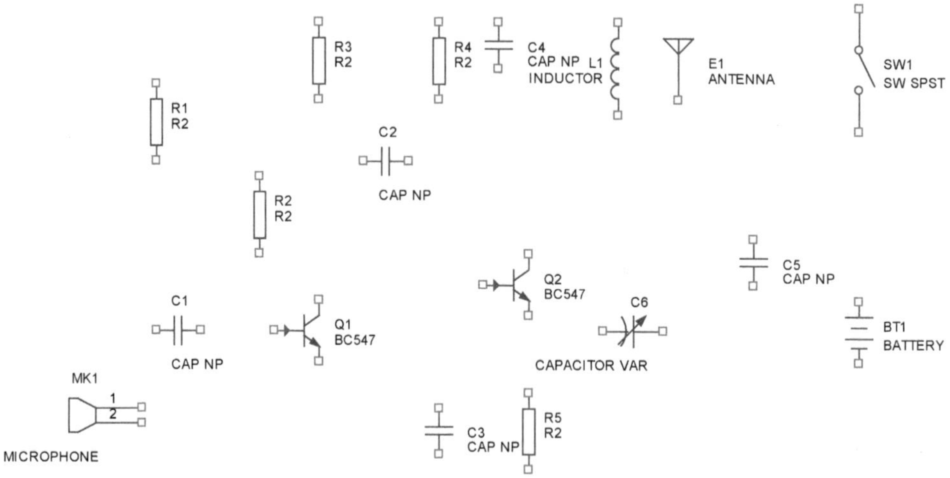

图 6-154 完成元件布局

**6. 编辑元器件属性。**

在图样上放置完元器件后，用户要对每个元器件的属性进行编辑，包括元器件标识符、序号、型号等。

1）编辑元件值。双击电阻元件的元件值 RESISTOR，弹出"Display Properties（显示属性）"对话框，在"Value（值）"文本框中修改元件值为 22k，如图 6-155 所示。单击 [ OK ] 按钮，退出对话框，完成修改。

 注意：

电阻 R 的单位为 Ω，由于在网络表过程中不识别该字符，因此原理图在创建过程中不标注该符号。同时，电容 C 单位其中有 μ，该符号同样不识别，若有用到时，输入 u 替代。

2）设置元件值显示。双击天线元件 E1 的元件值 ANTENNA，弹出"Display Properties（显示属性）"对话框，选择"Do Not Display（不显示）"选项，如图 6-156 所示。单击 [ OK ] 按钮，退出对话框，在图样上不显示该元件值。

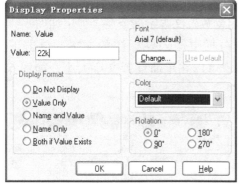

图 6-155　修改元件值

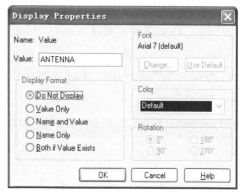

图 6-156　设置元件值

同样的方法设置原理图中其余元件，设置好元器件属性的电路原理图如图 6-157 所示。

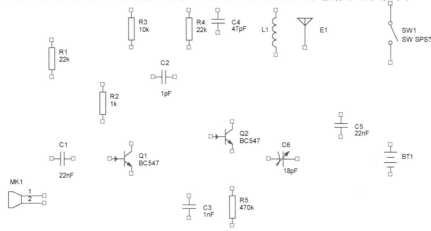

图 6-157　元件属性编辑结果

### 7. 元件布线

选择菜单栏中的"Place（放置）"→"Wire（导线）"命令或单击"Draw（绘图）"工具栏中的"Place wire（放置导线）"按钮 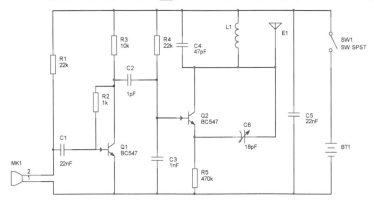，在原理图上布线，如图 6-158 所示。

图 6-158 完成原理图布线

### 8. 文本注释

选择菜单栏中的"Place（放置）"→"Text（文本）"命令，或单击"Draw（绘图）"工具栏中的"Place text（放置文本）"按钮 ，启动放置文本字命令后，弹出如图 6-159 所示的"Place Text（放置文本）"对话框，在空白栏中输入要标注的文本，单击下方的 Change... 按钮，系统将弹出字体设置对话框，用户可以在里面设置文字大小，如图 6-160 所示。

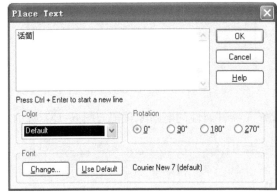

图 6-159 文本属性设置对话框

图 6-160 "字体"对话框

单击 确定 按钮，完成字体设置。

单击 OK 按钮后，光标上带有一个矩形方框。移动光标至需要添加文字说明处，单击鼠标即可放置文本字。最终结果如图 6-161 所示。

### 9. 放置原理图符号

选择菜单栏中的"Place（放置）"→"Picture（图片）"命令，弹出选择图片对话框，选择图片"TITLE.JPG"，单击 打开(0) 按钮，将图片添加到原理图中。

光标附有一个浮动的图片，移动光标到指定位置，单击鼠标，确定放置位置，如

图 6-162 所示。

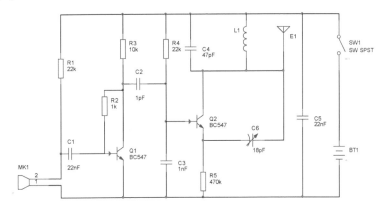

图 6-161　文本的放置

图 6-162　放置图片

选中图片，在图片四周显示可调整的夹点，适当缩放图片，结果如图 6-163 所示。

图 6-163　缩放图片

至此，完成原理图绘制。

在本例的设计中，主要介绍了原理图的标注。可以在原理图中进行注释，也可在标题栏中进行注释，这些原理图符号给原理图设计带来了更大的灵活性，应用它们，可以给设计工作带来极大的便利。

## 6.4.3　电源开关电路设计

### 1. 建立工作环境

1）在 Cadence 主窗口中，选择菜单栏中的"Files（文件）"→"New"（新建）→"Project（工程）"命令或单击"Capture"工具栏中的"Create document（新建文件）"按钮 🔲，弹出如图 6-164 所示的"New Project（新建工程）"对话框，在"Location（路径）"文本框中设置新建工程文件的保存路径，在"Name（名称）"文本框中输入新建的工程文件名称"Power Switch"，单击 ▭ＯＫ▭ 按钮，完成工程文件的创建。

图 6-164 "New Project（新建工程）"对话框

2）在该工程文件夹下，默认创建图样文件 SCHEMATIC1，在该图样子目录下自动创建原理图页 PAGE1，如图 6-165 所示。

3）选中图样页文件 PAGE1，选择菜单栏中的"Design（设计）"→"Rename（重命名）"命令，或右击鼠标选择快捷菜单中的"Rename（重命名）"命令，弹出如图 6-166 所示的"Rename Page（重命名图页）"对话框，在"Name（名称）"文本框中输入选中的图页文件名称"Switch"，单击 OK 按钮，完成原理图页文件的重命名。

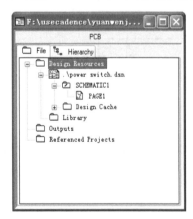

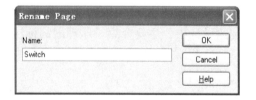

图 6-165　创建工程文件　　　　　图 6-166　"Rename Page（重命名图页）"对话框

4）选中图样文件 SCHEMATIC1，选择菜单栏中的"Design（设计）"→"New Schematic Page（新建图样文件）"命令，或右击鼠标选择快捷菜单中的"New Page（新建图样文件）"命令，弹出如图 6-167 所示的"New Page in Schematic（新建图页）"对话框，在"Name（名称）"文本框中输入选中的原理图文件名称"Power"，单击 OK 按钮，完成原理图图页文件的添加。

完成文件命名的项目管理器窗口如图 6-168 所示，双击原理图页文件，进入原理图绘制环境，进行原理图的编辑。

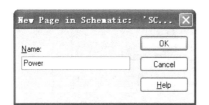

图6-167 "New Page in Schematic（新建图页）"对话框

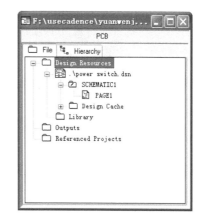

图6-168 项目管理器窗口

## 2. 自动存盘设置

Cadence支持文件的自动存盘功能。用户可以通过参数设置来控制文件自动存盘的细节。

选择菜单栏中的"Option（选项）"→"Autobackup（自动备份）"命令，打开"Multi-level Backup settings（备份设置）"对话框，如图6-169所示。在"Backup time（in Minutes）（备份间隔时间）"栏中输入每隔多少分钟备份一次，单击 Browse... 按钮，弹出如图6-170所示的"Select Directory（选择路径）"对话框，设置保存的备份文件路径。

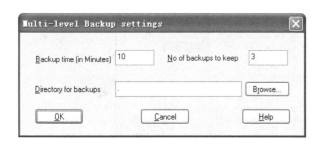

图6-169 "Multi-level Backup settings（备份设置）"对话框

图6-170 "Select Directory（选择路径）"对话框

设置好路径后，单击 OK 按钮，关闭"Select Directory（选择路径）"对话框，返回"Multi-level Backup settings（备份设置）"对话框，单击 OK 按钮，关闭该对话框。

## 3. 设置图样参数

选择菜单栏中的"Options（选项）"→"Design Template（设计向导）"命令，系统将弹出"Design Template（设计向导）"对话框，打开"Page Size（页面设置）"对话框，如图6-171所示。

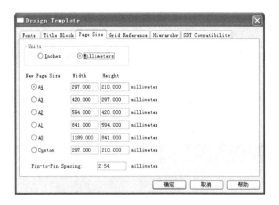

图 6-171 "Design Template（设计向导）"对话框

在此对话框中对图样参数进行设置。在"Units（单位）"栏选择单位为"Millimeters（公制）"，页面大小选择"A4"。单击"确定"按钮，完成图样属性设置。

**4. 加载元件库**

1）在项目管理器窗口下，选中"Library"文件夹并右击鼠标，弹出快捷菜单，选择"Add File（添加文件）"命令，弹出如图 6-172 所示的"Add Files to Project Folder - Library"对话框，选择库文件路径"X:\Cadence\SPB_16.6\tools\capture\library"，加载所需库文件。

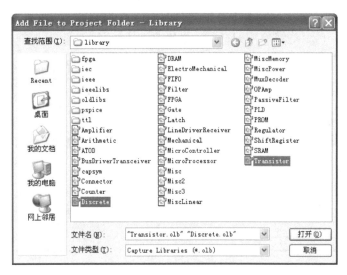

图 6-172 选择元件库路径

2）单击 打开(0) 按钮，将选中的库文件加载到项目管理器窗口中的"Library"文件夹下，如图 6-173 所示。

**5. 编辑"Switch"原理图文件**

（1）搜索元件

芯片 NE555N 在已有的库中没有，需要使用相似元件 NE555 来代替，首先需要查找元件 NE555。

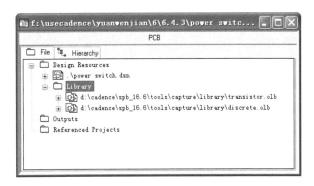

图 6-173　本例中需要的元件库

单击"Place Part（放置元件）"面板"Search for Part（查找元件）" 🔲，显示搜索操作，在"Search For（搜索）"文本框中输入" * ne555 * "。单击"Search for Part（搜索路径）"按钮 🔍，系统开始搜索，在"Library（库）"列表下显示符合搜索条件的元件名、所属库文件，如图6-174所示。

（2）查找文件

选中需要的元件 NE555，单击 Add 按钮，在系统中加载该元件所在的库文件"MiscLinear.olb"，在"Library（库）"列表框中显示已加载该元件库，在"Part List（元件列表）"列表框中显示该元件库中的元件，选中搜索的元件"NE555"，在面板中显示元件符号的预览，如图6-175所示。

图 6-174　显示搜索结果 　　　　　　　图 6-175　查找元件

单击"Place Part（放置元件）"按钮 ![icon]或双击元件名称，将选择的芯片 NE555 放置在原理图样上，如图 6-176 所示。

（3）编辑元件

将相似芯片 NE555 修改为 NE555N，新建原理图库文件过于烦琐，下面介绍一种简单方便的方法。

1）选中 NE555，如图 6-177 所示，选择右键命令"Edit Part（编辑元件）"，进入元件编辑环境，对该元件所有引脚位置进行修改，结果如图 6-178 所示。

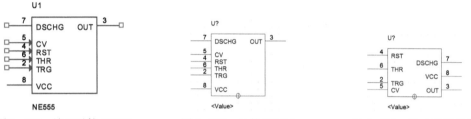

图 6-176　放置元件 NE555　　　　图 6-177　元件 NE555　　　　图 6-178　移动引脚位置

2）选中所有引脚，单击鼠标右键选择"Edit Properties（编辑属性）"命令，弹出"Browse Spreadsheet"对话框，修改每个引脚的"Name"属性，把引脚名称改成与 NE555N 一致，并且将引脚属性设置为"Dot"或"Clock"，如图 6-179 所示。

修改完成后的 NE555 如图 6-180 所示。

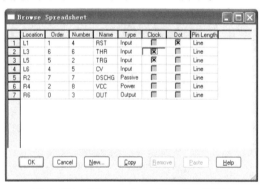

图 6-179　"Browse Spreadsheet"对话框

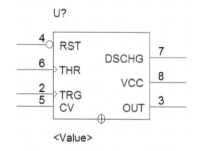

图 6-180　修改后的芯片外形

3）退出元件编辑环境，进入原理图绘制环境，双击元件名称 NE555，在弹出的对话框中输入 NE555N，修改元件名称，如图 6-181 所示。至此在现有元件的基础上完整地创建了一个新的元件，该元件只适用于当前设计项目，元件最终结果如图 6-182 所示。

（4）放置外围元件

打开"Place Part（放置元件）"面板，在当前元器件库名称栏中选择"Discrete. OLB"元件库，选择放置电阻、电筒、二极管、晶体管元件，结果如图 6-183 所示。

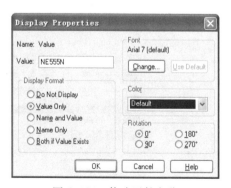

图 6-181　修改元件名称

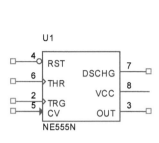

图 6-182 元件修改结果

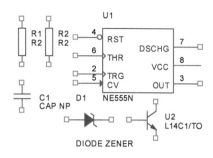

图 6-183 元件放置结果

（5）元件布局

按照电路要求对电路图进行布局操作，设置好元器件属性的电路原理图如图 6-184
所示。

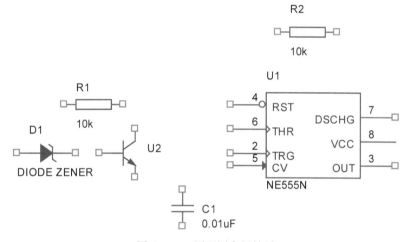

图 6-184 原理图布局结果

（6）元件布线

选择菜单栏中的"Place（放置）"→"Wire（导线）"命令，或单击"Draw（绘图）"
工具栏中的"Place wire（放置导线）"按钮，在原理图上布线，布线结果如图 6-185
所示。

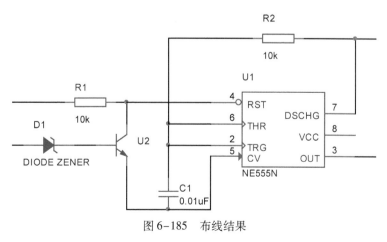

图 6-185 布线结果

（7）放置电源符号

选择菜单栏中的"Place（放置）"→"Power（电源）"命令，或单击"Draw（绘图）"工具栏中的"Place power（放置电源）"按钮，弹出如图6-186所示的"Place Power（放置电源）"对话框，在该对话框中选择普通电源符号，修改显示名称。向原理图中放置电源符号，完成电路原理图如图6-187所示。

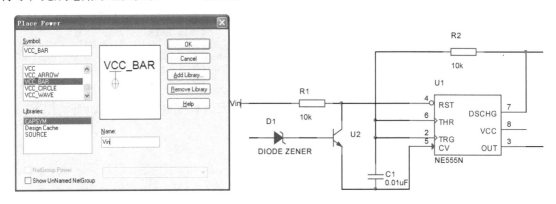

图6-186 "Place Power（放置电源）"对话框          图6-187 放置电源符号

（8）放置页间连接符

选择菜单栏中的"Place（放置）"→"Off－Page Connector（页间连接符）"命令，或单击"Draw（绘图）"工具栏中的"Place off－page connector（放置页间连接符）"按钮，弹出如图6-188所示的"Place Off－Page Connector（放置页间连接符）"对话框。

选择节点在右的页间连接符，在"Name"栏输入名称GND，单击 OK 按钮，退出对话框，单击鼠标完成页间连接符放置，此时鼠标仍处于放置页间连接符的状态，重复操作，放置其他的页间连接符，按〈R〉键旋转页间连接符，结果如图6-189所示。

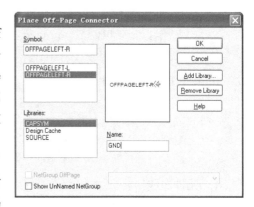

图6-188 "Place Off－Page Connector
（放置页间连接符）"对话框

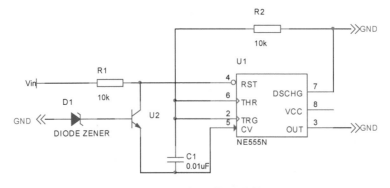

图6-189 放置页间连接符

双击右侧连接符名称，弹出属性编辑对话框，修改页间连接符名称为 DISCHG、OUT，如图 6-190 所示。

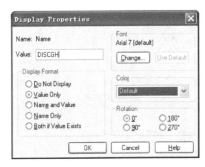

图 6-190 "Display Properties" 对话框

至此，完成原理图设计，最终结果如图 6-191 所示。

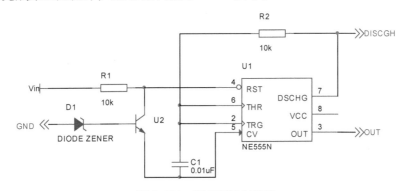

图 6-191 原理图绘制结果

### 6. 编辑 "Power" 原理图文件

双击打开 "Power" 原理图文件，进入原理图编辑环境。

（1）放置元件

打开 "Place Part（放置元件）" 面板，将找到的元件——放置在原理图中，如图 6-192 所示。

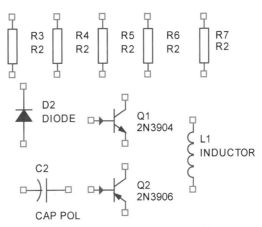

图 6-192 原理图中所需的元件

（2）元件布局

按照电路要求对电路图进行布局操作，如图6-193所示。

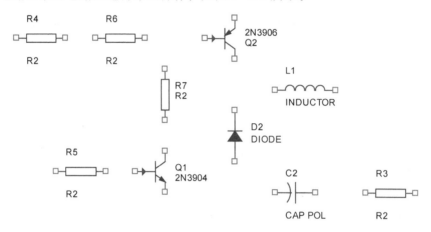

图6-193　原理图布局结果

（3）元件布线

选择菜单栏中的"Place
（放置）"→"Wire（导线）"命
令，或单击"Draw（绘图）"工
具栏中的"Place wire（放置导
线）"按钮，在原理图上布线，
结果如图6-194所示。

选择菜单栏中的"Place
（放置）"→"Power（电源）"

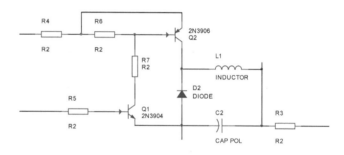

图6-194　布线结果

命令，或单击"Draw（绘图）"工具栏中的"Place power（放置电源）"按钮，弹出如图
6-195所示的"Place Power（放置电源）"对话框，在该对话框中选择普通电源符号，删除
显示名称，如图6-196所示，向原理图中放置电源符号，完成原理图。

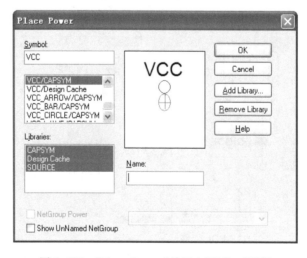

图6-195　"Place Power（放置电源）"对话框

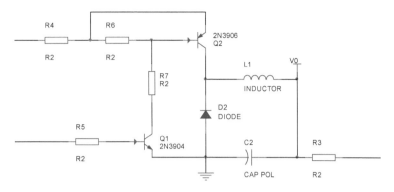

图 6-196 完成电源符号的放置

### 7. 放置页间连接符

选择菜单栏中的"Place（放置）"→"Off – Page Connector（页间连接符）"命令，或单击"Draw（绘图）"工具栏中的"Place off – page connector（放置页间连接符）"按钮，弹出如图 6-197 所示的"Place Off – Page Connector（放置页间连接符）"对话框。

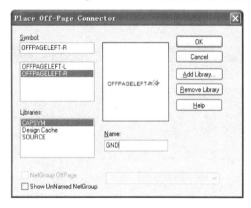

图 6-197 "Place Off – Page Connector（放置页间连接符）"对话框

选择节点在右的页间连接符，单击 OK 按钮，退出对话框，单击鼠标完成页间连接符放置，结果如图 6-198 所示。

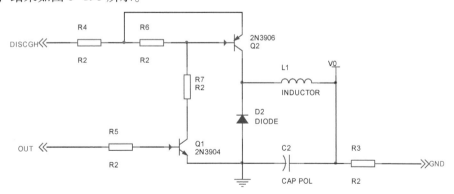

图 6-198 放置页间连接符

### 8. 添加元器件属性

打开项目管理器，选中 SCHEMATIC1，选择菜单栏中的"Edit（编辑）"→"Object

Properties（目标属性）"命令，或右击鼠标弹出快捷菜单，选择"Edit Object Properties（编辑目标属性）"命令，弹出"Property Editor（属性编辑）"窗口，如图6-199所示。

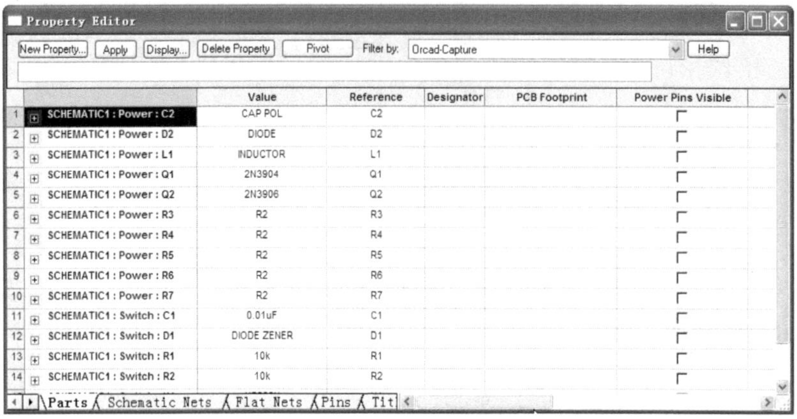

图6-199 "Property Editor（属性编辑）"窗口

打开"Parts（元件）"选项卡，按照表6-1为两页原理图中的元件添加 PCB Footprint 属性，如图6-200所示。

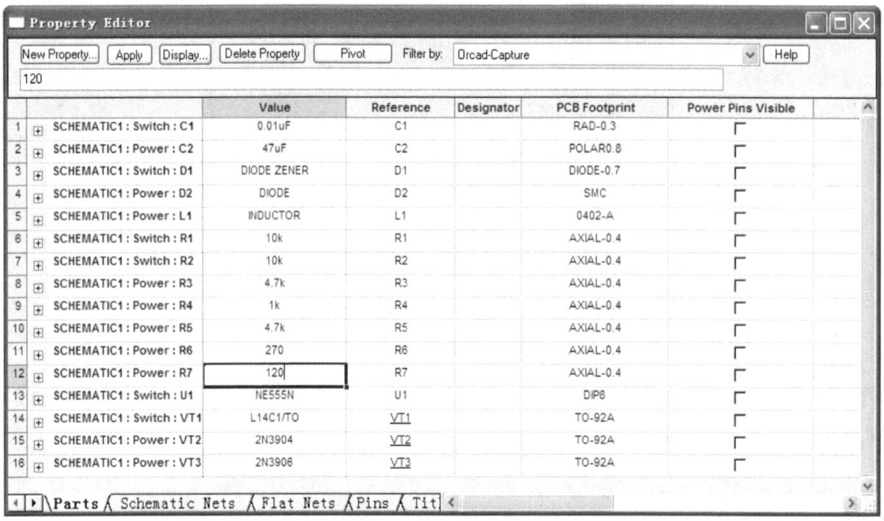

图6-200 属性修改结果

表6-1 元件属性

| 编　号 | 注释/参数值 | 封　装　形　式 |
| --- | --- | --- |
| C1 | 0.01uF | RAD – 0.3 |
| C2 | 47uF | POLAR0.8 |
| D1 | DIODE ZENER | DIODE – 0.7 |
| D2 | Diode | SMC |
| L1 | 1mH | 0402 – A |
| R1 | 10 kΩ | AXIAL – 0.4 |
| R2 | 10 kΩ | AXIAL – 0.4 |
| R3 | 4.7 kΩ | AXIAL – 0.4 |

| 编　号 | 注释/参数值 | 封装形式 |
|---|---|---|
| R4 | 1 kΩ | AXIAL – 0.4 |
| R5 | 4.7 kΩ | AXIAL – 0.4 |
| R6 | 270 Ω | AXIAL – 0.4 |
| R7 | 120 Ω | AXIAL – 0.4 |
| U1 | NE555N | DIP8 |
| VT1 | L14C1/TO | TO – 92A |
| VT2 | 2N3904 | TO – 92A |
| VT3 | 2N3906 | TO – 92A |

原理图修改结果依次如图 6-201、图 6-202 所示。

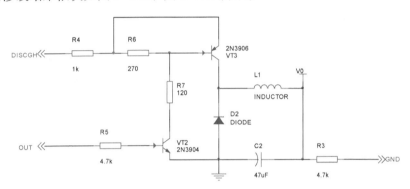

图 6-201　Power 原理图

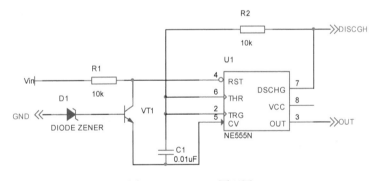

图 6-202　Switch 原理图

## 6.4.4　串行显示驱动器 PS7219 及单片机的 SPI 接口

在单片机的应用系统中，为了便于人们观察和监视单片机的运行情况，常常需要用显示器显示运行的中间结果及运行状态等。因此显示器是单片机系统必不可少的外部设备之一。PS7219 是一种新型的串行接口的 8 位数字静态显示芯片，它是由武汉力源公司新推出的 24 脚双列直插式芯片，采用常用的同步串行外设接口（SPI），可方便与任何一种单片机接口，并可同时驱动 8 位 LED。这一节，我们就以显示驱动器 PS7219 及单片机的 SPI 接口电路为例，继续介绍电路原理图的绘制。

在本例中，将主要学习总线和总线分支的放置方法。总线就是由若干条性质相同的线组成的一组线束，例如平时会经常接触到的数据总线、地址总线等。总线和导线有着本质上的区别，总线本身是没有任何电气连接意义的，必须由总线接出的各条导线上的网络标号来完成电气连接，所以使用总线的时候，常常需要和总线分支配合使用。

**1. 建立工作环境**

在 Cadence 主窗口中，选择菜单栏中的"Files（文件）"→"New"（新建）→"Project（工程）"命令，或单击"Capture"工具栏中的"Create document（新建文件）"按钮，弹出如图 6-203 所示的"New Project（新建工程）"对话框，创建工程文件"Serial display driver PS7219 and MCU SPI interface. dsn"。在该工程文件夹下，默认创建图样文件 SCHEMATIC1，在该图样子目录下自动创建原理图页 PAGE1。

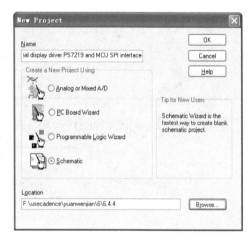

图 6-203 "New Project（新建工程）"对话框

**2. 设置图样参数**

选择菜单栏中的"Options（选项）"→"Design Template（设计向导）"命令，系统将弹出"Design Template（设计向导）"对话框，打开"Page Size（页面设置）"选项卡，如图 6-204 所示。

在此对话框中对图样参数进行设置。在"Units（单位）"栏选择单位为"Millimeters（公制）"，页面大小选择为"A4"。单击"确定"按钮，完成图样属性设置。

**3. 加载元件库**

选择菜单栏中的"Place（放置）"→"Part（元件）"命令，或单击"Draw（绘图）"工具栏中的"Place part（放置元件）"按钮，打开"Place Part（放置元件）"面板，在"Libraries（库）"选项组下加载需要的元件库 CONNECTOR. OLB、DISCRETE. OLB、LINE DRIVER RECEIVER. OLB 和 ATOD. OLB。本例中需要加载的元件库如图 6-205 所示。

图 6-204 "Design Template（设计向导）"对话框

图 6-205 加载需要的元件库

**4. 查找元器件**

单击"Place Part（放置元件）"面板中的"Search for Part（查找元件）"按钮，显示搜索操作，在"Search For（搜索）"文本框中输入"＊P80＊"。单击"Part Search（搜索路径）"按钮 🔍，系统开始搜索，在"Library（库）"列表下显示符合搜索条件的元件名、所属库文件，如图 6-206 所示。

选中需要的元件"P80CL31"，单击 Add 按钮，在系统中加载该元件所在的库文件 MicroController.olb，在"Library（库）"列表框中显示已加载元件库，在"Part List（元件列表）"列表框中显示该元件库中的元件，选中搜索的元件"P80CL31"，在面板中显示元件符号的预览。

单击"Place Part（放置元件）"按钮 🔲 或双击元件名称，将选择的芯片 P80CL31 放置在原理图样上。

同样的方法搜索元件"X25045"，结果如图 6-207 所示。

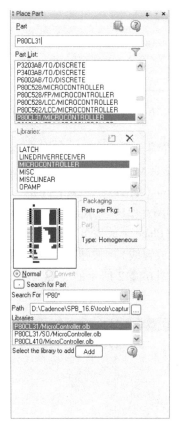
图 6-206　显示搜索结果

图 6-207　搜索元件 X25045

### 5. 绘制元件 Dpy Amber – CC

Dpy Amber – CC 为数码管元件，在 Cadence 所带的元件库中找不到它的原理图符号，所以需要自己绘制一个 Dpy Amber – CC 的原理图符号。

1）新建一个原理图元件库。

① 选择菜单栏中的"Files（文件）"→"New（新建）"→"Library（库）"命令，空白元件库被自动加载到工程中，在项目管理器窗口中"Library"文件夹上显示新建的库文件，默认名称为"Library1"，依次递增，后缀名为".olb"的库文件。

② 选择菜单栏中的"Files（文件）"→"Save as（保存为）"命令，将新建的原理图库

文件保存为"dpy. olb",如图 6-208 所示。

③ 选择菜单栏中的"Design(设计)"→"New Part(新建元件)"命令,或右击鼠标在弹出的快捷菜单中选择"New Part(新建元件)"命令,弹出如图 6-209 所示的"New Part Properties(新建元件属性)"对话框,输入元件名为 Dpy Amber-CC,在该对话框中可以添加元件名称、索引标示、封装名称、参数设置。

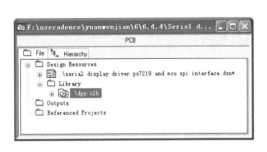

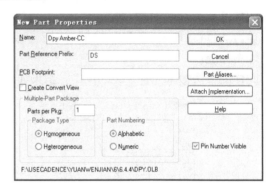

图 6-208 新建库文件

图 6-209 "New Part Properties(新建元件属性)"对话框

④ 单击 OK 按钮,关闭对话框,进入元件编辑环境窗口,如图 6-210 所示。

2)绘制元件外框。首先适当调整虚线框,适当调大,选择菜单栏中的"Place(放置)"→"Rectangle(矩形)"命令,或单击"Draw(绘图)"工具栏中的"Place rectangle(放置矩形)"按钮,沿虚线边界线绘制矩形,如图 6-211 所示。

3)绘制七段发光二极管。选择菜单栏中的"Place(放置)"→"Line(线)"命令,或单击"Draw(绘图)"工具栏中的"Place line(放置线)"按钮,这时鼠标变成十字形状。系统处于绘制直线状态,在图样上绘制一个如图 6-212 所示的"日"字形发光二极管,在原理图符号中用直线来代替发光二极管。

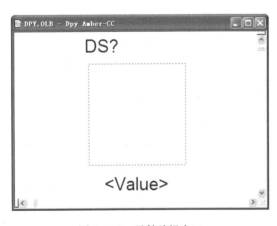

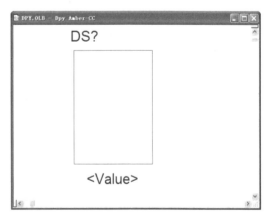

图 6-210 元件编辑窗口

图 6-211 绘制元件外框

双击放置的直线,打开如图 6-213 所示的属性编辑对话框,在其中将直线的宽度设置为 Medium,结果如图 6-214 所示。

174

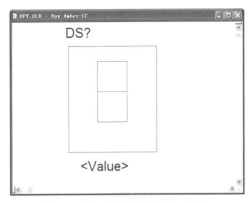

图 6-212　在图样上放置二极管

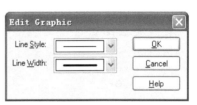

图 6-213　设置直线属性

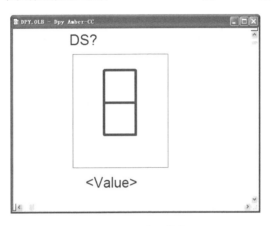

图 6-214　设置线宽

4）设置栅格。选择菜单栏中的"Options（选项）"→"Preferences（优先设置）"命令，系统将弹出"Preferences（优先设置）"对话框，选择"Grid Display（网格属性）"选项卡，取消勾选"Pointer snap to grid（捕捉栅格）"复选框，如图6-215所示，取消栅格捕捉。

5）绘制小数点。选择菜单栏中的"Place（放置）"→"Rectangle（矩形）"命令，或单击"Draw（绘图）"工具栏中的"Place rectangle（放置矩形）"按钮，在二极管右侧绘制适当大小的小矩形，如图6-216所示。

双击小矩形，弹出"Edit Filled Graphic

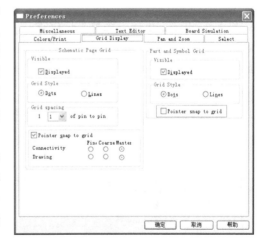

图 6-215　"Grid Reference（网格属性）"对话框

（编辑填充图形）"对话框，如图6-217所示。设置矩形的填充样式为"Solid"，填充效果如图6-218所示。

6）放置引脚。选择菜单栏中的"Place（放置）"→"Pin Array（阵列引脚）"命令，弹出如图6-219所示的"Place Pin Array（放置阵列管脚）"对话框，设置阵列管脚属性。

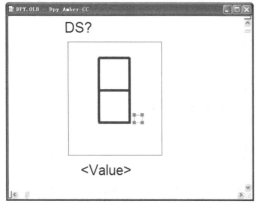

图 6-216　绘制小数点

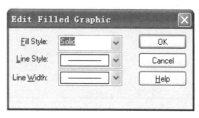

图 6-217　"Edit Filled Graphic（编辑填充图形）"对话框

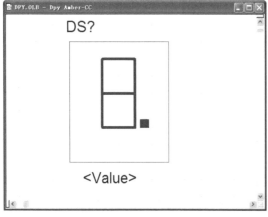

图 6-218　矩形填充效果

图 6-219　"Place Pin Array（放置阵列引脚）"对话框

单击按钮，选择默认设置。

7）此时光标上带有一组引脚的浮动虚影，移动光标到目标位置，单击鼠标即可将该引脚放置到图样上，结果如图 6-220 所示。按照要求将阵列的引脚放置到矩形外框两侧，结果如图 6-221 所示。

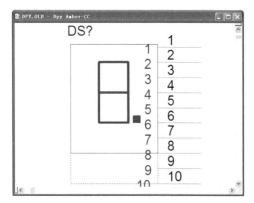

图 6-220　放置引脚

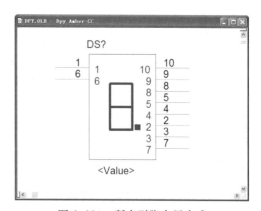

图 6-221　所有引脚布局完成

8）编辑引脚属性。框选所有引脚，在弹出的对话框中设置其属性，如图 6-222 所示。最后得到如图 6-223 所示的元件符号图。

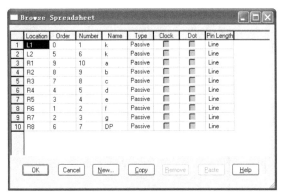

图 6-222　设置引脚属性

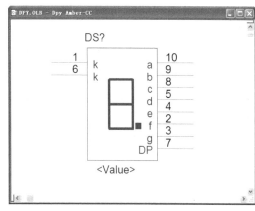

图 6-223　所有引脚放置完成

 提示：

在 Cadence 中，引脚名称上的横线表示该引脚负电平有效。在引脚名称上添加横线的方法是在输入引脚名称时，每输入一个字符后，紧跟着输入一个"＼"字符，例如要在 OE 上加一个横线，就可以将其引脚名称设置为"O\E\"。

9）编辑元件参数

在工作区双击"Value"，弹出"Display Properties"（显示属性）对话框，将元件的注释设置为"Dpy Amber - CC"，如图 6-224 所示。

10）单击 [　OK　] 按钮，完成元件属性设置，这样"Dpy Amber - CC"元件便设计完成了，如图 6-225 所示。

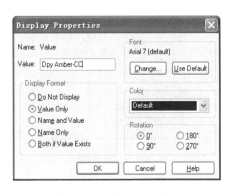

图 6-224　设置元件属性

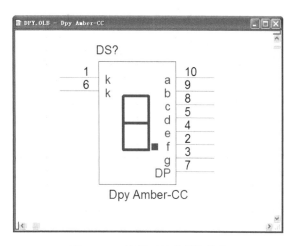

图 6-225　编辑元件的属性信息

11）绘制元件 PS7219。①选择菜单栏中的"Design（设计）"→"New Part（新建元

件）”命令，或单击右键在弹出的快捷菜单中选择“New Part（新建元件）”命令，弹出如图 6-226 所示的“New Part Properties（新建元件属性）”对话框，输入元件名为 PS7219，在该对话框中可以添加元件名称，索引标示。②单击 OK 按钮，关闭对话框，进入元件编辑环境。

12）绘制元件外框。首先适当调整虚线框，适当调大，选择菜单栏中的“Place（放置）”→“Rectangle（矩形）”命令，或单击“Draw（绘图）”工具栏中的“Place rectangle（放置矩形）”按钮，沿虚线边界线绘制矩形，如图 6-227 所示。

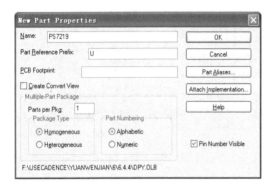

图 6-226　“New Part Properties（新建元件属性）”对话框

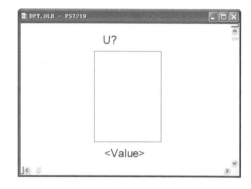

图 6-227　绘制元件外形

13）放置引脚。选择菜单栏中的“Place（放置）”→“Pin Array（阵列引脚）”命令，弹出如图 6-228 所示的“Place Pin Array（放置阵列引脚）”对话框，设置阵列引脚属性。

单击 OK 按钮，选择默认设置。

14）此时光标上带有一组引脚的浮动虚影，移动光标到矩形左侧，单击鼠标即可将该引脚放置到图样上，在矩形右侧单击放置引脚组，结果如图 6-229 所示。

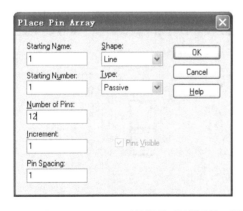

图 6-228　“Place Pin Array（放置阵列引脚）”对话框

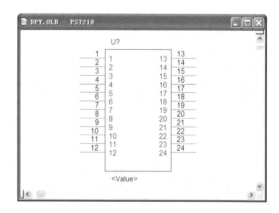

图 6-229　放置引脚

15）编辑引脚属性。框选所有引脚，在弹出的对话框中设置其属性，如图 6-230 所示，最后得到图 6-231 所示的元件符号图。

16）编辑元件参数。在工作区双击“Value”，弹出“Display Properties”（显示属性）

对话框，将元件的注释设置为"PS2719"，如图 6-232 所示。

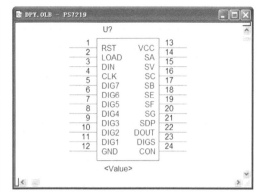

图 6-230　设置引脚属性　　　　　　　　　　图 6-231　编辑引脚

17）单击 OK 按钮，完成元件属性设置，如图 6-233 所示，保存元件。
打开项目管理器，在 dpy.olb 元件库下包含两个元件，如图 6-234 所示。

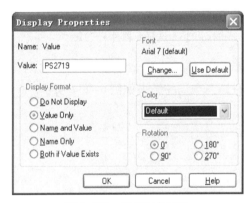

图 6-232　设置元件属性　　　　　　　　　图 6-233　编辑元件的属性信息

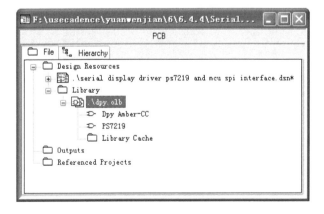

图 6-234　项目管理器

## 6. 放置元件

打开"Place Part（放置元件）"面板，在当前元器件库名称栏中选择新建的

"DPY. olb"，在元器件列表中选择自己绘制的"Dpy Amber – CC"、"PS7219"原理图符号，将其放置到原理图上，如图6-235、图6-236所示。

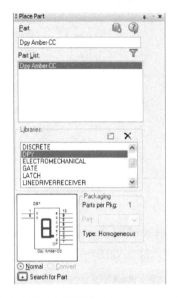 

图6-235　选择元器件 Dpy Amber – CC　　　　图6-236　选择元器件 PS7219

放置外围元件。在"DISCRETE. OLB"元件库中找出"R2"、"CAP NP"、"ZTA"，然后将它们都放置到原理图中，再对这些元件进行布局，布局的结果如图6-237所示。

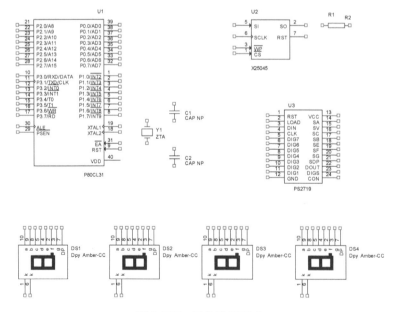

图6-237　元件放置完成

### 7. 绘制总线

1）选择菜单栏中的"Place（放置）"→"Bus（总线）"命令，或单击"Draw（绘图）"工具栏中的"Place bus（放置总线）"按钮，也可以按下快捷键〈B〉，激活总线操作，这时鼠标变成十字形状。单击鼠标确定总线的起点，按住鼠标左键不放，拖动鼠标画出总线，将 DPY. OLB 库中 Dpy Amber – CC 芯片上的管脚与 PS7219 芯片上的引脚连接起来，如图 6–238 所示。

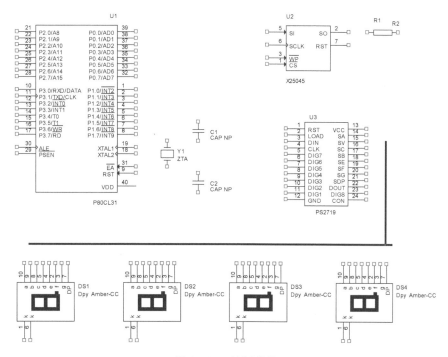

图 6–238　绘制总线

 提示：

在绘制总线时，要使总线离芯片针脚有一段距离，这是因为还要放置总线分支，如果总线放置得过于靠近芯片引脚，则在放置总线分支的时候就会有困难。

2）放置总线分支。选择菜单栏中的"Place（放置）"→"Bus Entry（总线分支）"命令，或单击"Draw（绘图）"工具栏中的"Place bus entry（放置总线分支）"按钮▲，用总线分支将芯片的引脚和总线连接起来，如图 6–239 所示。

 提示：

在放置总线分支时，总线分支方向有时是不一样的，例如在图 6–171 中，左边的总线分支向右倾斜，而右边的总线分支向左倾斜。在放置时只需要按〈R〉键就可以改变总线分支的朝向，总线分支一端连接总线，另一段不能直接连接元件引脚，需要经过导线过度。

**8. 绘制导线**

选择菜单栏中的"Place（放置）"→"Wire（导线）"命令，或单击"Draw（绘图）"工具栏中的"Place wire（放置导线）"按钮，绘制除了总线之外的其他导线，如图 6-240 所示。

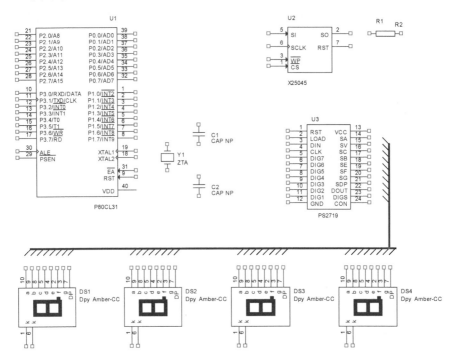

图 6-239　放置总线分支

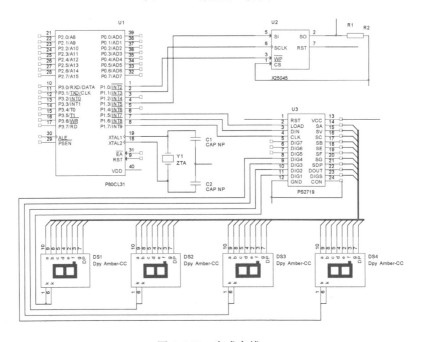

图 6-240　完成布线

## 9. 放置网络标签

选择菜单栏中的"Place（放置）"→"Net Alias（网络名）"命令，或单击"Draw（绘图）"工具栏中的"Place net alias（放置网络名）"按钮，弹出"Place Net Alias（放置网络名)"对话框,如图6-241所示。在该对话框中输入标签名称RST。

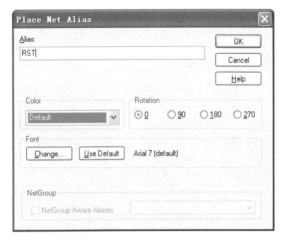

图6-241 编辑网络标签

单击 OK 按钮,将网络标签放置到导线上,结果如图6-242所示。

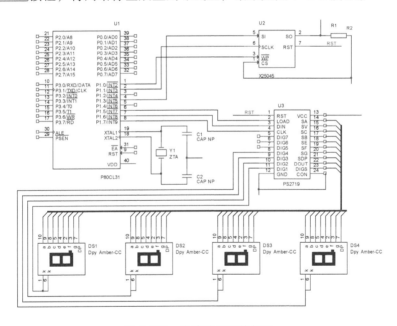

图6-242 完成放置网络标签

**10. 添加接地、电源符号**

选择菜单栏中的"Place(放置)"→"Ground(接地)"命令,或单击"Draw(绘图)"工具栏中的"Place ground(放置接地)"按钮👇,在弹出的对话框中选择接地、电源符号,然后向电路中添加接地、电源符号,如图6-243所示。

**11. 放置忽略 ERC 检查测试点**

选择菜单栏中的"Place(放置)"→"No Connect(不连接)"命令,或单击"Draw(绘图)"工具栏中的"Place no connect(放置不连接符号)"按钮🗵,放置忽略 ERC 检查测试点,如图6-244所示。

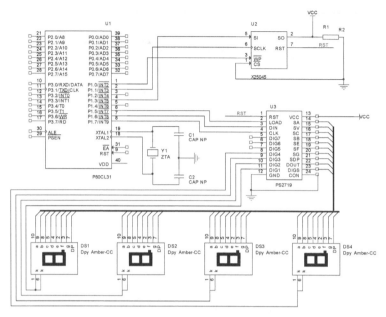

图 6-243　添加原理图符号

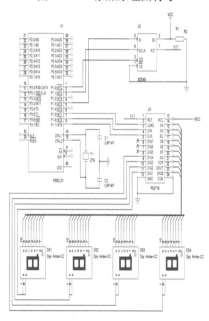

图 6-244　放置忽略 ERC 检查测试点

在本例中，重点介绍了总线的绘制方法。总线需要有总线分支和网络标签来配合使用。总线的适当使用，可以使原理图更规范、更整洁、更美观。

## 6.4.5　存储器接口电路

本例主要讲述自下而上的层次原理图设计。在电路的设计过程中，有时候会出现一种情况，即事先不能确定端口的情况，这时候就不能将整个工程的母图绘制出来，因此自上而下的方法就不能胜任了。

**1. 新建原理图页**

1）在 Cadence 主窗口中，选择菜单栏中的"Files（文件）"→"New"（新建）→"Project（工程）"命令，或单击"Capture"工具栏中的"Create document（新建文件）"按钮，弹出"New Project（新建工程）"对话框，创建工程文件"USB. dsn"，如图6-245所示。在该工程文件夹下，默认创建图样文件SCHEMATIC1，在该图样子目录下自动创建原理图页PAGE1。

2）选中图样页文件PAGE1，选择菜单栏中的"Design（设计）"→"Rename（重命名）"命令，或右击鼠标选择快捷菜单中的"Rename（重命名）"命令，弹出"Rename Page（重命名图页）"对话框，保存图页文件名称为"Storage"，完成原理图页文件的重命名。

3）在项目管理器上选中"SCHEMATIC1"，右击鼠标在弹出的快捷菜单中选择"New Page（新建图页）"命令，弹出对话框，在"Name（名称）"文本框中显示新建页的名称"Addressing＊"，单击 OK 按钮，完成第2页原理图的创建，如图6-246所示。

图6-245 "New Project（新建工程）"对话框

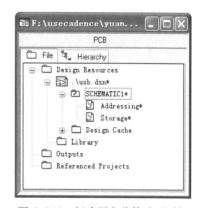

图6-246 新建页名称修改对话框

**2. 绘制子原理图 Storage**

1）在项目管理器中双击图页"Storage"，进入原理图编辑环境，按照前面讲解的方法摆放元器件，如图6-247所示。

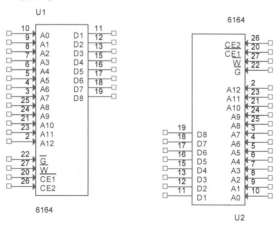

图6-247 新建页上摆放元件

2）选择菜单栏中的"Place（放置）"→"Hierarchical Port（电路端口）"命令，或单击"Draw（绘图）"工具栏中的"Place port（放置电路端口）"按钮，添加电路图I/O端口，弹出如图 6-248 所示的对话框，选择左向端口，并将其放置到原理图中，输入名称 OE，在图样中放置端口，按〈R〉键旋转端口，在对应位置单击鼠标，完成端口的放置。

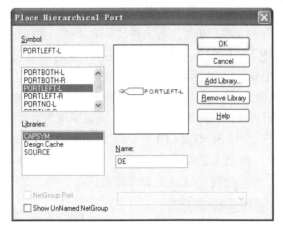

图 6-248　I/O 端口对话框

 提示：

可继续放置端口，在放置下一个端口过程中，需要修改端口名称，右击鼠标选择 "Edit Properties（编辑属性）" 命令，弹出如图 6-249 所示的 "Edit Hierarchical Port（编辑层次端口）" 对话框，在该对话框中可以修改端口参数。

使用同样的方法放置其余端口，最终结果如图 6-250 所示。

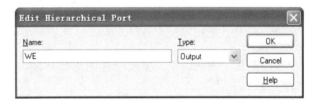

图 6-249　"Edit Hierarchical Port（编辑层次端口）" 对话框

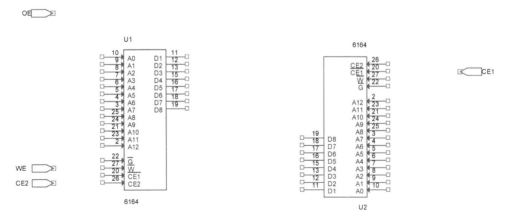

图 6-250　放置电路端口

186

3）绘制导线。选择菜单栏中的"Place（放置）"→"Wire（导线）"命令，或单击"Draw（绘图）"工具栏中的"Place wire（放置导线）"按钮，绘制除了总线之外的其他导线，如图6-251所示。

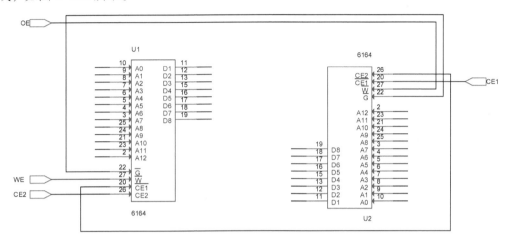

图6-251　完成布线

4）绘制总线。选择菜单栏中的"Place（放置）"→"Bus（总线）"命令，或单击"Draw（绘图）"工具栏中的"Place bus（放置总线）"按钮，也可以按下快捷键〈B〉，这时鼠标变成十字形状，激活总线操作，放置好的总线如图6-252所示。

5）放置总线分支。选择菜单栏中的"Place（放置）"→"Bus Entry（总线分支）"命令，或单击"Draw（绘图）"工具栏中的"Place bus entry（放置总线分支）"按钮，用总线分支将芯片的引脚和总线连接起来，在放置过程中按〈R〉键旋转总线分支，如图6-253所示。

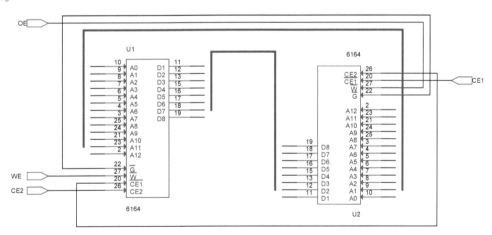

图6-252　放置总线

6）放置网络标签。选择菜单栏中的"Place（放置）"→"Net Alias（网络名）"命令，或单击"Draw（绘图）"工具栏中的"Place net alias（放置网络名）"按钮，弹出"Place Net Alias（放置网络名）"对话框，如图6-254所示。在该对话框中输入标签名称 A0。

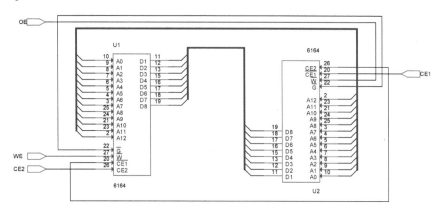

图 6-253　放置总线分支

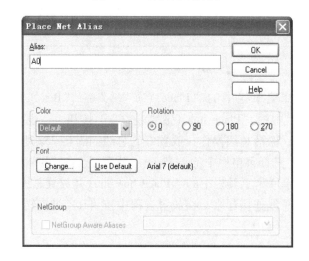

图 6-254　编辑网络标签

单击 OK 按钮，这时鼠标上带有一个初始标号，移动鼠标光标，将网络标签放置到总线分支上，依次放置递增的网络标签，结果如图 6-255 所示。

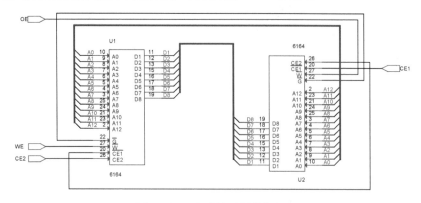

图 6-255　完成放置网络标签

### 3. 绘制子原理图 Addressing

1）在项目管理器中双击图页"Addressing"，进入原理图编辑环境，按照前面讲解的方法摆放元器件，如图 6-256 所示。

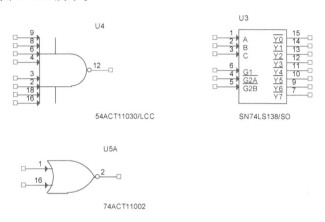

图 6-256　新建页 Addressing 上摆放元件

2）选择菜单栏中的"Place（放置）"→"Hierarchical Port（电路端口）"命令，或单击"Draw（绘图）"工具栏中的"Place port（放置电路端口）"按钮，添加电路图 I/O 端口，弹出端口选择对话框，并将选择的端口放置到原理图中，使用同样的方法放置其余端口，最终结果如图 6-257 所示。

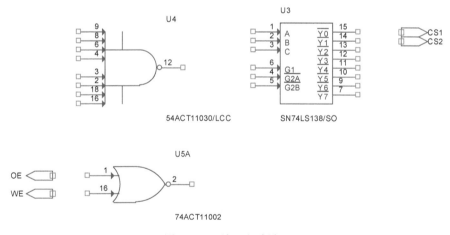

图 6-257　放置电路端口

3）选择菜单栏中的"Place（放置）"→"Wire（导线）"命令，或单击"Draw（绘图）"工具栏中的"Place wire（放置导线）"按钮，连接接地符号与对应接线端，至此完成原理图的绘制，如图 6-258 所示。

4）选择菜单栏中的"Place（放置）"→"Net Alias（网络名）"命令，或单击"Draw（绘图）"工具栏中的"Place net alias（放置网络名）"按钮，弹出"Place Net Alias（放置网络名）"对话框，将网络标签放置到导线上，依次放置递增的网络标签，结果如图 6-259所示。

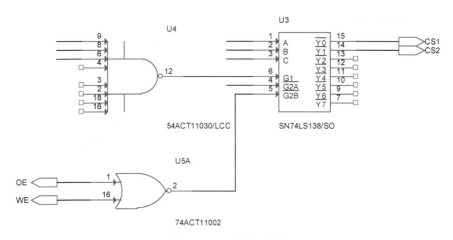

图 6-258　连接电路图

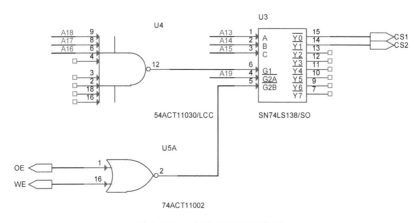

图 6-259　完成放置网络标签

**4. 生成层次块元件**

1）打开项目管理器窗口，选中图样文件"Addressing"，选择菜单栏中的"Tools（工具）"→"Generate Part（生成图表符元件）"命令，弹出如图6-260所示的"Generate Part（生成图表符元件）"对话框，在"Part name（元件名称）"文本框中输入层次块名称 Addressing，其余选项选择默认，单击 OK 按钮，完成层次块设置。

2）弹出如图6-261所示的对话框，设置层次块元件的引脚信息，单击 Save 按钮，关闭对话框，完成子原理图到层次块的转换。

3）选中图样文件"Storage"，选择菜单栏中的"Tools（工具）"→"Generate Part（生成图表符元件）"命令，弹出如图6-262所示的"Generate Part（生成图表符元件）"对话框，在"Part name（元件名称）"文本框中输入层次块名称 Storage，其余选项选择默认，单击 OK 按钮，完成层次块设置。

4）弹出如图6-263所示的对话框，设置层次块元件的引脚信息，选中5、6、7、8引脚，单击 Delete Pins ，删除多余引脚，如图6-263所示，单击 Save 按钮，关闭对话框，完成子原理图到层次块的转换。

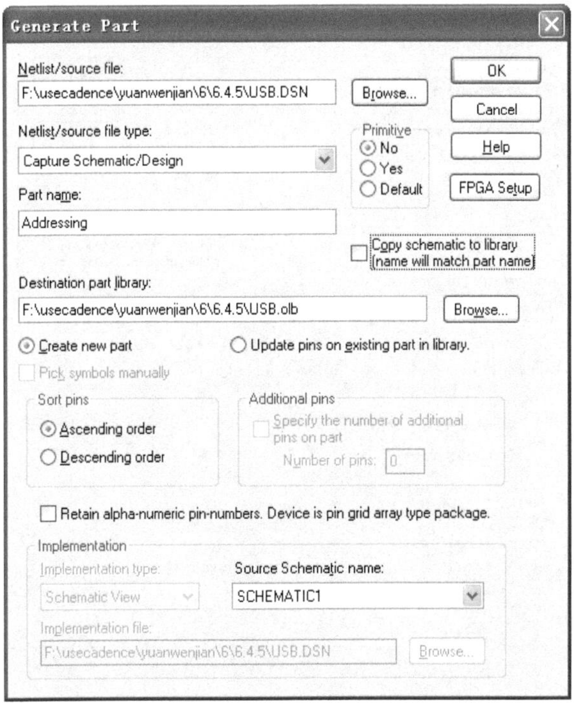

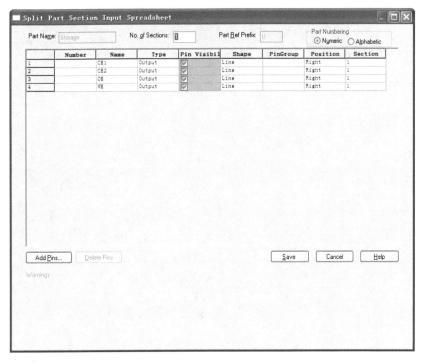

图 6-260  "Generate Part（生成图表符元件）"对话框

图 6-261  "Split Part Section Input Spreadsheet"对话框

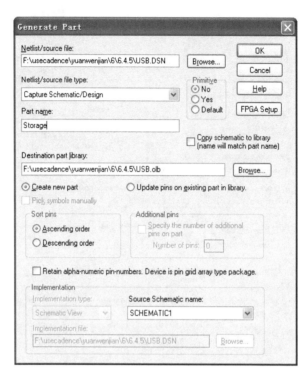

图 6-262 "Generate Part（生成图表符元件）"对话框

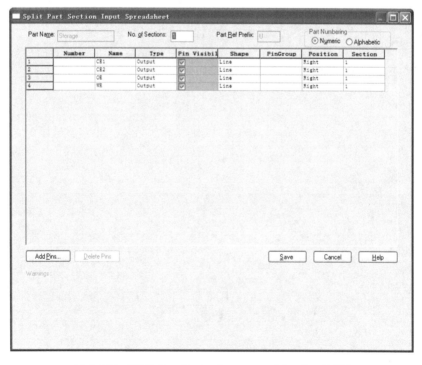

图 6-263 "Split Part Section Input Spreadsheet"对话框

在项目管理器生成的元件库下显示两个层次块元件，如图 6-264 所示。

**5. 绘制顶层电路图**

1）在项目管理器上选中"SCHEMATIC1"，右击鼠标弹出快捷菜单，选择"New Page（新建图页）"命令，弹出如图 6-265 所示的对话框，在"Name（名称）"文本框中输入新建页的名称 TOP，单击 OK 按钮，完成第 3 页原理图的创建。

2）双击图页 CPU，进入原理图编辑环境。在"Place Part（放置元件）"面板"Library（库）"选项组下显示系统自动加载的转换层次块元件，并保存在与当前项目文件名称同名的元件库中，如图 6-266 所示。

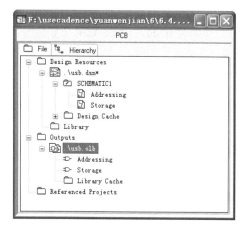

图 6-264　项目管理器

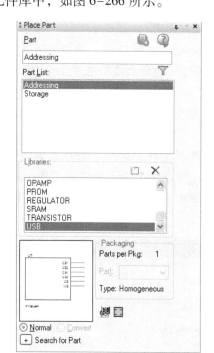

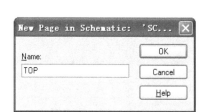

图 6-265　新建页名称修改对话框　　图 6-266　"Place Part（放置元件）"面板

3）将该库中的层次块放置到原理图中，结果如图 6-267 所示。

图 6-267　放置层次块元件

4）选择菜单栏中的"Place（放置）"→"Wire（导线）"命令，或单击"Draw（绘图）"工具栏中的"Place wire（放置导线）"按钮，连接原理图，如图 6-268 所示。

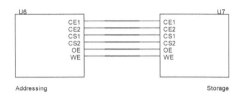

图 6-268　完成原理图绘制

## 6.4.6　声控变频器电路

在层次化原理图中，表达子图之间的原理图被称为母图，首先在母图中按照不同的功能将原理图划分成一些子模块，采取一些特殊的符号和概念来表示各张原理图之间的关系。本例主要讲述自顶向下的层次原理图设计，完成层次原理图中母图和子图的设计。

### 1. 新建原理图页

1）在 Cadence 主窗口中，选择菜单栏中的"Files（文件）"→"New（新建）"→"Project（工程）"命令，或单击"Capture"工具栏中的"Create document（新建文件）"按钮，弹出"New Project（新建工程）"对话框，创建工程文件"Transducer. dsn"，如图 6-269 所示。在该工程文件夹下，默认创建图样文件 SCHEMATIC1，在该图样子目录下自动创建原理图页 PAGE1。

2）选中图样文件 PAGE1，选择菜单栏中的"Design（设计）"→"Rename（重命名）"命令，或右击鼠标选择快捷菜单中的"Rename（重命名）"命令，弹出"Rename Page（重命名图页）"对话框，保存图页文件名称为"Top"，完成原理图页文件的重命名，如图 6-270 所示。

图 6-269　"New Project"对话框

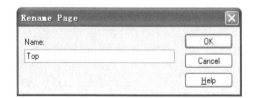

图 6-270　"Rename Page（重命名图页）"对话框

**2. 放置层次块**

1）选择菜单栏中的"Place（放置）"→"Hierarchical Block（图表符）"命令，弹出如图 6-271 所示的对话框，在"Reference（参考）"文本框输入"Power"，在"Implementation Type（内层电路类型）"栏的下拉菜单中选择"Schematic View"，在"Implementation name（内层电路图名）"文本框输入"Power. sch"。

单击 OK 按钮，关闭对话框，放置图表符 Power。

2）选择菜单栏中的"Place（放置）"→"Hierarchical Block（图表符）"命令，弹出如图 6-272 所示的对话框，在"Reference（参考）"文本框输入"FC"，在"Implementation Type（内层电路类型）"栏的下拉菜单中选择"Schematic View"，在"Implementation name（内层电路图名）"文本框输入"FC. sch"。

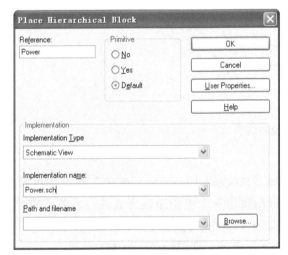

图 6-271　放置图表符对话框

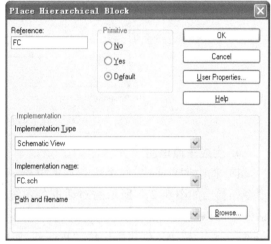

图 6-272　放置图表符对话框

单击 OK 按钮，关闭对话框，放置图表符 FC，如图 6-273 所示。

3）选中"Power"图表符，选择菜单栏中的"Place（放置）"→"Hierarchical Pin（图样入口）"命令，或者单击"Draw（绘图）"工具栏中的"Place H Pin（放置图样入口）"按钮，添加图样入口，弹出如图 6-274 所示的对话框，在"Name（名称）"栏输入图样入口名称，单击 OK 按钮，在"Power"的图表符内放置图样入口。

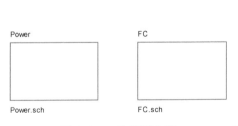

图 6-273　放置图表符

图 6-274　"Place Hierarchical Pin（放置图样入口）"对话框

用同样的方法，放置其余图样入口，结果如图 6-275 所示。

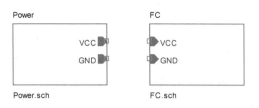

图 6-275　放置图样入口

### 3. 原理图设计

选择菜单栏中的"Place（放置）"→"Wire（导线）"命令，或单击"Draw（绘图）"工具栏中的"Place wire（放置导线）"按钮，对原理图进行布线操作，结果如图 6-276 所示。

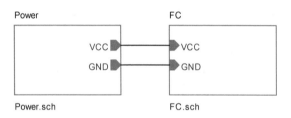

图 6-276　绘制结果

### 4. 生成子原理图

1）选中"Power"层次块，右击鼠标，选择"Descend Hierarchy（生成下层电路层）"命令，弹出如图 6-277 所示的对话框，系统会自动创建一个电路原理图文件夹，弹出的对话框中可以修改创建电路原理图文件夹的名称，在"Name（名称）"栏中输入"Power"，单击 OK 按钮，创建层次块"Power"对应的下层电路，如图 6-278 所示。

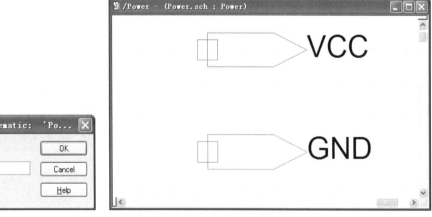

图 6-277　修改下层电路图名称　　　　　图 6-278　Logic 层次块对应的下层电路

2）用同样的方法创建层次块"FC"对应的子原理图，如图 6-279 所示。

3）与此同时，在项目管理器中产生了新的电路图 Power. sch：Power 和 FC. sch：FC，如图 6-280 所示。

196

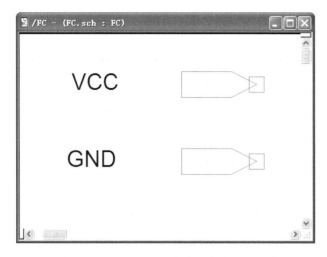

图 6-279  Peripheral 层次块对应的下层电路　　　　　　图 6-280  项目管理器窗口

**5. 绘制子原理图 Power**

1）在项目管理器中双击图页"Power"，进入原理图编辑环境，按照前面讲解的方法摆放元器件，如图 6-281 所示。

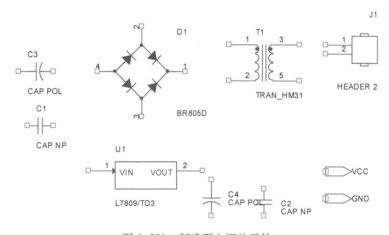

图 6-281  新建页上摆放元件

2）选择菜单栏中的"Place（放置）"→"Wire（导线）"命令，或单击"Draw（绘图）"工具栏中的"Place wire（放置导线）"按钮，连接接地符号与对应接线端，如图 6-282 所示。

至此完成子原理图绘制。

**6. 绘制子原理图 FC**

1）在项目管理器中双击图页"FC"，进入原理图编辑环境，按照前面讲解的方法摆放元器件，如图 6-283 所示。

2）选择菜单栏中的"Place（放置）"→"Wire（导线）"命令，或单击"Draw（绘图）"工具栏中的"Place wire（放置导线）"按钮，连接接地符号与对应接线端，至此完成原理图的绘制，如图 6-284 所示。

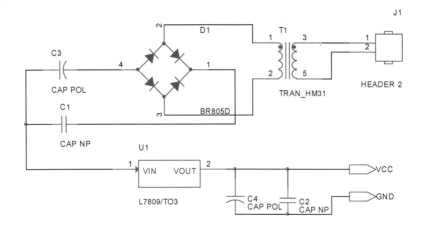

图 6-282 连接电路图

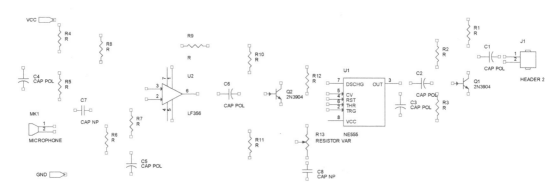

图 6-283 在新建图页 FC 上摆放元件

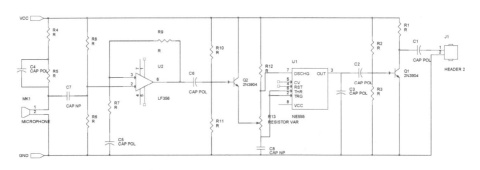

图 6-284 完成图页 "FC" 绘制

## 6.4.7 扫描特性电路

### 1. 建立工作环境

1）在 Cadence 主窗口中，选择菜单栏中的 "Files（文件）" → "New" （新建）→ "Project（工程）" 命令，或单击 "Capture" 工具栏中的 "Create document（新建文件）" 按钮▣，弹出如图 6-285 所示的 "New Project（新建工程）" 对话框，选择原理图类型为 "Analog or Mixed A/D"，输入文件名称为 "Scanning Properties"。

2）单击 OK 按钮，弹出如图 6-286 所示的"Create PSpice Project"对话框，选择"Create a blank project"单选钮，单击 OK 按钮，进入原理图项目管理器状态。

图 6-285 "New Project（新建工程）"对话框          图 6-286 "Create  Pspice Project"对话框

在该工程文件夹下，默认创建图样文件 SCHEMATIC1，在该图样子目录下自动创建原理图页 PAGE1。

**2. 设置图样参数**

选择菜单栏中的"Options（选项）"→"Design Template（设计向导）"命令，系统将弹出"Design Template（设计向导）"对话框，打开"Page Size（页面设置）"选项卡，如图 6-287 所示。

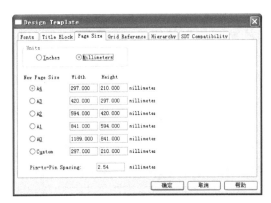

图 6-287 "Design Template（设计向导）"对话框

在此选项卡中对图样参数进行设置。在"Units（单位）"栏选择单位为"Millimeters（公制）"，页面大小选择"A4"。单击"确定"按钮，完成图样属性设置。

**3. 加载元件库**

选择菜单栏中的"Place（放置）"→"Part（元件）"命令，或单击"Draw（绘图）"工具栏中的"Place part（放置元件）"按钮，打开"Place Part（放置元件）"面板，在"Libraraies（库）"选项组下加载需要的元件库 DISCRETE. OLB 和 SOURCE. OLB，如图 6-288 所示。

图 6-288　加载需要的元件库

**4. 放置元件**

1）选择"Place Part（放置元件）"面板，在其中浏览刚刚加载的元件库 Source. OLB，将库中的正弦电压源 VSIN 放置到原理图上。

2）在 DISCRETE. OLB 库中找到 RESISTOR VAR、CAP NP 和 INDUCTOR，然后将它们都放置到原理图中，再对这些元件进行布局，布局的结果如图 6-289 所示。

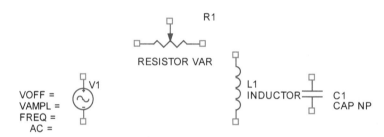

图 6-289　元件放置

**5. 绘制导线**

选择菜单栏中的"Place（放置）"→"Wire（导线）"命令，或单击"Draw（绘图）"工具栏中的"Place wire（放置导线）"按钮，绘制除了总线之外的其他导线，如图 6-290 所示。

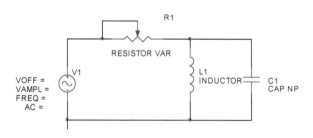

图 6-290　完成布线

**6. 放置网络标签**

选择菜单栏中的"Place（放置）"→"Net Alias（网络名）"命令，或单击"Draw（绘图）"工具栏中的"Place net alias（放置网络名）"按钮，弹出"Place Net Alias（放置网络名）"对话框，将网络标签放置到总线分支上，依次放置递增的网络标签，结果如图 6-291 所示。

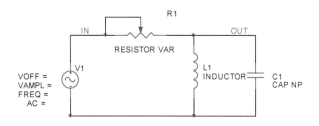

图 6-291　完成放置网络标签

## 7. 添加接地符号

选择菜单栏中的"Place（放置）"→"Ground（接地）"命令，或单击"Draw（绘图）"工具栏中的"Place ground（放置接地）"按钮 ，在弹出的对话框中选择接地符号，然后向电路原理图中添加接地符号，如图 6-292 所示。

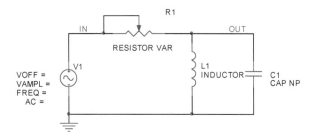

图 6-292　完成的原理图

# 第7章  原理图的后续处理

学习了原理图绘制的方法和技巧后，接下来将介绍原理图的后续处理。如设计规则检查、报表文件的生成，只有经过层层检查，设计出符合需要和规则的电路原理图，才能对其顺利进行仿真分析，最终变为可以用于生产的 PCB 文件。

 **知识点**

- 设计规则检查
- 报表输出
- 打印输出

## 7.1  设计规则检查

完成原理图绘制后，需要进行 DRC，即进行设计规则检查，该检查是对原理图进行通篇检查，确认电气连接、逻辑功能、电源连接是否正确。

选择菜单栏中的"Tools（工具）"→"Design Rules Check（设计规则检查）"命令，或单击"Capture"工具栏中的"Design rule check（设计规则检查）"按钮，打开"Design Rules Check（设计规则检查）"对话框，如图 7-1 所示，该对话框包括"Design Rules Options（设计规则选项）"选项卡、"Electrical Rules（电气规则）"选项卡、"Physical Rules（物理规则）"选项卡和"ERC Matrix（ERC 矩阵）"选项卡。

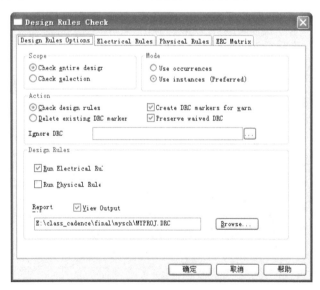

图 7-1  "Design Rules Check（设计规则检查）"对话框

**1. "Design Rules Options（设计规则选项）"选项卡**

1）在"Scope（范围）"选项组中，可以选择检查完整的电路图系或检查电路图系中选取的电路图。

2）在"Mode（模式）"选项组中，可以选择所有实体（推荐）或选择所有事件。

- "Use occurrences"：事件，指的是在绘图页内同一实体出现多次的实体电路。在复杂层次电路中，子方块电路重复使用了 n 次，就形成了 n 次事件；
- "Use instances（Preferred）"：实体（推荐），是指放在绘图页内的元件符号。复杂层次电路中的子方块电路内本身的元件却是实体。

3）在"Action（功能）"选项组中，选择要求进行规则检查或删除 DRC 后在电路图上产生的记号。

- "Create DRC makers for warn"：设置进行 DRC 时，若发现错误，则在错误之处放置警告标志。

4）在"Design Rules（设计规则）"选项组中，选择进行"电气规则"检查或"物理规则"检查。

- "Run Electrical Rules"：勾选此复选框，运行电气规则，可打开"Electrical Rules（电气规则）"选项卡，如图 7-2 所示，设置要检查的电气规则。

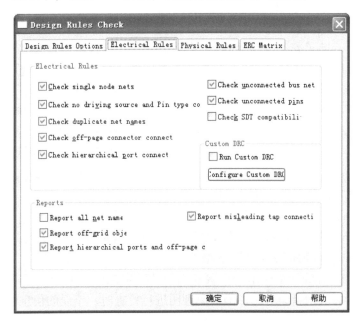

图 7-2 "Electrical Rules（电气规则）"选项卡

- Run Physical Rules：勾选此复选框，运行物理规则。可打开"Physical Rules（物理规则）"选项卡，如图 7-3 所示，设置要检查的电气规则。

5）在"Report（报告）"选项组中，指定所要检查的电路原理图。

- "View Output"：勾选此复选框，输出检查结果。

**2. "Electrical Rules（电气规则）"选项卡**

- "Check off－page connector connection"：勾选此复选框，设置检查平坦式电路图各电

路图间的电路端口连接器是否相符。在进行平坦式电路图检查时，必须选中该项。

图 7-3 "Physical Rules（物理规则）"选项卡

- "Check hierarchical port connection"：勾选此复选框，设置检查层次式电路图端口连接时，电路方块图 I/O 端口与其内层电路的电路图 I/O 端口是否相符。
- "Check unconnected net"：勾选此复选框，检查未连接的网络。
- "Check SDT cornpatibility"：勾选此复选框，检查与 SDT 电路图的兼容性。
- "Report all net names"：勾选此复选框，列出所有网络的名称。
- "Report off – grid objects"：勾选此复选框，列出未放置在格点上的图件。
- "Report hierarchical ports and off – page connectors"：勾选此复选框，要求程序列出所有的电路端口连接器及电路图 I/O 端口。
- "Report invalid packaging"：勾选此复选框，检查无效的封装。
- "Report identical part references"：勾选此复选框，检查是否有重复的元件序号。

**3. "ERC Matrix（ERC 矩阵）"选项卡**

打开该选项卡，如图 7-4 所示，设置规则矩阵。在该选项卡中，用户可以定义一切与违反电气连接特性有关的错误等级。当对原理图进行检查时，错误的信息将在原理图中显示出来。要想改变错误等级的设置，单击对话框中的方块即可，每单击一次改变一次，可循环切换。

其中，Y 轴的项目代表该列所连接的端点；斜边上的各项代表该行所连接的端点；交叉方块表示该行的端点与该列的端点相连接时，程序所作出的反应。

交叉方块的 3 种显示状态表示不同错误等级：空白表示"No Report（不显示错误）"、黄色标有 W 的方块表示"Warning（警告）"、红色标有 E 的方块表示"Error（错误）"。

经检查过的原理图会在"Session log"窗口中显示检查信息。认真阅读每一个错误，根据错误或警告提示返回原理图修改。

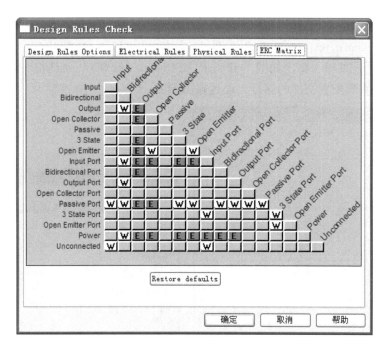

图 7-4　规则检查矩阵

## 7.2　报表输出

Cadence 具有丰富的报表功能，可以方便地生成各种不同类型的报表。创建元件报表的操作均是在项目管理窗口下进行的。

### 7.2.1　生成网络表

网络表有多种格式，通常为一个 ASCII 码的文本文件，网络表用于记录和描述电路中的各个元件的数据以及各个元件之间的连接关系。

绘制原理图的目的不止是按照电路要求连接元件，最终目的是要设计出电路板。要设计电路板，就必须建立网络表，对于 Capture 来说，生成网络表是它的一项特殊功能。在 Capture 中，可以生成多种格式的网络表，在 Allegro 中，网络表是进行 PCB 设计的基础。

只有通过正确的原理图才可以创建完整无误的网络表，从而进行 PCB 设计。而原理图绘制完成后，无法用肉眼直观地检查出错误，需要进行 DRC 检查、元件自动编号、属性更新等操作，完成这些步骤后，才可进行网络表的创建。

1. 打开项目管理器窗口，并将其置为当前，选中需要创建网络表的电路图文件。

2. 选择菜单栏中的"Tools（工具）"→"Create Netlist（创建网络表）"命令，或单击"Capture"工具栏中的"Creat netlist（生成网络表）"按钮，弹出如图 7-5 所示的"Create Netlist（创建网络表）"对话框。该对话框中有 9 个选项卡，在不同的选项卡中可以生成不同的网络表。打开"PCB Editor（PCB 编辑器）"选项卡，设置网络表属性，下面对该选项卡中各区域功能进行介绍。

（1）PCB Footprint 选项组

1）在"Combined property（组合属性）"文本框中显示封装默认名"PCB Footprint"，单击右侧的 Setup ... 按钮，弹出如图 7-6 所示的"Setup（设置）"对话框，在该对话框中可以修改、编辑、查看配置文件的路径，设置输出参数。

图 7-5 "Create Netlist（创建网络表）"对话框        图 7-6 "Setup（设置）"对话框

2）在"Configuration File（配置文件）"文本框中可以显示文件路径。在"Bachup Versions（备份版本）"列表框中默认为 3。勾选"Output Warnings（输出警告）"复选框，若原理图有误，在输出的网络表中将显示错误警告信息；若不勾选则即使原理图检查有误，也不显示错误信息。勾选"Ignore Electrical constraints（忽略电气约束）"复选框，则在输出的网络表中不显示电气约束信息；在"Suppress Warnings（抑制警告）"选项组下显示网络表中不显示的警告信息，在文本框中输入警告的名称，单击"Add（添加）"按钮，将该警告添加到列表框中，则在网络表输出时不显示该类型的警告信息，单击"Remove（移除）"按钮，删除选中的警告类型。

3）勾选"Create PCB Editor Netlist（创建 PCB 网络表）"复选框，可导出包含原理图中所有信息的三个网络表文件"pstchip. dat"、"pstxnet. dat"、"pstxprt. dat"；在下面的"Option（选项）"选项组中显示参数设置。

在"Netlist Files（网络表文件）"文本框中显示默认名称"allegro"，单击右侧 按钮，弹出如图 7-7 所示的"Select Directory（选择路径）"对话框。

在该对话框中选择 PST * . DAT 文件的路径，默认的位置为设计中指定的最后一次调用该对话框的目录。

勾选"View Output（显示输出）"复选框，自动打开 3 个网络表文件，并独立地显示在 Capture 窗口中。

4）勾选"Create or Update PCB Editor Board（Netrev）"复选框，图 7-8 所示的参数设置有效，可以更新或者创建 PCB 文件。

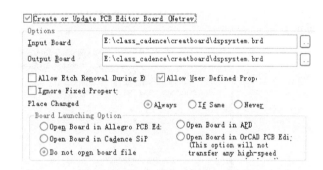

图 7-7 "Select Directory（选择路径）"对话框　　　　　图 7-8　参数设置

（2）"Option（选项）"选项组

1）在"Input Board（输入电路板）"与"Output Board（输出电路板）"文本框中显示要更新的 PCB 文件路径与名称。下面介绍关于输出的 PCB 文件参数设置选项：

- "Allow Etch Removal During ECO"：勾选此复选框，在新建的 PCB 文件中，允许删除需要重新布的线。
- "Allow User Defined Property"：勾选此复选框，在新建的 PCB 文件中允许用户自己定义属性。
- "Ignore Fixed Property"：勾选此复选框，在新建的 PCB 文件中忽略固定属性。

2）"Place Changed"：元件在原理图中放置改变时，在 PCB 中显示不同的状态。

- "Always"：在新建的 PCB 文件中对元件进行放置。
- "If Same"：若更新后的元件封装、值与更新前相同，则对元件进行布局，否则，原来的元件将从 PCB 中删除，新的元件重新放置。
- "Never"：在新建的 PCB 文件中对元件进行手动放置。

3）"Board Launching Option"：创建电路板选项，对应选项的含义：

- "Open Board In Allegro PCB Editor"：在 Allegro PCB 中打开电路板文件。
- "Open Board In Cadence Sip"：在 Cadence Sip 中打开电路板文件。
- "Open Board In APD PCB"：在 APD PCB 中打开电路板文件。
- "Open Board In OrCAD PCB Editor"：在 OrCAD PCB Editor 中打开电路板文件。
- "Do not open board file"：不打开电路板文件。

完成设置后，单击 确定 按钮，开始创建网络表，如图 7-9 所示。

4）若创建过程中出现错误，则弹出错误提示对话框，如图 7-10 所示，详细的错误信息显示在"Session Log"窗口中。

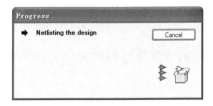

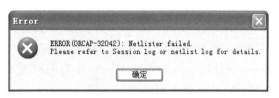

图 7-9　创建网络表　　　　　　　　　图 7-10　提示对话框

5）若创建无误，则生成三个网络表文件"pstchip. dat"、"pstxnet. dat"、"pstxprt. dat"，如图 7-11 ~ 图 7-13 所示。网络表文件在项目管理器中 Output 文件下显示，如图 7-14 所示。

```
d:\backup\我的文档\yuanwenjian\example\allegro\pstchip.dat
 1: FILE_TYPE=LIBRARY_PARTS;
 2: { Using PSTWRITER 16.6.0 d001Jan-09-2015 at 09:49:16}
 3: primitive 'CAP NP_CAP0603_0.1UF';
 4:   pin
 5:     '1':
 6:       PIN_NUMBER='(1)';
 7:       PINUSE='UNSPEC';
 8:     '2':
 9:       PIN_NUMBER='(2)';
10:       PINUSE='UNSPEC';
11:   end_pin;
12:   body
13:     PART_NAME='CAP NP';
14:     JEDEC_TYPE='cap0603';
15:     VALUE='0.1uF';
```

图 7-11　pstchip. dat 文件

```
d:\backup\我的文档\yuanwenjian\example\allegro\pstxnet.dat
 1: FILE_TYPE = EXPANDEDNETLIST;
 2: { Using PSTWRITER 16.6.0 d001Jan-09-2015 at 09:49:16 }
 3: NET_NAME
 4: 'N52922'
 5:   '@MYPROJ.SCHEMATIC1(SCH_1):N52922':
 6:   C_SIGNAL='@myproj.schematic1(sch_1):n52922';
 7: NODE_NAME    R60 2
 8:   '@MYPROJ.SCHEMATIC1(SCH_1):INS48629@DISCRETE.R.NORMAL(CHIPS)':
 9:   '2':;
10: NODE_NAME    C101 2
11:   '@MYPROJ.SCHEMATIC1(SCH_1):INS48791@DISCRETE.CAP NP.NORMAL(CHIPS)
12:   '2':;
13: NODE_NAME    R66 1
14:   '@MYPROJ.SCHEMATIC1(SCH_1):INS58497@DISCRETE.R.NORMAL(CHIPS)':
15:   '1':;
    NODE_NAME    N1 1
```

图 7-12　pstxnet. dat

```
d:\backup\我的文档\yuanwenjian\example\allegro\pstxprt.dat
    FILE_TYPE = EXPANDEDPARTLIST;
    { Using PSTWRITER 16.6.0 d001Jan-09-2015 at 09:49:16 }
    DIRECTIVES
    PST_VERSION='PST_HDL_CENTRIC_VERSION_0';
    ROOT_DRAWING='MYPROJ';
    POST_TIME='Sep 10 2012 04:46:09';
    SOURCE_TOOL='CAPTURE_WRITER';
    END_DIRECTIVES;

    PART_NAME
    C1 'CAP NP_CAP0603_0.1UF':;

    SECTION_NUMBER 1
    '@MYPROJ.SCHEMATIC1(SCH_1):INS253796@DISCRETE.CAP NP.NORMAL(CHIPS)':
    C_PATH='@myproj.schematic1(sch_1):ins253796@discrete.\cap np.normal\(chip
```

图 7-13　pstxprt. dat 文件

图 7-14　显示网络表文件

6）网络表还是连接电路图与 PCB 的桥梁，原理图的信息通过网络表导入到 PCB 中，将 Capture 设计的原理图载入 Allegro 中有两种方式：

- 第三方软件导入网络表的方式。
- 针对 Cadence 产品的直接导入方式，也称为新转法。

### 7.2.2　元器件报表

元器件报表主要用来列出当前工程中用到的所有元件的标识、封装形式、库参考等，相当于一份元器件清单。依据这份报表，用户可以详细查看工程中元件的各类信息，同时，在制作印制电路板时，也可以作为元件采购的参考。

**1. 打开材料报表对话框**

选择菜单栏中的"Tools（工具）"→"Bill of materials（材料报表）"命令，或单击"Capture"工具栏中的"Bill of materials（材料报表）"按钮，弹出如图7-15所示的"Bill of Materials（材料报表）"对话框，在该对话框中可以设置元件清单参数。

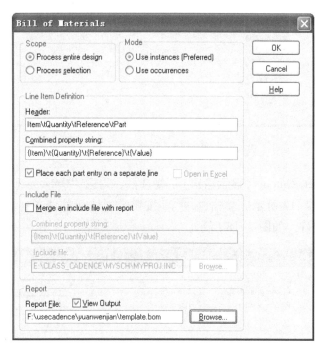

图7-15　"Bill of Materials（材料报表）"对话框

**2. 材料报表对话框中参数设置**

（1）"Scope（范围）"选项组

● "Process entire design"生成整个设计的元件清单。

● "Process selection"生成所选部分元件清单。

（2）"Mode（模式）"选项组

● "Use instances（Preferred）"使用当前属性（推荐）。

● "Use occurrences"使用事件属性。

（3）"Line Item Definition（定义元件清单内容）"选项组

● "Place each part entry on a separate line"：勾选此复选框，元件清单中每个元件信息占一行。

● "Open in Excel"：勾选此复选框，以 Excel 表格的形式打开文件。

（4）"Include Files（包含文件）"选项组

- "Merge an include file with report"：勾选此复选框，在元件清单中是否加入其他文件。
- 单击 OK 按钮，即可创建完成元件清单，如图7-16所示。同时在"Project Manager"项目中的"Outputs"目录下生成"template. bom"文件。

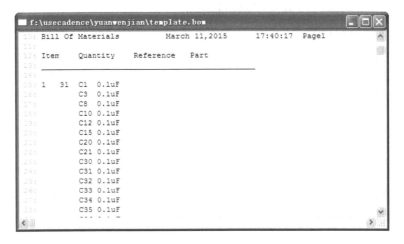

图7-16  元件清单

- 取消勾选"View Output（显示输出）"复选框，勾选"Open in Excel（用表格打开）"复选框，如图7-17所示，单击 OK 按钮，创建元件清单，在表格中打开"template. bom"文件，如图7-18所示。

图7-17  "Bill of Materials（材料报表）"对话框

| | A | B | C | D | E | F | G | H | I | J |
|---|---|---|---|---|---|---|---|---|---|---|
| 9 | | | | | | | | | | |
| 10 | Bill Of M | Page1 | | | | | | | | |
| 11 | | | | | | | | | | |
| 12 | Item | Quantity | Reference | Part | | | | | | |
| 13 | | | | | | | | | | |
| 14 | | | | | | | | | | |
| 15 | 1 | 31 | C1 | 0.1uF | | | | | | |
| 16 | | | C3 | 0.1uF | | | | | | |
| 17 | | | C8 | 0.1uF | | | | | | |
| 18 | | | C10 | 0.1uF | | | | | | |
| 19 | | | C12 | 0.1uF | | | | | | |
| 20 | | | C15 | 0.1uF | | | | | | |
| 21 | | | C20 | 0.1uF | | | | | | |
| 22 | | | C21 | 0.1uF | | | | | | |
| 23 | | | C30 | 0.1uF | | | | | | |
| 24 | | | C31 | 0.1uF | | | | | | |

就绪　　　　　　　\ template /　　　　　　　数字

图 7-18　表格文件

## 7.2.3　交叉引用元件报表

交互参考表显示元件所在元件库、元件库路径等详细信息。

选择菜单栏中的"Tools（工具）"→"Cross reference parts（交叉引用元件）"命令或单击"Capture"工具栏中的"Cross reference parts（交叉引用元件）"按钮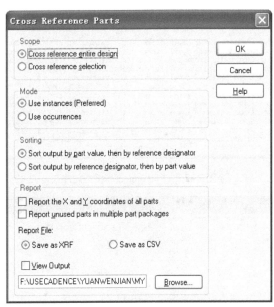，弹出如图 7-19 所示的"Cross Reference Parts（交叉引用元件）"对话框，在该对话框中可以设置交互参考表参数。

图 7-19　"Cross Reference Parts（交叉引用元件）"对话框

下面介绍该对话框中的参数设置。

**1. "Scope（范围）"选项组**

● "Cross reference entire design"：选择此单选钮，生成整个设计的交互参考表。

● "Cross reference selection"：选择此单选钮，生成所选部分电路图的交互参考表。

**2. "Mode（模式）"选项组**

- "Use instances（Preferred）"：选择此单选钮，使用当前属性（推荐）。
- "Use occurrences"：选择此单选钮，使用事件属性。

**3. "Sorting（排序）"选项组**

（1）"Sort output by part value, then by reference designator"：选择此单选钮，先报告"Value"后报告"reference"，并按"value"排序。

（2）"Sort output by reference designator, then by part value"：选择此单选钮，先报告"reference"后报告"Value"，并按"reference"排序。

**4. "Report（报告）"选项组**

（1）"Report the X and Y coordinates of all parts"：选择此单选钮，报告器件的X、Y坐标。

（2）"Report unused parts in multiple part packages"：选择此单选钮，报告一个封装里没有使用的器件。

单击 OK 按钮，即可生成交互参考表，在"Report Files（报告文件）"下选择"Save as XRF"或"Save as CSV"，分别将生成的报表文件保存为".xrf"或".csv格式，如图7-20、图7-21所示，系统分别产生"myproject.xrf"和"myproject.csv"两个文件，并加入到项目中。

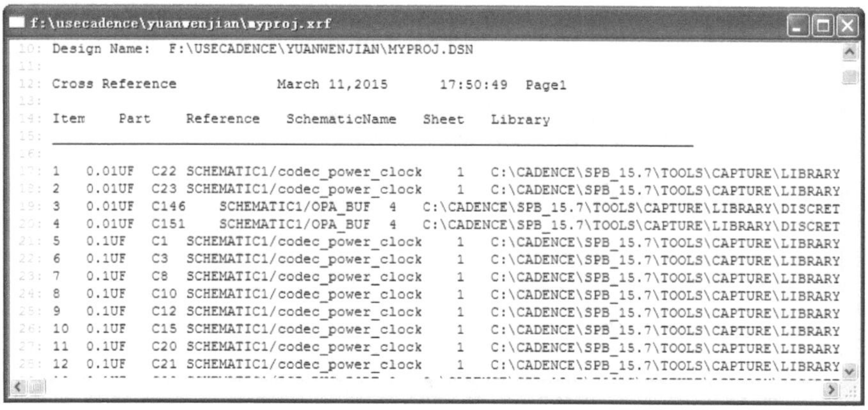

图7-20　"myproject.xrf"文件

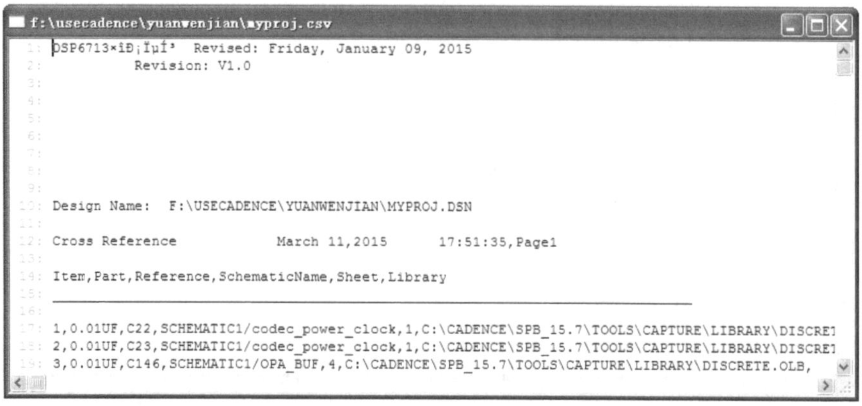

图7-21　"myproject.csv"文件

## 7.2.4 属性参数文件

在 Capture 中用户还可以通过属性参数文件来更新元件的属性参数，即将电路图中元件属性参数输出到一个属性参数文件中，对该文件进行编辑修改后，再将其输入到电路图中，更新元件属性参数。

**1. 元件属性参数的输出**

在项目管理器中选择原理图文件，选择菜单栏中的"Tools（工具）"→"Export properties（输出属性）"命令，弹出如图 7-22 所示的"Export Properties（输出属性）"对话框。

**2. 对话框中的参数设置**

（1）"Scope（范围）"选项组

● "Export entire design or library"输出整个设计或库。

● "Export selection"输出选择的设计或库。

（2）"Contents（内容）"选项组

● "Part Properties"输出元件属性。

● "Part and Pin Properties"输出元件和管脚的属性。

● "Flat Net Properties"输出 Flat 网络的属性。

（3）"Mode（模式）"选项组

● "Export Instance Properties"输出实体的属性。

● "Export Occurrence Properties"输出事件的属性。

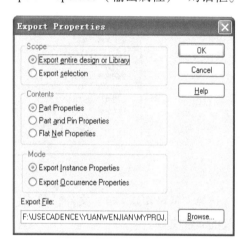

图 7-22 "Export properties（输出属性）"对话框

（4）"Export File"：设置输出文件的位置，单击 Browse... 按钮，在弹出的对话框中选择路径。

● 单击 OK 按钮，在项目管理器中生成属性文件"myproject.exp"，如图 7-23 所示。

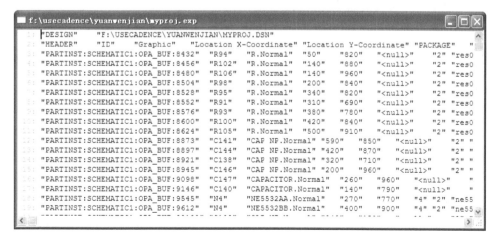

图 7-23 属性文件内容

**2. 元件属性参数文件的输入**

在项目管理器中选择原理图文件，选择菜单栏中的"Tools（工具）"→"Import Properties（输入文件）"命令，弹出如图 7-24 所示的对话框。

图 7-24　选择属性文件

选择"MYPROJ.exp"文件，单击 [打开(0)] 按钮，输入属性文件。在原理图中显示经过修改的属性文件。

# 7.3　打印输出

为方便原理图的浏览、交流，经常需要将原理图打印到图样上。Cadence 提供了直接将原理图打印输出的功能。

## 7.3.1　设置打印属性

在打印之前首先进行页面设置，同时，要确认一下打印机的相关设置是否适当。

选择菜单栏中的"File（文件）"→"Print Setup（打印设置）"命令，弹出如图 7-25 所示的"打印设置"对话框，下面介绍该对话框中的选项。

- "打印机"选项组：在该选项组下设置打印机信息。
- "纸张"选项组：在该选项组下设置打印所需纸张大小，包括大小及来源。
- [属性(P)...]：单击该按钮，弹出页面设置对话框，该对话框包括三个选项卡："页面"、"高级"、"关于"。在"页面"选项卡中显示页面大小及方向，如图 7-26 所示；在"高级"选项卡中设置输出格式及文件路径，如图 7-27 所示；在"关于"选项卡中显示版本信息，如图 7-28 所示。

## 7.3.2　打印区域

若需要打印局部电路图，则需要提前选择打印区域，该命令必须在原理图编辑窗口中才能激活，选定完特定区域后，执行打印命令则只打印选定部分。

图 7-25 "打印设置"对话框

图 7-26 "页面"选项卡

图 7-27 "高级"选项卡

图 7-28 "关于"选项卡

1. 选择菜单栏中的"File(文件)"→"Print Area(打印区域)"→"Set(选择)"命令,在原理图中拖动出适当大小的区域,将所需打印的区域框选,打印区域外围显示黑色虚线框,如图 7-29 所示。

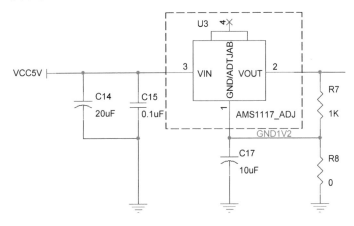

图 7-29 选择区域

2. 完成打印区域的选择，若需重新选择打印区域，选择菜单栏中的"File（文件）"→"Print Area（打印区域）"→"Clear（清除）"命令，取消打印区域的选取。

 注意：

选择菜单栏中的"File（文件）"→"Print Preview（打印预览）"命令，弹出"Print Preview（打印预览）"对话框，单击 OK 按钮，显示原理图预览结果，如图 7-30 所示。

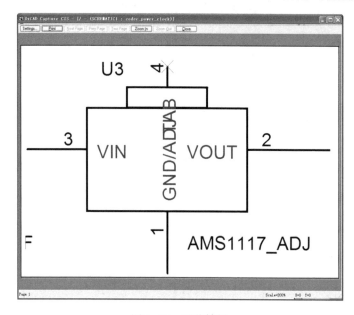

图 7-30　预览结果

### 7.3.3　打印预览

在打印设置完后，为了保证打印效果，应先预览输出结果，以免浪费成本。

选择菜单栏中的"File（文件）"→"Print Preview（打印预览）"命令，弹出如图 7-31 所示的"Print Preview（打印预览）"对话框，打印预览，查看打印效果。

其中，有 7 项可以进行设置。

1. "Scale"：设置打印比例。

1）"Scale to paper size"：Capture CIS 将电路图依照"Schematic Page Properties"对话框里/下"Page Size"栏中设置的尺寸打印，若"page size"设置的尺寸大于电路图打印区域尺寸，则数页电路图可打印输出到 1 页打印纸上。

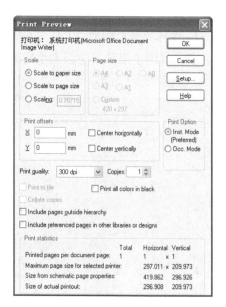

图 7-31　打印设置对话框

2）"Scale to page size"：Capture CIS 将电路图按照"Print"对话框里/下"Paper size"栏中设置的尺寸打印，若"Paper size"设置的尺寸小于电路图打印区域的打印尺寸，则需要多张打印纸输出 1 幅电路图。

3）"Scaling"：设置打印图的缩放比例。

2．"Print offsets"：设置打印纸的偏移量。

偏移量即打印出的电路图左上角与打印纸左上角之间的距离，若 1 幅电路图需要采用多张打印纸，则是指电路图与第 1 张打印纸左上角的距离。

3．"Print quality"：以每"in"打印的点数（dpi：Dots Per Inch）表征，在打印质量下拉列表中有 100、200、300 供选用。其中 300 dpi 对应的打印质量最好。

4．"Copies"：在该文本框中输入打印份数。

5．"Print to file"：勾选此复选框，将打印图送至". prn"文件中存储起来。

6．"Print all colors in black"：勾选此复选框，强调采用黑白两色。

7．"Collate copies"：勾选此复选框，设置按照页码的顺序打印。

单击 Setup... 按钮，弹出"打印设置"对话框设置打印机相关参数，前面已经详细讲解过，这里不再赘述。

单击 OK 按钮，显示原理图预览结果，如图 7-32 所示。

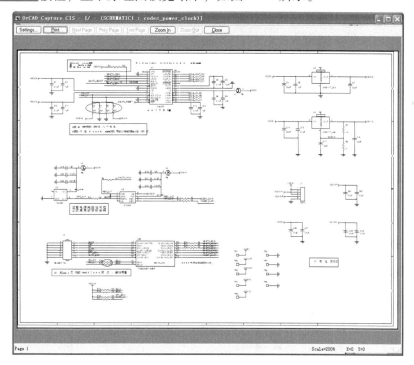

图 7-32　预览结果

## 7.3.4　打印

切换到项目管理器，选择要打印的某个绘图页文件夹或绘图页文件，选择菜单栏中的"File（文件）"→"Print（打印）"命令，弹出打印参数设置对话框，如图 7-33 所示。

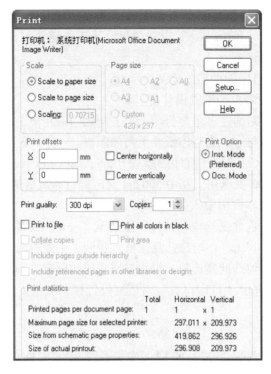

图 7-33　打印设置对话框

## 7.4　操作实例

本节在原理图绘制的基础上对原理图结果进行检查，通过对各种报表的分析达到检测原理图的目的。

### 1. 打开文件

选择菜单栏中的"File（文件）"→"Open（打开）"命令，或单击"Capture"工具栏中的"Open document（打开文件）"按钮 ，选择并打开文件"A8BITBCD. dsn"，如图 7-34 所示。

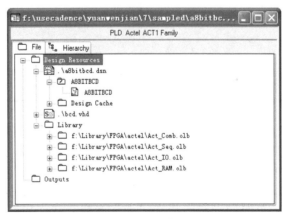

图 7-34　项目管理器

**2. 选择设计对象**

打开项目管理器窗口，并将其置为当前状态，选中需要创建网络表的电路图文件"A8BITBCD. Dsn"。

**3. 设计规则检查**

选择菜单栏中的"Tools（工具）"→"Design Rules Check（设计规则检查）"命令，或单击"Capture"工具栏中的"Design rule check（设计规则检查）"按钮 ，打开"Design Rules Check（设计规则检查）"对话框，如图7-35所示。选择默认设置，单击 确定 按钮，开始进行设计规则检查，生成如图7-36所示的". drc"文件。显示检查结果，并自动加载到项目管理器"Output（输出）"文件夹下，如图7-37所示。

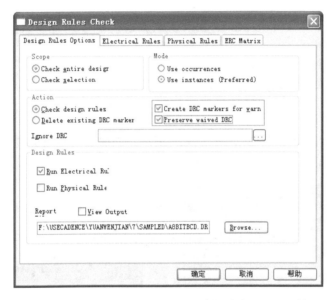

图7-35 "Design Rules Check（设计规则检查）"对话框

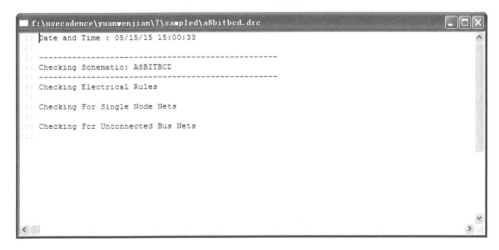

图7-36 DRC检查文件

**4. 生成元件清单**

1）打开项目管理器窗口，选择菜单栏中的"Tools（工具）"→"Bill of materials（材料报表)"命令，或单击"Capture"工具栏中的"Bill of Materials（材料报表）"按钮▣，弹出如图 7-38 所示的"Bill of Materials（材料报表）"对话框，设置元件清单参数。

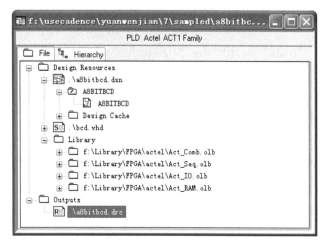

图 7-37　显示网络表文件

2）单击 ⌷ OK ⌷ 按钮，即可创建完成元件清单。同时在"Project Manager"项目中 Outputs 目录下生成".bom"文件，如图 7-39 所示。

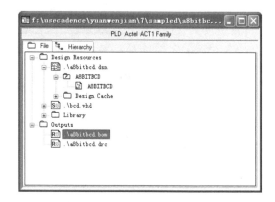

图 7-38　"Bill of Materials（材料报表）"对话框　　图 7-39　加载到项目管理器

3）双击打开该报表，显示如图 7-40 所示的信息。

4）选择菜单栏中的"File（文件）"→"Print Preview（打印预览）"命令，弹出如图 7-41 所示的"Print Preview（打印预览）"对话框，打印预览，查看打印预览效果，如图 7-42 所示。

如检查无误，可连接打印机执行打印操作，这里不再赘述。

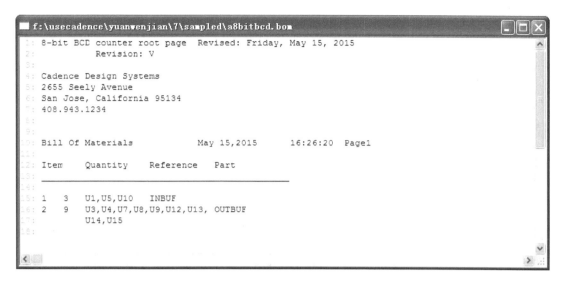

```
f:\usecadence\yuanwenjian\7\sampled\a8bitbcd.bom

1: 8-bit BCD counter root page  Revised: Friday, May 15, 2015
2:          Revision: V
3:
4: Cadence Design Systems
5: 2655 Seely Avenue
6: San Jose, California 95134
7: 408.943.1234
8:
9:
10: Bill Of Materials           May 15,2015      16:26:20  Page1
11:
12: Item    Quantity    Reference    Part
13: _____
14:
15: 1   3   U1,U5,U10   INBUF
16: 2   9   U3,U4,U7,U8,U9,U12,U13, OUTBUF
17:         U14,U15
18:
```

图 7-40　元件清单

**Print Preview**

打印机：　系统打印机(Microsoft Office Document Image Writer)

OK
Cancel
Setup...
Help

Scale
- ● Scale to paper size
- ○ Scale to page size
- ○ Scaling: 1.00029

Page size
- ● A4    ○ A2    ○ A0
- ○ A3    ○ A1
- ○ Custom
  297 x 210

Print offsets
X  0  mm    ☐ Center horizontally
Y  0  mm    ☐ Center vertically

Print Option
- ● Inst. Mode (Preferred)
- ○ Occ. Mode

Print quality: 300 dpi    Copies: 1

☐ Print to file          ☐ Print all colors in black
☐ Collate copies         ☐ Print area
☐ Include pages outside hierarchy
☐ Include referenced pages in other libraries or designs

Print statistics

|  | Total | Horizontal | Vertical |
|---|---|---|---|
| Printed pages per document page: | 1 | 1 | x 1 |
| Maximum page size for selected printer: |  | 297.011 x | 209.973 |
| Size from schematic page properties: |  | 296.926 | 209.804 |
| Size of actual printout: |  | 297.011 | 209.864 |

图 7-41　打印设置对话框

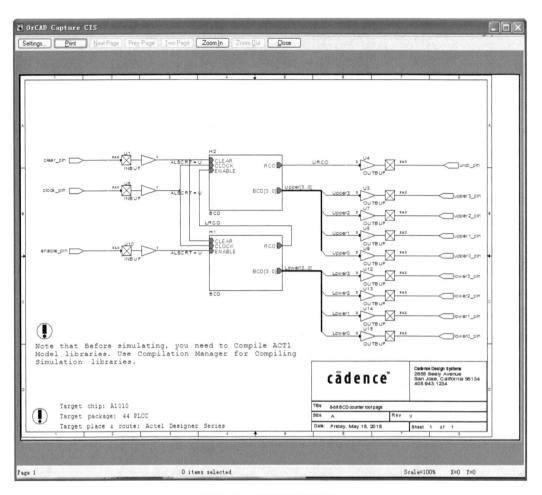

图 7-42　原理图预览结果

# 第 8 章 仿 真 电 路

所谓电路仿真，就是用户直接利用 EDA 软件自身所提供的功能和环境，对所设计电路的实际运行情况进行模拟的一个过程。如果在制作 PCB 之前，能够对原理图进行仿真，明确把握系统的性能指标并据此对各项参数进行适当的调整，将能节省大量的人力和物力。由于整个过程是在计算机上运行的，所以操作相当简便，免去了构建实际电路系统的不便，只需要输入不同的参数，就能得到不同情况下电路系统的性能，而且仿真结果真实、直观，便于用户查看和比较。

 知识点

- 电路仿真的基本概念
- 电路仿真的基本方法
- 仿真分析参数设置
- 仿真信号

## 8.1 电路仿真的基本概念

在具有仿真功能的 EDA 软件出现之前，设计者为了对自己所设计的电路进行验证，一般是使用面包板来搭建实际的电路系统，之后对一些关键的电路节点进行逐点测试，通过观察示波器上的测试波形来判断相应的电路是否达到了设计要求。如果没有达到，则需要对元器件进行更换，有时甚至要调整电路结构，重建电路系统，然后再进行测试，直到达到设计要求为止。整个过程冗长而烦琐，工作量非常大。

使用软件进行电路仿真，则是把上述过程全部搬到计算机中。同样要搭建电路系统（绘制电路仿真原理图）、测试电路节点（执行仿真命令），而且也同样需要查看相应节点（中间节点和输出节点）处的电压或电流波形，依次作出判断并进行调整。只不过，这一切都在软件仿真环境中进行，操作过程简便，只需要借助于一些仿真工具和仿真操作即可快速完成。

## 8.2 电路仿真的基本方法

仿真电路 PSpice 分析过程如下所述。

### 8.2.1 仿真电路步骤

下面我们介绍一下电路仿真的具体操作步骤：

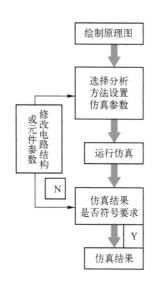

**1. 编辑仿真原理图**

绘制仿真原理图时，图中所使用的元器件都必须具有 Simulation 属性。如果某个元器件不具有仿真属性，则在仿真时将出现错误信息。对仿真元件的属性进行修改，需要增加一些具体的参数设置，例如晶体管的放大倍数、变压器一次侧和二次侧的匝数比等。

**2. 设置仿真激励源**

所谓仿真激励源就是输入信号，使电路可以开始工作。仿真常用激励源有直流源、脉冲信号源及正弦信号源等。

**3. 放置节点网络标号**

这些网络标号放置在需要测试的电路位置上。

**4. 设置仿真方式及参数**

不同的仿真方式需要设置不同的参数，显示的仿真结果也不同。用户要根据具体电路的仿真要求设置合理的仿真方式。

**5. 执行仿真命令**

将以上设置完成后，启动仿真命令。若电路仿真原理图中没有错误，系统将给出仿真结果，并将结果保存到结果文件中；若仿真原理图中有错误，系统自动中断仿真，显示电路仿真原理图中的错误信息。

**6. 分析仿真结果**

用户可以在结果文件中查看、分析仿真的波形和数据。若对仿真结果不满意，可以修改电路仿真原理图中的参数，再次进行仿真，直到满意为止。

下面首先介绍仿真原理图的绘制。

## 8.2.2 仿真原理图电路

在仿真原理图编辑环境中，除一般的电路图绘制工具栏外，图 8-1 所示的"Pspice（仿真）"工具栏与"Pspice（仿真）"菜单栏应用最广泛。

选择菜单栏中的"PSpice（仿真）"→"Run（运行）"命令，或单击"PSpice（仿真）"工具栏中的"Run PSpice"按钮，进行仿真分析，在弹出的"Simalation Setting

（仿真设置）"对话框中显示和处理波形。

图8-1  Pspice（仿真）"菜单栏与工具栏

## 8.3  仿真分析参数设置

在电路仿真中，选择合适的仿真方式并对相应的参数进行合理的设置，是仿真能够正确运行并获得良好仿真效果的关键。

仿真分析的类型有以下10种，每一种分析类型的定义如下：

- 直流分析：当电路中某一参数（称为自变量）在一定范围内变化时，对自变量的每一个取值，计算电路的直流偏置特性（称为输出变量）。
- 交流分析：作用是计算电路的交流小信号频率响应特性。
- 噪声分析：计算电路中各个器件对选定的输出点产生的噪声等效到选定的输入源（独立的电压或电流源）上。即计算输入源上的等效输入噪声。
- 瞬态分析：在给定输入激励信号作用下，计算电路输出端的瞬态响应。
- 傅里叶分析：基于瞬态分析中最后一个周期的数据进行谐波分析。
- 静态工作点分析：计算电路的直流偏置状态。
- 蒙特卡诺统计分析：为了模拟实际生产中因元器件值的分散性所引起的电路特性分散性，PSpice提供了蒙特卡诺分析功能。进行蒙特卡诺分析时，首先根据实际情况确定元器件值分布规律，然后多次"重复"进行指定的电路特性分析，每次分析时采用的元器件值是从元器件值分布中随机抽样，这样每次分析时采用的元器件值不会完全相同，而是代表了实际变化情况。完成多次电路特性分析后，对各次分析结果进行综合统计分析，就可以得到电路特性分散变化的规律。与其他领域一样，这种随机抽样、统计分析的方法一般统称为蒙特卡诺分析（取名于赌城Monte Carlo），简称为MC分析。由于MC分析和最坏情况分析都具有统计特性，因此又称为统计分析。
- 最坏情况分析：蒙托卡诺统计分析中产生的极限情况即为最坏情况。
- 参数分析：是在指定参数值变化的情况下，分析相对应的电路特性。
- 温度分析：分析在特定温度下电路的特性。

对电路的不同要求，可以通过各种不同类型仿真的相互结合来实现。

### 8.3.1  直流分析（DC Sweep）

直流扫描分析就是直流转移特性，当输入在一定范围内变化时，输出一个曲线轨迹。通过执行一系列静态工作点分析，修改选定的源信号电压，从而得到一个直流传输曲线。用户也可以同时指定两个工作源。直流分析也是交流分析时确定小信号线性模型参数和瞬态分析时确定初始值所需的分析，模拟计算后，可利用探针功能绘制出 Vo – Vi 曲线，或任意输出变量相对应的任一元件参数的传输特性曲线。

选择菜单栏中的"PSpice（仿真）"→"Edit Simulation profile（编辑仿真配置文件）"命令，或单击"PSpice（仿真）"工具栏中的"Edit simulation profile"按钮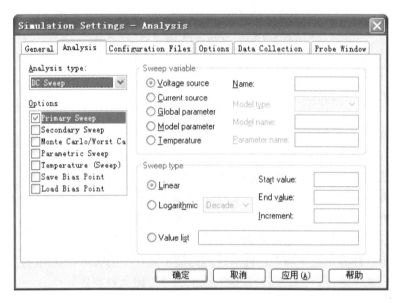，弹出"Simulation Settings"对话框，打开"Analysis（分析）"选项卡，如图 8-2 所示。

图 8-2 "Analysis（分析）"选项卡——直流分析

在"Analysis type（分析类型）"下拉列表框中选择"DC Sweep（直流分析）"，在"Options（选项）"选项组中默认勾选"Primary Sweep（首要扫描）"。下面介绍其余选项，按照不同要求选择不同选项。

**1. "Sweep variable（直流扫描自变量类型）"**

1）"Voltage source"：电压源。

2）"Current source"：电流源。

3）"Name"：在该文本框中输入电压源或电流源的元件序号，如"V1"、"I2"。

4）"Global parameter"：全局参数变量。

5）"Model parameter"：以模型参数为自变量。

6）"Temperature"：以温度为自变量。

7）"Parameter name"：使用"Global parameter"或"Model parameter"时参数名称。

**2. "Sweep type（扫描方式）"**

1）"Linear"：参数以线性变化。

2）"Logarithmic"：参数以对数变化。

3）"Value list"：只分析列表中的值。

4）"Start value"：参数线性变化或以对数变化时分析的起始值。

5）"End value"：参数线性变化或以对数变化时分析的终止值。

6）"Increment"：参数线性变化时的增量，以对数变化时倍频的采样点。

### 8.3.2　交流分析（AC Sweep/Noise）

　　交流信号分析是在一定的频率范围内计算电路的频率响应。如果电路中包含非线性器件，在计算频率响应之前就应该得到此元器件的交流小信号参数。在进行交流小信号分析之前，必须保证电路中至少有一个交流电源，即在激励源中的 AC 属性域中设置一个大于零的值。

　　在"Simulation Setting（仿真设置）"对话框中打开"Analysis（分析）"选项卡，在"Analysis type（分析类型）"下拉列表框中选择"AC Sweep/Noise（直流扫描/噪声分析）"，在"Options（选项）"选项组中选中"General Settings"，在右面显示交流分析仿真参数设置，如图 8-3 所示。

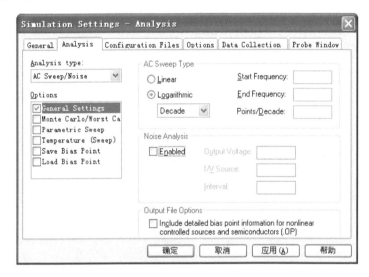

图 8-3　"Analysis（分析）"选项卡——交流分析

"AC Sweep Type（直流扫描方式）"：
- "Linear"：参数以线性变化。
- "Logarithmic"：参数以对数变化。
- "Start Freqnency"：起始频率值，在"Pspice"中不区分大小写，由于"M"表示毫，兆（M）采用"meg"表示。
- "End Freqnency"：终止频率值。
- "Points/Decade"：以对数变化时倍频的采样点。

　　对于直流扫描，必须具有 AC 激励源。产生 AC 激励源的方法有两种：调用 VAC 激励源或调用 IAC 激励源；在已有激励源（如 VSIN）的属性中加入属性"AC"，并输入它的幅值。

### 8.3.3　噪声分析（Noise Analysis）

　　电阻和半导体器件等都能产生噪声，噪声电平取决于频率，电阻和半导体器件产生噪声的类型不同（注意：在噪声分析中，电容、电感和受控源视为无噪声元器件）。噪声分析是利用噪声谱密度测量电阻和半导体器件的噪声影响，通常由 V2/Hz 表征测量噪声值。

噪声分析与交流分析是一起使用的,对交流分析的每一个频率,电路中每一个噪声源(电阻或晶体管)的噪声电平都被计算出来。

在"Simulation Setting(仿真设置)"对话框中打开"Analysis(分析)"选项卡,在"Analysis type(分析类型)"下拉列表框中选择"AC Sweep/Noise(直流扫描/噪声分析)",在"Options(选项)"选项组中选中"General Settings",勾选"Noise Analysis(噪声分析)"选项组下"Enabled(使能)"复选框,激活噪声分析,在右下方显示噪声分析仿真参数设置,如图8-4所示。

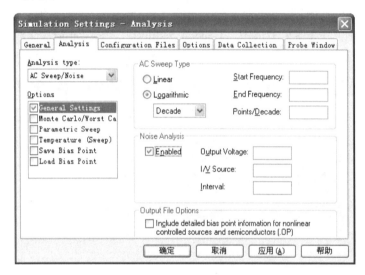

图8-4 "Analysis(分析)"选项卡——噪声分析

1. "Noise Analysis(噪声分析)"。

(1)"Enabled":在AC Sweep的同时是否进行Noise Analysis。

(2)"Output Voltage":选定的输出节点。

(3)"I/V Source":选定的等效输入噪声源的位置,选定的等效输入噪声源必须是独立的电压源或电流源。

(4)"Interval":输出结果的点频间隔。

2. "Output Files Options":输出文件选项。分析的结果只存入OUT输出文件中,查看结果只能采用文本的形式进行观测。

## 8.3.4 瞬态分析(Time Domain(Transient))

瞬态分析在时域中描述瞬态输出变量的值。目的是在给定输入激励信号作用下,计算电路输出段的瞬态响应。

在"Simulation Setting(仿真设置)"对话框中打开"Analysis(分析)"选项卡,在"Analysis type(分析类型)"下拉列表框中选择"Time Domain(Transient)"(瞬态分析参数),观察不同时刻的不同输出波形,相当于示波器的功能;在"Options(选项)"选项组中选中"General Settings",在右面显示瞬态特性分析仿真参数设置,如图8-5所示。

- "Run to time":瞬态分析终止的时间。
- "Start saving data after":开始保存分析数据的时刻。

- "Transient options": 瞬态选项。
- "Maximum step size": 允许的最大计算时间间隔。
- "Skip the initial transient bias point calculation": 勾选此复选框，则进行基本工作点运算。
- "Run in resume mode": 勾选此复选框，则重新运行。

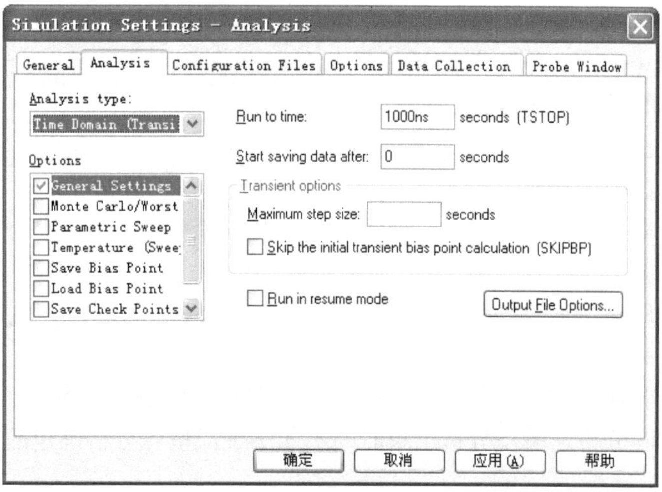

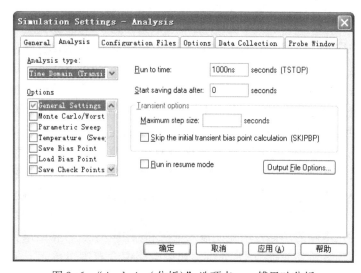

图 8-5 "Analysis（分析）"选项卡——瞬态分析

## 8.3.5 傅里叶分析（Time Domain（Transient））

傅里叶分析是基于瞬态分析中最后一个周期的数据进行谐波分析，计算出直流分量、基波和 2~9 次谐波分量以及非线性谐波失真系数，傅里叶分析与瞬态分析是一起使用的。

在"Simulation Setting（仿真设置）"对话框中打开"Analysis（分析）"选项卡，在"Analysis type（分析类型）"下拉列表框中选择"Time Domain（Transient）"，在"Options（选项）"选项组中选中"General Settings"，在右面显示瞬态特性分析仿真参数设置，如图 8-6 所示。

图 8-6 "Analysis（分析）"选项卡——傅里叶分析

单击 `Output File Options...` 按钮，弹出如图 8 - 7 所示的对话框，控制输出文件内容。

"Print values in the output file every"：在 OUT 文件里存储数据的时间间隔。

"Perform Fourier Analysis"：勾选此复选框，进行傅里叶分析。

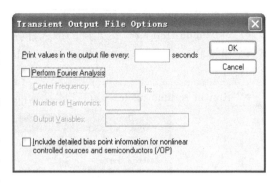

图 8-7 "Transient Output File Options" 对话框

- "Center Frequency"：用于指定傅里叶分析中采用的基波频率，其倒数即为基波周期。在傅里叶分析中，并非对指定输出变量的全部瞬态分析结果均进行分析。实际采用的只是瞬态分析结束前由上述基波周期确定的时间范围的瞬态分析输出信号。

- "Number of Harmonics"：确定傅里叶分析时谐波次数。Pspice 的内定值是计算直流分量和从基波一直到 9 次谐波。

- "Output Variables"：用于确定需对其进行傅里叶分析的输出变量名。

为了进行傅里叶分析，瞬态分析结束时间不能小于傅里叶分析确定的基波周期。

## 8.3.6 静态工作点分析（Bias Point）

静态工作点分析用于测定带有短路电感和开路电容电路的静态工作点。在电子电路中，确定静态工作点是十分重要的，完成此分析后可决定半导体晶体管的小信号线性化参数值。

在 "Simulation Setting（仿真设置）" 对话框中打开 "Analysis（分析）" 选项卡，在 "Analysis type（分析类型）" 下拉列表框中选择 "Bias Point（静态工作点分析）"，在 "Options（选项）" 选项组中选中 "General Settings"，在右面显示静态工作点分析仿真参数设置，如图 8-8 所示。

- "Include detailed bias point information for nonlinear controlled sources and semiconductors（OP）"：勾选此复选框，输出详细的基本工作点信息。

- "Perform Sensisitivity analysis"：进行直流灵敏度分析。虽然电路特性完全取决于电路中的元器件取值，但是对电路中不同的元器件，即使其变化的幅度（或变化比例）相同，引起电路特性的变化不会完全相同。灵敏度分析的作用就是定量分析、比较电路特性对每个电路元器件参数的灵敏程度。Pspice 中直流灵敏度分析的作用是分析指定的节点电压对电路中电阻、独立电压源和独立电流源、电压控制开关和电流控制开关、二极管、双极晶体管共 5 类元器件参数的灵敏度，并将计算结果自动存入 ".OUT" 输出文件中。本项分析不涉及 PROBE 数据文件。需要注意的是对一般规模的电路，灵敏度分析产生的 ".OUT" 输出文件中包含的数据量将很大。

- "Calculate small - signal DC gain"：计算直流传输特性。进行直流传输特性分析时，Pspice 程序首先计算电路直流工作点并在工作点处对电路元件进行线性化处理，然后计算出线性化电路的小信号增益，输入电阻和输出电阻，并将结果自动存入 ".OUT" 文件中。本项分析又简称为 TF 分析。如果电路中含有逻辑单元，每个逻辑器件保持直流工作点计算时的状态，但对模 - 数接口电路部分，其模拟一侧的电路也进行线性化等效。本项分析中不涉及 PROBE 数据文件。

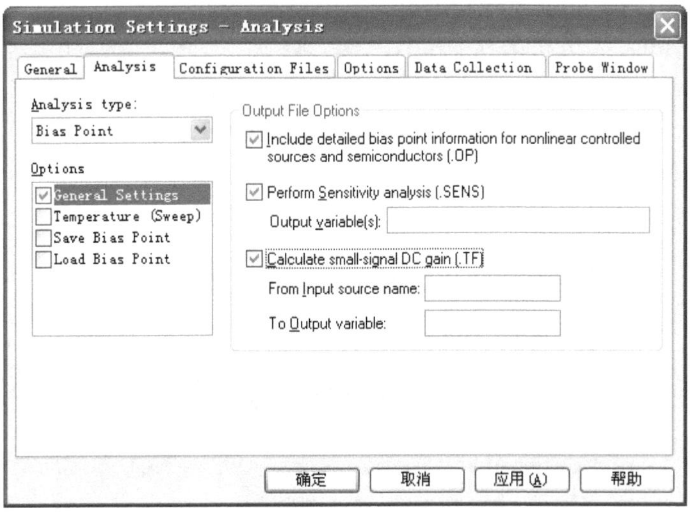

图 8-8 "Analysis（分析）"选项卡——静态工作点分析

## 8.3.7 蒙特卡罗分析（Monte Carlo Analysis）

蒙特卡罗分析是一种统计模拟方法，它是对选择的分析类型（包括直流分析、交流分析、瞬态分析）多次运行后的统计分析。

在"Simulation Setting（仿真设置）"对话框中打开"Analysis（分析）"选项卡，在"Analysis type（分析类型）"下拉列表框中选择"Time Domain（Transient）（瞬态特性分析）"，在"Options（选项）"选项组中选中"Monte Carlo/Worst-Case（蒙特卡罗统计分析）"，在右面选择"Monte Carlo（蒙特卡罗分析）"，进行蒙特卡罗分析，如图 8-9 所示。

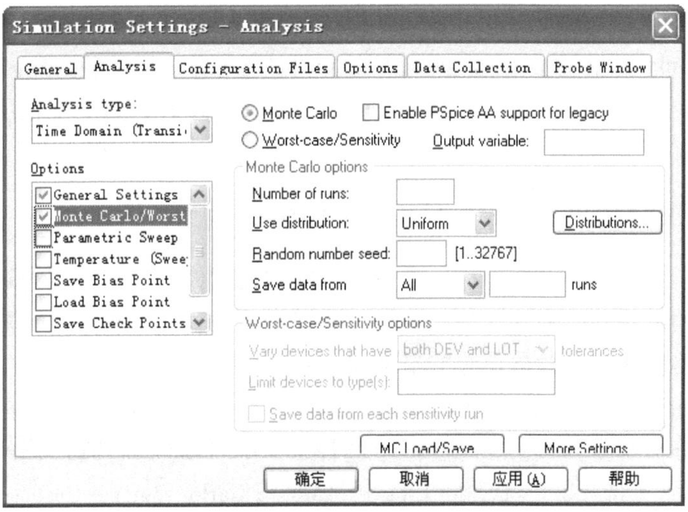

图 8-9 "Analysis（分析）"选项卡——蒙特卡罗分析

"Output variable（选择分析的输出节点）"。

"Monte Carlo options"：显示蒙特卡罗分析的参数选项。

- "Number of runs"：分析采样的次数。
- "Use distribution"：使用的器件偏差分布情况（正态分布、均匀分布或自定义）。
- "Random number seed"：蒙特卡罗分析的随机种子值。
- "Save data from"：保存数据的方式。

"More settings"：单击此按钮，弹出如图 8-10 所示的对话框。

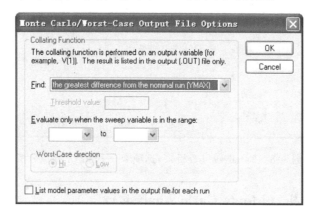

图 8-10 "Moute Carlo/Worst – Case Output File options" 对话框

在 "Find（查找）" 下拉列表框中显示如下选项：

- "Y Max"：求出每个波形与额定运行值的最大差值。
- "Max"：求出每个波形的最大值。
- "Min"：求出每个波形的最小值。
- "Rise_edge"：找出第一次超出域值的波形。
- "Fall_edge"：找出第一次低于域值的波形。
- "Threshold"：设置域值。
- "Evaluate only when the sweep variable is in the range"：定义参数允许的变化范围。
- "List model parameter values in the output file for each run"：是否在输出文件里列出模型参数的值。

## 8.3.8 最坏情况分析（Worst – Case/Sensitive）

最坏情况分析也是一种统计分析，是指电路中的元器件参数在其容差域边界点上选取某种组合时所引起的电路性能的最大偏差分析，最坏情况分析就是在给定元器件参数容差的情况下，估算出电路性能相随标称值时的最大偏差。

在 "Simulation Setting（仿真设置）" 对话框中打开 "Analysis（分析）" 选项卡，在 "Analysis type（分析类型）" 下拉列表框中选择 "Time Domain（Transient）（瞬态特性分析）"，在 "Options（选项）" 选项组中选中 "Monte Carlo/Worst – Case（蒙托卡诺统计分析）"，在右面选择 "Worst – Case/Sensitive（最坏情况分析）" 单选钮，进行最坏情况分析仿真参数设置，如图 8-11 所示。

"Worst – Case/Sensitivity options（最坏情况分析的参数选项）"：

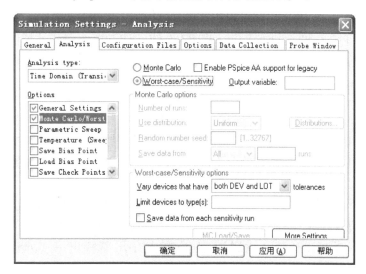

图 8-11 "Analysis（分析）"选项卡——最坏情况分析

- "Vary devices that have"：分析的偏差对象。
- "Limit devices to type"：起作用的偏差器件对象。
- "Save data from each sensitivity run"：勾选此复选框，将每次灵敏度分析的结果保存入 ".OUT 输出文件"。

"More settings"：单击此按钮，弹出如图 8-12 所示的 "more setting" 对话框。

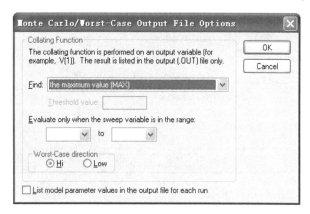

图 8-12 "Monte Carlo/Worst – Case Output File Options" 对话框

在 "Find（查找）" 下拉列表中显示如下选项：
- "Y Max"：求出每个波形与额定运行值的最大差值。
- "Max"：求出每个波形的最大值。
- "Min"：求出每个波形的最小值。
- "Rise_edge"：找出第一次超出域值的波形。
- "Fall_edge"：找出第一次低于域值的波形。
- "Threshold"：设置域值。

- "Evaluate only when the sweep variable is in therange": 定义参数允许的变化范围。
- "Worst – Case direction": 设定最坏情况分析的趋向，包括"Hi"、"Low"两个选项。
- "List model parameter values in the output file for each run": 是否在输出文件里列出模型参数的值。

### 8.3.9 参数分析（Parameter Sweep）

参数分析是针对电路中的某一参数在一定范围内做调整，利用仿真分析得到清晰又直观的波形结果，利用曲线迅速确定该参数的最佳值，参数扫描可以与直流、交流或瞬态分析等分析类型配合使用，对电路所执行的分析进行参数扫描，对于研究电路参数变化对电路特性的影响提供了很大的方便。在分析功能上与蒙特卡罗分析和温度分析类似，它是按扫描变量对电路的所有分析参数扫描的，分析结果产生一个数据列表或一组曲线图。同时用户还可以设置第二个参数扫描分析，但参数扫描分析所收集的数据不包括子电路中的器件。

在"Simulation Setting（仿真设置）"对话框中打开"Analysis（分析）"选项卡，在"Analysis type（分析类型）"下拉列表框中选择"Time Domain（Transient）（瞬态特性分析）"，在"Options（选项）"选项组中选中"Parametric Sweep（参数扫描）"，在右面显示参数分析仿真参数设置，如图8-13所示。

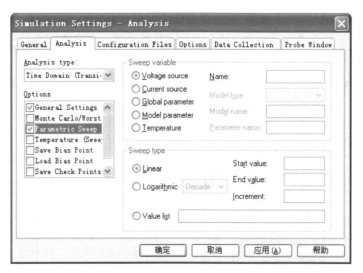

图8-13 "Analysis（分析）"选项卡——参数分析

**1. "Sweep variable（参数扫描自变量类型）"**

1）"Voltage source": 电压源。

2）"Current source": 电流源。

3）"Name": 在该文本框中输入电压源或电流源的元件序号，如"V1"、"I2"。

4）"Global parameter": 全局参数变量。

5）"Model parameter": 以模型参数为自变量。

6）"Temperature": 以温度为自变量。

7）"Parameter name": 使用"Global parameter"或"Model parameter"时的参数名称。

**2. "Sweep type（扫描方式）"**

1）"Linear"：参数以线性变化。

2）"Logarithmic"：参数以对数变化。

3）"Value list"：只分析列表中的值。

4）"Start value"：参数线性变化或以对数变化时分析的起始值。

5）"End value"：参数线性变化或以对数变化时分析的终止值。

6）"Increment"、"Points/Decade"、"Points/Octave"：参数线性变化时的增量，以对数变化时倍频的采样点。

## 8.3.10 温度分析（Temperature（Sweep））

温度扫描是指在一定的温度范围内进行电路参数计算，用以确定电路的温度漂移等性能指标。

在"Simulation Setting（仿真设置）"对话框中打开"Analysis（分析）"选项卡，在"Analysis type（分析类型）"下拉列表框中选择"Time Domain（Transient）"，在"Options（选项）"选项组中选中"Temperature（Sweep）（温度扫描）"，在右面显示温度扫描分析仿真参数设置，如图8-14所示。

- "Run the simulation at temperature"：在指定的温度下分析。
- "Repesat the simulation for each of the temperatures"：在指定的一系列温度下进行分析。

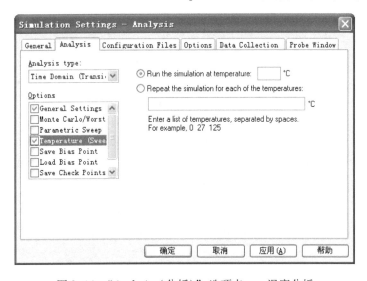

图8-14 "Analysis（分析）"选项卡——温度分析

# 8.4 仿真信号

Pspice提供了多种独立仿真信号源，存放在库文件存储的路径为"X：\Library\pspice\source. lib"，供用户选择。

**1. 独立激励信号源**

1）独立激励信号源，包括电压源与电流源，均被默认为理想的激励源，即电压源的内阻为零，而电流源的内阻为无穷大。

2）仿真激励源就是仿真时输入到仿真电路中的测试信号，根据观察这些测试信号通过仿真电路后的输出波形，用户可以判断仿真电路中的参数设置是否合理。

3）Pspice 软件为瞬态分析提供了 6 种激励信号波形，有直流激励信号源、正弦激励信号源、脉冲激励信号源、分段线性激励信号源、指数激励信号源、调频激励信号源。

**2. 数字信号源**

1）Pspice 提供的仿真信号源，默认为理想的激励源，即电压源的内阻为零，而电流源的内阻为无穷大。

2）仿真激励源就是仿真时输入到仿真电路中的测试信号，根据观察这些测试信号通过仿真电路后的输出波形，用户可以判断仿真电路中的参数设置是否合理。

3）Pspice 软件为瞬态分析提供了 6 种激励信号波形供用户选用。其中电平参数针对的是独立电压源。

4）数字电路分析在绘制原理图、设置分析时间等方面，比模拟电路分析简单些。数字电路分析的一个重要问题就是如何按照分析的需要，正确设置好数字信号的波形。

# 第 9 章　创建 PCB 封装库

由于电子元器件技术的不断更新，Allegro 丰富的元件封装库资源依然无法满足实际电路设计的需求，因此新的封装库的创建迫在眉睫。

本章着重讲解如何完整的创建元件封装，分别详细介绍焊盘设计与封装设计。

**知识点**

- 封装的基本概念
- 焊盘设计
- 封装设计

## 9.1　封装的基本概念

所谓封装是指安装半导体集成电路芯片用的外壳，它不仅起着安放、固定、密封、保护芯片和增强电热性能的作用，而且还是芯片内部世界与外部电路沟通的桥梁。随着电子技术的飞速发展，集成电路的封装技术也发生了很大的变化，从开始的 DIP、QFP、PGA、BGA 到 CSP，然后发展到 MCM，封装技术越来越先进。芯片的引脚数越来越多，间距越来越小，重量越来越轻，工作频率越来越高，可靠性越来越强，耐温性越来越好，使用起来也越来越方便。

芯片的封装在 PCB 板上通常表现为一组焊盘、丝印层上的边框及芯片的说明文字。焊盘是封装中最重要的组成部分，用于连接芯片的引脚，并通过印制板上的导线连接印制板上的其他焊盘，进一步连接焊盘所对应的芯片引脚，完成电路板的功能。在封装中，每个焊盘都有唯一的标号，以区别于封装中的其他焊盘。丝印层上的边框和说明文字主要起指示作用，指明焊盘组所对应的芯片，方便印制板的焊接。焊盘的形状和排列是封装的关键组成部分，确保焊盘的形状和排列正确才能正确地建立一个封装。对于安装有特殊要求的封装，边框也需要绝对正确。

元器件封装就是元器件的外形和引脚分布图。电路原理图中的元器件只是表示一个实际元器件的电气模型，其尺寸、形状都是无关紧要的。而元器件封装是元器件在 PCB 设计中采用的，是实际元器件的几何模型，其尺寸至关重要。元器件封装的作用就是指示出实际元器件焊接到电路板上时所处的位置，并提供焊点。

元件的封装信息主要包括两个部分：外形和焊盘。元器件的外形（包括标注信息）一般在 "Top Overlay（丝印层）" 上绘制。而焊盘的情况就要复杂一些，焊盘有两个英文名字，分别是 land 和 pad，Land 用于可表面贴装的元件，代表二维的表面特征；pad 用于可插件的元件，代表三维的特征。二者可以交替使用，但是在功能上是有区别的。若是可插式焊盘，则涉及到穿孔所经过的每一层；若是贴片元器件的焊盘，一般在顶层"Top Overlay（丝印层）"绘制。

## 9.1.1 常用封装介绍

总体上讲，根据元件采用安装技术的不同，可分为插入式封装技术（Through Hole Technology，THT）和表贴式封装技术（Surface Mounted Technology，SMT）。

1）插入式封装元件安装时，元件安置在板子的一面，将引脚穿过 PCB 板焊接在另一面上。插入式元件需要占用较大的空间，并且要为每只引脚钻一个孔，所以它们的引脚会占据两面的空间，而且焊点也比较大。但从另一方面来说，插入式元件与 PCB 连接较好，机械性能好。例如，排线的插座、接口板插槽等类似的封装都需要一定的耐压能力，因此，通常采用 THT 封装技术。

2）表贴式封装的元件，引脚焊盘与元件在同一面。表贴元件一般比插入式元件体积要小，而且不必为焊盘钻孔，甚至还能在 PCB 板的两面都焊上元件。因此，与使用插入式元件的 PCB 比起来，使用表贴式元件的 PCB 板元件布局要密集很多，体积也就小很多。此外，表贴式封装元件也比插入式元件要便宜一些，所以现今的 PCB 广泛采用表贴式元件。

3）元件封装可以大致分成以下几种：

- BGA（Ball Grid Array）：球栅阵列封装。因其封装材料和尺寸的不同还可细分成不同的 BGA 封装，如 CBGA（陶瓷球栅阵列封装）、μBGA（小型球栅阵列封装）等。
- PGA（Pin Grid Array）：插针栅格阵列封装技术。这种技术封装的芯片内外有多个方阵形的插针，每个方阵形插针沿芯片的四周间隔一定距离排列，根据引脚数目的多少，可以围成 2～5 圈。安装时，将芯片插入专门的 PGA 插座。该技术一般用于插拔操作比较频繁的场合，如个人计算机 CPU。
- QFP（Quad Flat Package）：方形扁平封装，为当前芯片使用较多的一种封装形式。
- PLCC（Plastic Leaded Chip Carrier）：有引线塑料芯片载体。
- DIP（Dual In – line Package）：双列直插封装。
- SIP（Single In – line Package）：单列直插封装。
- SOP（Small Out – line Package）：小外形封装。
- SOJ（Small Out – line J – Leaded Package）：J 形引脚小外形封装。
- CSP（Chip Scale Package）：芯片级封装，这是一种较新的封装形式，常用于内存条中。在 CSP 的封装方式中，芯片是通过一个个锡球焊接在 PCB 板上，由于焊点和 PCB 板的接触面积较大，所以内存芯片在运行中所产生的热量可以很快地传导到 PCB 板上并散发出去。另外，CSP 封装芯片采用中心引脚形式，有效地缩短了信号的传导距离，其衰减随之减少，芯片的抗干扰、抗噪性能也能得到大幅提升。
- Flip – Chip：倒装焊芯片，也称为覆晶式组装技术，是一种将 IC 与基板相互连接的先进封装技术。在封装过程中，IC 会被翻覆过来，让 IC 上面的焊点与基板的接合点相互连接。由于成本与制造因素，使用 Flip – Chip 接合的产品通常根据 I/O 数多少分为两种形式，即低 I/O 数的 FCOB（Flip Chip on Board）封装和高 I/O 数的 FCIP（Flip Chip in Package）封装。Flip – Chip 技术应用的基板包括陶瓷、硅芯片、高分子基层板及玻璃等，其应用范围包括计算机、PCMCIA 卡、军事设备、个人通信产品、钟表及液晶显示器等。

- COB（Chip on Board）：板上芯片封装。即芯片被绑定在 PCB 上，这是一种现在比较流行的生产方式。COB 模块的生产成本比 SMT 低，并且还可以减小模块体积。

## 9.1.2　封装文件

在 Allegro 设计过程中经常会使用到不同的符号文件类型，主要可分为元件封装符号及格式图符号。

1）元件封装符号。元件封装是电子元件的物理表示，如电容、电阻、连接器、晶体管等，每个元件封装都包含着元件的引脚，可以作为互联时连接线的连接点。

2）格式符号。格式符号是指包含图示大小、版本定义、设计者、设计日期和公司标志等信息，是不同公司用于对设计图例规范化的各视图。

3）编辑号的图示文件可以转化为以下不同种类的符号文件。

- 元件封装符号，后缀为". psm"。
- 结构图符号，后缀为". bsm"。
- 格式图符号，后缀为". osm"。
- 填充图示符号，后缀为". ssm"。
- Flash 符号，后缀为". fsm"。

# 9.2　焊盘设计

在建立元件封装时，需要将每个引脚放到封装中，放置引脚的同时需要在库中寻找相对应的焊盘，即元件封装的每个引脚都必须有一个焊盘与之相对应。Allegro 会将每个引脚对应的焊盘名存储起来。焊盘文件的后缀名为". pad"。

当元件的封装符号添加到设计中时，Allegro 从焊盘库复制元件封装的每个引脚对应的焊盘数据，并且从元件的封装库中复制元件的封装数据。

## 9.2.1　焊盘分类

所有的焊盘都包括两方面：焊盘尺寸和焊盘形状；钻孔的尺寸和显示的符号。下面简单介绍焊盘的不同分类：

**1. 按照外形**

按照焊盘的外形一般分为"Shape Symbol（外形符号）"与"Flash Symbol（花焊盘）"两种。

**2. 按照引脚**

元件的封装引脚按照与焊盘的连接方式分为表贴式与直插式，而对应的焊盘则分为贴片焊盘与钻孔焊盘，表 9-1 中显示了这两种焊盘的命名规则。

贴片式焊盘在电气层只需要对顶层、顶层加焊层、顶层阻焊层进行设置，而且只需要对常规焊盘设置，而钻孔焊盘则设置相对较多。

表 9-1　焊盘命名规则

| 焊盘类型 | | 命名格式 | 参数说明 | | 分类 |
|---|---|---|---|---|---|
| | | | 名称 | 说明 | |
| 钻孔焊盘 | | p40c20 | p | 金属化（plated）焊盘（pad） | 根据焊盘外形的形状不同，还有正方形（Square）、长方形（Rectangle）和椭圆形焊盘（Oblong）等，在命名的时候则分别取其英文名字的首字母来加以区别 |
| | | | 40 | 焊盘外径为 40 mil | |
| | | | c | 圆形（circle）焊盘 | |
| | | | 20 | 焊盘内径是 20 mil | |
| | | h110c 130p/u | H | 定位孔（hole） | 在实际使用中，焊盘也可以做定位孔使用，但为管理上的方便，在此将焊盘与定位孔加以区别 |
| | | | 110 | 定位孔（或焊盘）的外径为 110 mil | |
| | | | c | 圆形（circle） | |
| | | | 130 | 孔径是 130 mil | |
| | | | p | 金属化（plated）孔 | |
| | | | u | 非金属化（unplated）孔 | |
| 贴片焊盘 | 长方形焊盘 | s30_60 | S | 表面贴（Surface mount）焊盘 | 贴片焊盘还有其他形状焊盘，这里只介绍最基本的三种。宽度和高度是指 Allegro 的 Pad_Designer 工具中的参数，用这两个参数来指定焊盘的长和宽或直径。以上方法指定的名称均表示在 top 层的焊盘，如果所设计的焊盘是在 Bottom 层时，在名称后加一字母"b"来表示 |
| | | | 30 | 宽度为 30 mil | |
| | | | 60 | 高度为 60 mil | |
| | 方形焊盘 | ss050 | 第一个 s | 表面贴（Surface mount）焊盘 | |
| | | | 第二个 s | 正方形（Square）焊盘 | |
| | | | 050 | 宽度和高度都为 50 mil | |
| | 圆形焊盘 | sc60 | s | 表面贴（Surface mount）焊盘 | |
| | | | c | 圆形（Circle）焊盘 | |
| | | | 60 | 宽度和高度都为 60 mil | |

**3. 按照分布层**

印制板的表层按照显示方式的不同分为正片和负片，而焊盘按照在不同层上分布分为"Regular Pad（规则焊盘）"、"Thermal Relief（热风焊盘）"和"Anti Pad（负片焊盘）"。

**4. 各种焊盘外径尺寸的关系**

焊盘＝常规焊盘＝助焊盘；反焊盘＝阻焊盘＝常规焊盘＋0.1 mm。

热风焊盘：外径等于常规焊盘外径，内径等于钻孔直径＋0.5 mm（6 mil or 8 mil）；开口直径＝（外径－内径)/2＋10 mil。

## 9.2.2　焊盘设计原则

PCB 焊盘设计时应注意以下几点：

1）在进行 PCB 焊盘设计时，焊点可靠性主要取决于焊盘外径的长度而不是宽度。

2）进行同一种元件焊盘设计时考虑封装尺寸的最大值和最小值，保证设计结果适用范围宽。

3）PCB 设计时应严格保持同一个元件使用焊盘的全面的对称性，即焊盘图形的形状与尺寸应完全一致。

4）焊盘与较大面积的导电区（如地、电源等平面）相连时，应通过一较细导线进行热隔离，一般宽度为 0.2～0.4 mm，长度约为 0.6 mm。

5）波峰焊时焊盘设计一般比载流焊时大，因为波峰焊中元件有胶水固定，焊盘稍大，不会危及元件的移位和直立，相反却能减少波峰焊"遮蔽效应"。

6）焊盘设计要适当，既不能太大也不能太小。如果焊盘太大则焊料铺展面较大，形成的焊点较薄；较小则焊盘铜箔对熔融焊料的表面张力太小，当铜箔的表面张力小于熔融焊料表面张力时，形成的焊点为不浸润焊点。

## 9.2.3 焊盘编辑器

在 Allegro 软件的 Pad Designer 编辑器窗口中进行焊盘设计，该窗口结合对话框与 Windows 窗口，包括标题栏、工具栏与工作区。

执行"开始"→"程序"→"Cadence"→"Release16.6"→"PCB Editor Utilities"→"Pad Designer"命令，将进入 Pad Designer 图形窗口，如图 9-1 所示。

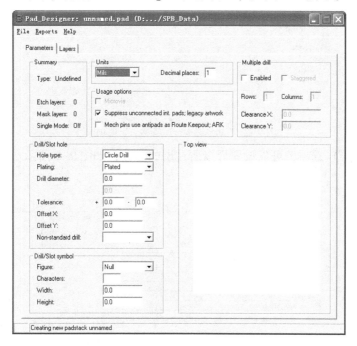

图 9-1 "Pad Designer"窗口

**1. 菜单栏**

Pad Designer 编辑器菜单栏包括"File（文件）"、"Reports（报告）"、"Help（帮助）"三个菜单，下面介绍一下每个菜单的作用。

（1）File（文件）菜单

主要用于文件的打开、关闭、保存等操作。

（2）Reports（报告）菜单。

主要用于执行焊盘信息的报告显示。

（3）Help 菜单

主要用于显示在进行焊盘创建、编辑过程中遇到的问题、需要的帮助指导。

**2. 工作区**

焊盘编辑器的工作区内包含两个选项卡，分别是"Parameters（参数）"选项卡和"Layers（层）"选项卡。

1）Parameters（参数）选项卡可以设置钻孔尺寸、单位等参数，如图9-2所示。

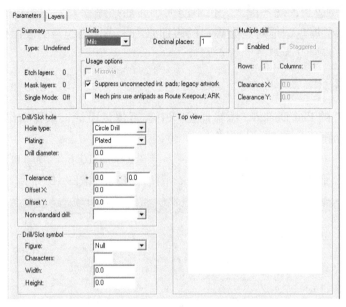

图9-2 "Parameters（参数）"选项卡

2）Layers（层）选项卡可以设置焊盘所在层的参数，如图9-3所示。

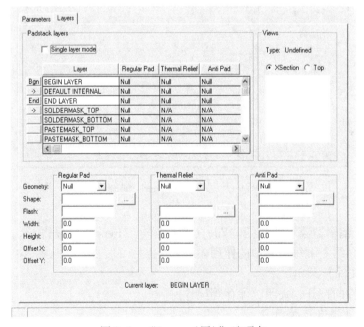

图9-3 "Layers（层）"选项卡

## 9.3　封装设计

本节将讲述如何在 PCB 库文件编辑环境中创建一个新的元器件封装。创建元器件封装有两种方式：一种方式是利用封装向导创建元器件封装，另一种方式是手工创建元器件封装。在绘制元器件封装前，我们应该了解元器件的相关参数，如外形尺寸、焊盘类型、引脚排列、安装方式等。

执行"开始"→"程序"→"Cadence SPB16.6"→"PCB Editor"命令，弹出如图 9-4 所示的"16.6 Allegro PCB Design GXL Product Choices"对话框，选择 Allegro PCB Design GXL 选项，然后单击 OK 按钮，进入设计系统主窗口。

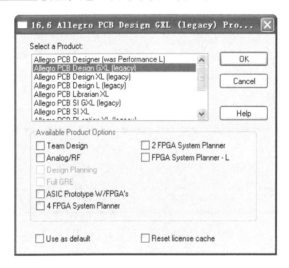

图 9-4　"16.6 Allegro PCB Design GXL"对话框

### 9.3.1　设置工作环境

进入 PCB 库编辑器后，同样需要根据要绘制的元件封装类型对编辑器环境进行相应的设置。PCB 库编辑环境设置包括：设计参数、层叠管理、颜色设置和用户属性。

**1. 设计参数设计**

选择菜单栏中的"Setup（设置）"→"Design Parameter（设计参数）"命令，弹出"Design Parameter Editor（设计参数编辑）"对话框，打开"Design（设计）"选项卡，设置焊盘文件设计参数，如图 9-5 所示。

1）在"User Units（用户单位）"选项下选择"Mils"，设置使用单位为 mil。

2）在"Size（大小）"选项下选择"Other"，设置工作区尺寸为自行设定。

3）在"Accuracy（精度）"选项组下输入 0，设置小数点后没有小数，即为整数。

4）在"Extents（内容）"区域内设置 Left X 的值为 - 2000，Lower Y 的值为 - 2000，Width 值为 4000，Height 值为 4000。

5）在"Drawing Type（图样类型）"选项组下设置"Type（类型）"为"Package symbol"，建立一般的零件封装。

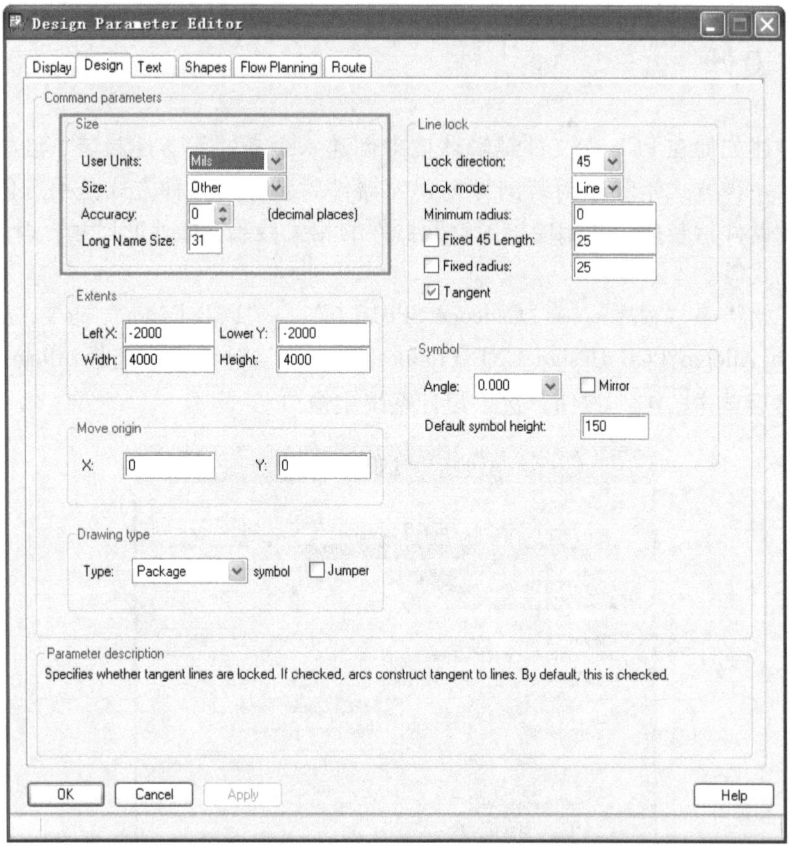

图9-5 "Design（设计）"选项卡

单击 OK 按钮，完成设置。

**2. 设置层叠**

选择菜单栏中的"Setup（设置）"→"Cross-section（层叠结构）"命令，或单击"Setup（设置）"工具栏中的"Cross-section（层叠结构）"按钮 ，弹出如图9-6所示的"Layout Cross Section（层叠设计）"对话框，在该对话框中可添加删除元件所需的层。

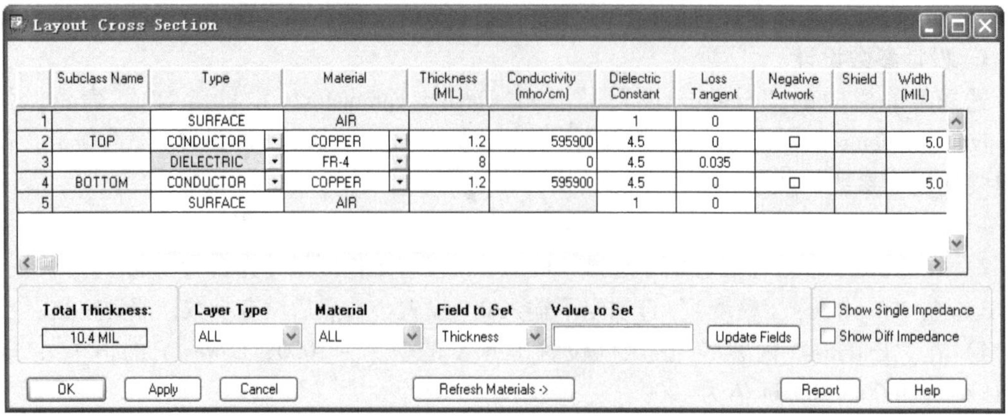

| | Subclass Name | Type | Material | Thickness (MIL) | Conductivity (mho/cm) | Dielectric Constant | Loss Tangent | Negative Artwork | Shield | Width (MIL) |
|---|---|---|---|---|---|---|---|---|---|---|
| 1 | | SURFACE | AIR | | | 1 | 0 | | | |
| 2 | TOP | CONDUCTOR | COPPER | 1.2 | 595900 | 4.5 | 0 | ☐ | | 5.0 |
| 3 | | DIELECTRIC | FR-4 | 8 | 0 | 4.5 | 0.035 | | | |
| 4 | BOTTOM | CONDUCTOR | COPPER | 1.2 | 595900 | 4.5 | 0 | ☐ | | 5.0 |
| 5 | | SURFACE | AIR | | | 1 | 0 | | | |

图9-6 "Layout Cross Section（层叠设计）"对话框

### 3. 颜色设置

选择菜单栏中的"Display（显示）"→"Color（颜色）"命令，或单击"Setup（设置）"工具栏中的"Color（颜色）"按钮▦，也可以按〈Ctrl + F5〉组合键，弹出如图9-7所示的"Color Dialog（颜色）"设置对话框，用户可按照习惯设置编辑器中不同位置的颜色。

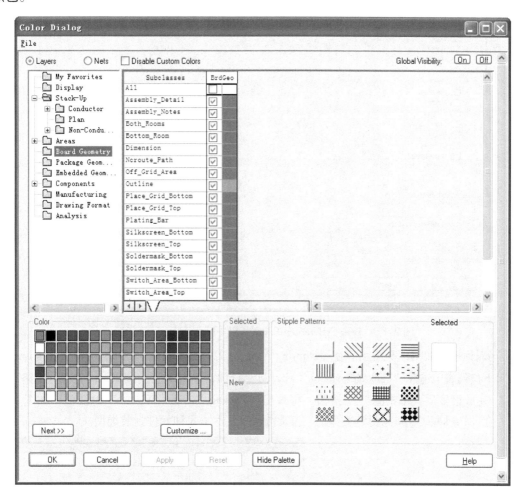

图9-7 "Color Dialog（颜色系统）"对话框

### 4. 用户属性设置

选择菜单栏中的"Setup（设置）"→"User Preferences（用户属性）"命令，即可打开"User Preferences Editor（用户属性编辑）"对话框，如图9-8所示，一般选择默认设置。

## 9.3.2 使用向导建立封装零件

使用 Allegro 提供的 Wizard 功能创建封装零件方便快速。PCB 元件向导通过一系列对话框来让用户输入参数，最后根据这些参数自动创建一个封装。

下面将通过建立 DIP28 封装的例子来说明如何使用 Wizard 创建零件封装。

1. 选择菜单栏中的"File（文件）"→"New（新建）"命令，弹出的"New Drawing（新建

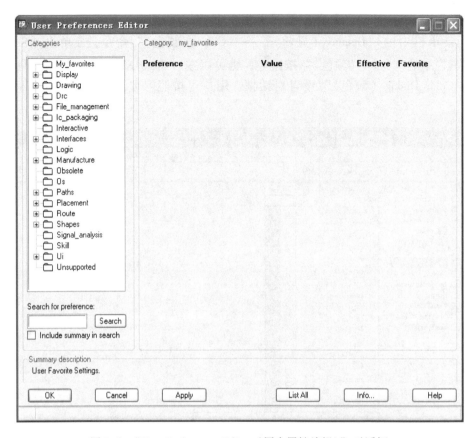

图 9-8 "User Preferences Editor(用户属性编辑)"对话框

图样)"对话框,如图 9-9 所示。在"Drawing Name"文本框内输入"DIP28. dra",在"Drawing Type"下拉列表中选择"Package symbol(wizard)"选项,单击 Browse... 按钮,设置存储的路径。

2. 完成设置后,单击 OK 按钮,将弹出"Package Symbol Wizard"对话框,如图 9-10 所示。在"Package Type(封装类型)"选项列表内显示了 8 种元件封装类型。

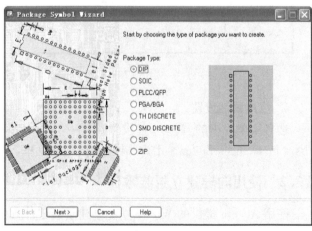

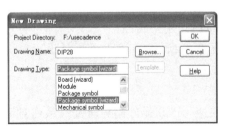

图 9-9 "New Drawing"对话框          图 9-10 "Package Symbol Wizard"对话框

246

3. 选择 ZIP 选项，然后单击 [ Next > ] 按钮，将弹出"Package Symbol Wizard – Template"对话框，如图 9-11 所示，选择使用默认模板或加载自定义模板。

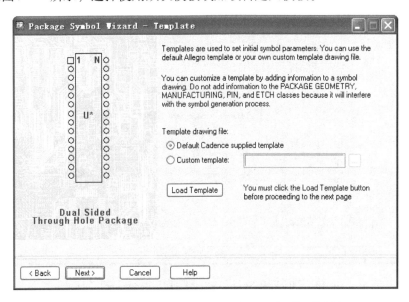

图 9-11 "Package Symbol Wizard – Template"对话框

1）选择"Default Cadence supplied template（使用默认库模板）"选项，单击 [ Load Template ] 按钮，加载默认模板。

2）选择"Custom template（使用自定义模板）"选项，单击 [...] 按钮，加载自定义创建的模板文件。

完成设置后，单击 [ Next > ] 按钮，弹出"Package Symbol Wizard – General Parameters"对话框，如图 9-12 所示，在该对话框中定义封装元件的单位及精确度。

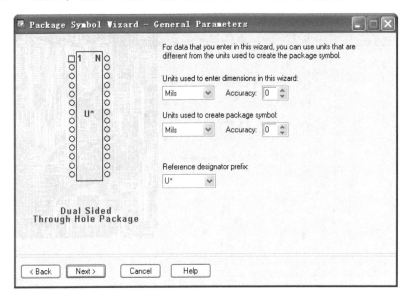

图 9-12 "Package Symbol Wizard – General Parameters"对话框

4. 单击 Next> 按钮，弹出如图 9-13 所示 "Package Symbol Wizard – DIP Parameters" 对话框，通过设置下面的参数，定义元件封装引脚数。

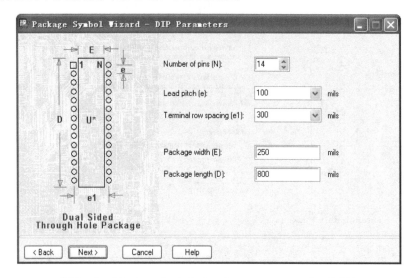

图 9-13　"Package Symbol Wizard – DIP Parameter" 对话框

1) "Number of pins（N）"：引脚数，输入的封装元件名称为 DIP28，系统自动调整管脚数为 14。

2) "Lead pitch（e）"：上下引脚中心间距默认为 100。

3) "Terminal row spacing（el）"：左右引脚中心间距默认为 300。

4) "Package wudth（E）"：设置封装宽度默认为 250。

5) "Package length（D）"：设置封装长度默认为 800。

5. 完成参数设置后，单击 Next> 按钮，弹出 "Package Symbol Wizard – Padstacks" 对话框，如图 9-14 所示，选择要使用的焊盘类型。

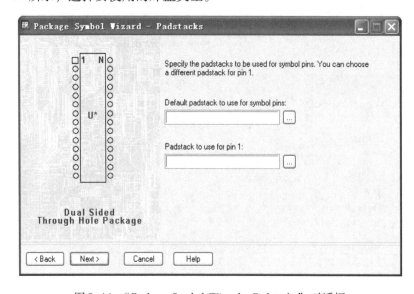

图 9-14　"Package Symbol Wizard – Padstacks" 对话框

1）"Default padstack to use for symbol pins"：用于符号引脚的默认焊盘。

2）"Padstack to use for pin l"：用于 1 号引脚的焊盘。

6. 单击选项右侧的按钮，弹出"Package Symbol Wizard Padstack Browser"对话框，进行焊盘的选择，如图 9-15 所示。

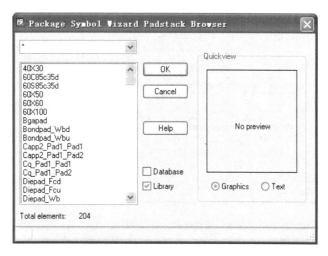

图 9-15　"Package Symbol Wizard Padstack Browser"对话框

完成焊盘设置后，单击 Next> 按钮，弹出"Package Symbol Wizard – Symbol Compilation"对话框，选择定义封装元件的坐标原点，如图 9-16 所示。

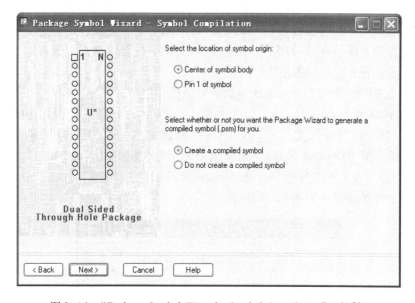

图 9-16　"Package Symbol Wizard – Symbol Compilation"对话框

7. 完成设置后，单击 Next> 按钮，弹出"Package Symbol Wizard – Summary"对话框，单击 Finish 按钮，如图 9-17 所示。显示生成后缀名为".dra"、".psm"的零件封装，完成封装如图 9-18 所示。

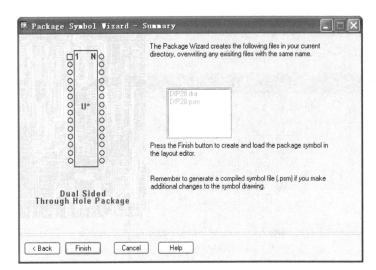
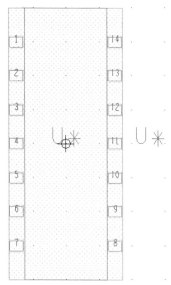

图 9-17 "Package Symbol Wizard – Summary" 对话框　　　　图 9-18　ZIP40 封装

### 9.3.3　手动建立零件封装

虽然使用封装向导来建立封装快捷、方便，但是设计中所用到的封装远不止向导中那几种类型，有可能需要设计许多向导中没有的封装类型，手动建立零件封装是不可避免的。用手工创建元件引脚封装，需要用直线或曲线来表示元件的外形轮廓，然后添加焊盘来形成引脚连接。元件封装的参数可以放置在 PCB 板的任意图层上，但元件的轮廓只能放置在顶端覆盖层上，焊盘则只能放在信号层上。当在 PCB 文件上放置元件时，元件引脚封装的各个部分将分别放置到预先定义的图层上。

下面以建立 DIP30 为例来介绍手动建立封装的操作过程。

**1. 设置工作环境**

选择菜单栏中的 "File（文件）" → "New（新建）" 命令，弹出 "New Drawing（新建图样）" 对话框，在 "Drawing Name（图样名称）" 文本框中输入 "DIP30"，在 "Drawing Type（图样类型）" 下拉列表中选择 "Package symbol（封装符号）" 选项，单击 Browse... 按钮，选择新建封装文件的路径，如图 9-19 所示。

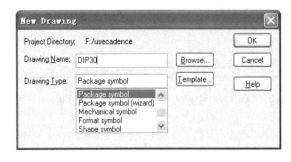

图 9-19　"New Drawing（新建图样）" 对话框

完成参数设置后，单击 OK 按钮，进入到 Allegro 封装符号的设计界面。

**2. 放置引脚**

1）选择菜单栏中的"Setup（设置）"→"Design Parameter（设计参数）"命令，弹出"Design Parameter Editor（设计参数编辑器）"对话框，选择默认设置，单击 OK 按钮，完成参数设置。

2）选择菜单栏中的"Layout（布局）"→"pins（引脚）"命令，打开"Option（选项）"面板，设置添加的引脚参数。

3）选择"Connect（连接）"选项，绘制有编号的引脚；单击 按钮，弹出"Select a padstack（选择焊盘）"对话框，从列表中选择焊盘的型号，如图9-20所示。

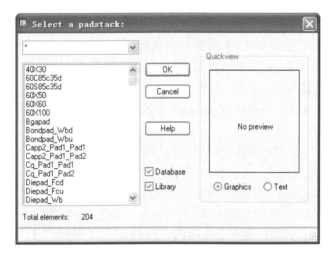

图 9-20 "Select a padstack" 对话框

设置其余参数选项：

- "Rotation"：引脚旋转角度，默认值为0，表示不旋转。
- "Spacing"：表示输入多个焊盘时，焊盘中心的距离。
- "Order"：X 方向和 Y 方向上引脚的递增方向。
- "Pin#"：引脚编号。
- "Inc"：下个引脚编号与现在的引脚编号差值，默认值为1。
- "Text block"：设置引脚编号的字体。
- "Offset X"：引脚编号的文字自引脚的原点默认向右偏移值，输入负值，文字在符号左侧。
- "Offset Y"：引脚编号的文字自引脚的原点默认向上偏移值，输入负值，文字向下偏移。

设置完成的结果如图9-21所示。

4）此时，鼠标在工作区上显示浮动的绿色焊盘图标，在命令窗口中输入"x 00"，按〈Enter〉键，在坐标（0,0）处放置Pin1，如图9-22所示。在鼠标上继续显示浮动的焊盘图标，可在命令行中输入坐标放置继续放置焊盘，放置完成后单击右键，在弹出的菜单中选择"Done（完成）"命令，结束Pin1的添加。

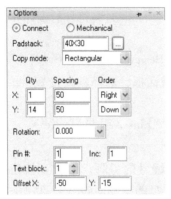

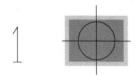

图 9-21　Option 窗口设置　　　　　　图 9-22　Pin1 引脚

5）加入多个引脚。放置好 Pin1 引脚后，选择菜单栏中的"Layout（布局）"→"pins（引脚）"命令，打开"Option（选项）"面板，进行参数设置。

选择"Connect（连接）"选项，放置有编号的引脚。

6）单击 按钮，弹出"Select A padstack（选择焊盘）"对话框，在列表中选择焊盘的型号，如图 9-23 所示。

设置 XQty 的值为 1，YQty 的值为 14，表示放置 14 个引脚。

● "Pin#"：自动更新为 2，表示起始引脚编号为 2。

● "Inc"：选择默认值 1，下个引脚编号在现在的引脚编号基础上加 1。

其余参数选择默认。在命令窗口输入"x 0 – 50"，然后按〈Enter〉键，即在（x0 – 50）处放置首个引脚，其余引脚中心依次向下偏移 50，完成 14 个引脚的添加，如图 9-24 所示。在该图中一次性放置引脚 2~15。

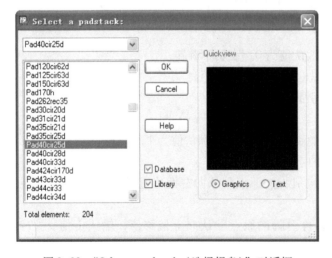

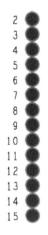

图 9-23　"Select a padstack（选择焊盘）"对话框　　　　图 9-24　添加 14 个引脚

7）选择菜单栏中的"Layout（布局）"→"pins（引脚）"命令，打开右侧"Option（选项）"面板，在该选项板中设置引脚参数。

● 设置 XQty 的值为 1，XQty 的值为 15，表示有 15 个引脚。

● "Pin#"：自动更新为 16，表示要添加的首个引脚编号为 16。

- "Offset X"：引脚编号的文字自引脚的原点默认向右偏移值，输入正值，文字在符号右侧。
- "Offset Y"：引脚编号的文字自引脚的原点默认向上偏移值，输入负值，文字向下偏移。

其余参数选择默认设置，在命令窗口输入 x 200 0，然后按〈Enter〉键，完成 15 个引脚的添加，如图 9-25 所示。

### 3. 设置元件实体范围和高度

1）加入零件范围。选择菜单栏中的"Setup（设置）"→"Areas（区域）"→"Package Boundary（封装界限）"命令，设置"Options（选项）"窗口中的"Active Class and Subclass"区域下拉框中的选项为"Package Genmetry"和"Place_ Bound_ Top"，设置"Segment Type"栏的值为 Line 45，如图 9-26 所示。

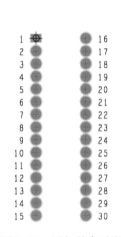

图 9-25　添加其余引脚

图 9-26　设置 Options 窗口内容

2）在命令框内输入以下命令：
- x　-30　-730。
- x 230　-730。
- x 230 30。
- x　-30 30。
- x　-30 -730。

3）Allegro 将自动填充所要求的区域，完成加入零件实体的范围，如图 9-27 所示。

4）设置零件高度。选择菜单栏中的"Setup（设置）"→"Areas（区域）"→"Package Height（封装高度）"命令，设置"Options（选项）"窗口中"Active Class and Subclass"区域下拉框中的选项为"Package Genmetry"和"Place_Bound_Top"。单击一下零件实体范围的形状，在"Options"窗口内的"Max height（高度）"文本框中输入 450，表示零件的高度为 450 mil，如图 9-28 所示。在工作窗口内右击鼠标，选择"Done（完成）"命令，完成零件高度的设置。

5）选择菜单栏中的"View（视图）"→"3D Viewer（3D 显示）"命令，则系统生成该 PCB 的 3D 效果图，自动打开"Allegro 3D Viewer（3D 显示器）"窗口，如图 9-29 所示。

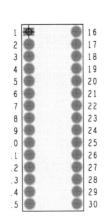

图 9-27 加入零件实体范围

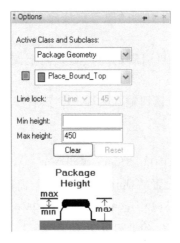

图 9-28 Options 窗口设置

图 9-29 封装 3D 效果图

**4. 添加元件外形**

零件外形主要用于在电路板上辨识该零件及其方向或大小，具体步骤如下：

1）选择菜单栏中的"Add（添加）"→"Rectangle（矩形）"命令，在"Options（选项）"窗口内进行如下设置：设置"Active Class and Subcalss"区域下拉框中的选项为"Package Genmetry"和"Place_Bound_Top"，表示零件外形的层面；在"Line font"下拉列表中选择"Solid"，表示零件外形为实心的线段；如图 9-30 所示。

在命令窗口中输入"x −30 −730"，按〈Enter〉键，输入"x 230 30"，再按〈Enter〉键。形成一个 260 × 760 mil 大小的长方形框，如图 9-31 所示。

图 9-30 设置"Options"窗口

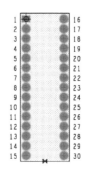

图 9-31 添加零件外形

2）添加零件标签。选择菜单栏中的"Layout（布局）"→"Labels（标签）"命令，打开如图 9-32 所示的子菜单，主要包含有 5 种选项命令。

3）添加零件标签的具体操作步骤。选择菜单栏中的"Setup（设置）"→"Grids（网格）"命令，弹出"Define Grid（定义网格）"对话框。在"Define Grid（定义网格）"对话框内，设置"Non − Etch"区域内的"Spacing X"值为 10，"Spacing Y"值为 10，如图 9-33 所示。然后单击 OK 按钮。

图 9-32 添加零件标签

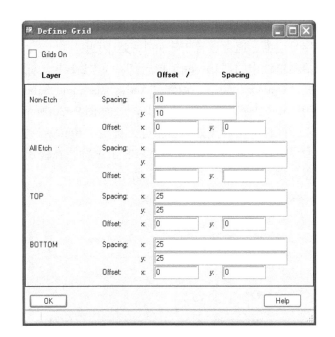

图 9-33 "Define Grid" 对话框

4）添加底片用零件序号（RefDes For Artwork）。底片用零件序号在生产文字面底片时参考到零件序号层面，通常放置于引脚 1 附近。

选择菜单栏中的"Layout（布局）"→"Labels"→"RefDes（零件序号）"命令，打开"Options（选项）"窗口，设置参数，如图 9-34 所示。

- "Active Class and Subclass"：在区域中选择元件序号的文字层面为"RefDes"和"Silkscreen_Top"。
- "Mirror"：勾选此复选框，镜像"RefDes"中的文字。
- "Rotate"：设置"RefDes"的文字旋转角度。
- "Text block"：设置"RefDes"的文字字体。
- "Text just"：设置"RefDes"的文字为对齐方式。

在工作区标签坐标点处单击鼠标，靠近 Pin1 附件，确定"RefDes"文字的输入位置。

在命令窗口中，输入"U *"，然后右击鼠标，在弹出的快捷菜单中选择"Done（完成）"选项完成加入底片用零件序号的动作，如图 9-35 所示。

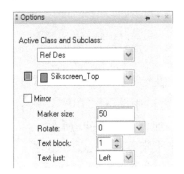

图 9-34 Options 窗口设置内容（一）

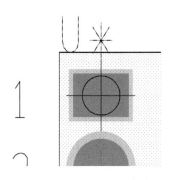

图 9-35 添加底片用零件序号

255

5）添加摆放用零件序号（RefDes For Placement）。摆放用零件序号在摆放零件时参考到零件序号层面，通常放置于零件中心点附近。

选择菜单栏中的"Layout（布局）"→"Labels（标签）"→"Refdes（零件序号）"命令，打开"Options"窗口，设置"Active Class and Subclass"：在该区域设置元件序号的文字层面为"Ref Des"和"Display_Top"，如图9-36所示。

在工作区标签坐标点处单击鼠标，确定"RefDes"文字的输入位置。

在命令窗口内输入"U *"，然后右击鼠标，在弹出的菜单中选择"Done"命令，完成摆放用零件序号的添加，如图9-37所示。

图9-36　Options窗口设置内容（二）

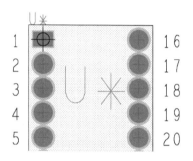

图9-37　添加摆放用零件序号

6）编辑零件标签。选择菜单栏中的"Edit（编辑）"→"Text（文本）"命令，在工作区单击要编辑的元件序号，弹出如图9-38所示的"Text Edit（编辑文本）"对话框，在文本框中输入新的文本内容，单击 OK 按钮，完成修改。

7）添加零件类型（Device Type）。选择菜单栏中的"Layout（布局）"→"Labels（标签）"→"Device（设备）"命令，打开"Options（选项）"窗口，设置"Active Class and Subclass"区域下拉框中的选项为"Device Type"和"Assembly_Top"。其余参数选择默认，如图9-39所示。

图9-38　"Text Edit（编辑文本）"对话框

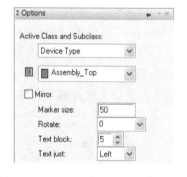

图9-39　Options窗口设置内容（三）

在工作区域内单击鼠标，确定输入位置，在命令窗口中输入"DIP"，然后右击鼠标，在弹出的菜单中选择"Done"命令，完成零件类型的添加，如图9-40所示。

8）添加零件中心（Body Center）。零件中心点用来指定零件中心点的位置。

选择菜单栏中的"Add（添加）"→"Text（文本）"命令，打开"Options（选项）"面板，设置"Active Class and Subclass"区域下拉框中的选项为"Package Geometry（几何图

形)"和"Body_Center"。将"Text just"选择"Center",表示"RefDes"的文字为中心对齐。如图9-41所示。

- 在命令窗口中输入"x 100 -350",按回车键,确定零件中心文字输入的位置。
- 在命令窗口中输入"o"文字,然后右击鼠标,在弹出的菜单栏中选择"Done"命令,完成中心位置的确定,如图9-42所示。

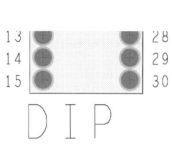

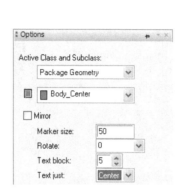

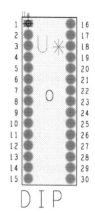

图9-40 添加零件类型　　图9-41 Options窗口设置内容(四)　　图9-42 确定零件中心

## 9.4 操作实例

Allegro的封装库文件可以通过各种编辑器及报表列出的信息,帮助自己进行元器件规则的有关检查,使自己创建的元器件以及元器件库更准确。

1)执行"开始"→"程序"→"Cadence SPB16.6"→"PCB Editor"命令,弹出"16.6 Allegro PCB Design GXL Product Choices"对话框,选择"Allegro PCB Design GXL"选项,然后选择 OK 按钮,进入设计系统主窗口。

2)选择菜单栏中的"File(文件)"→"New(新建)"命令,弹出的"New Drawing(新建图样)"对话框,如图9-43所示。在"Drawing Name"文本框内输入"ATF750C.dra",在"Drawing Type"下拉列表中选择"Package symbol(wizard)"选项,单击 Browse... 按钮,设置存储的路径。

图9-43 "New Drawing"对话框

3)完成设置后,单击 OK 按钮,将弹出"Package Symbol Wizard"对话框,如图9-44

257

所示。在"Package Type（封装类型）"选项列表内显示 8 种元件封装类型。

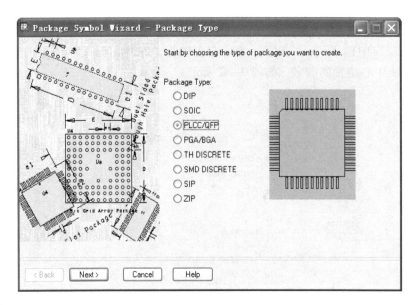

图 9-44 "Package Symbol Wizard"对话框

4）选择"PLCC/QFP"选项，然后单击 Next> 按钮，将弹出"Package Symbol Wizard – Template"对话框，如图 9-45 所示，选择"Default Cadence supplied template（使用默认库模板）"选项，单击 Load Template 按钮，加载默认模板。

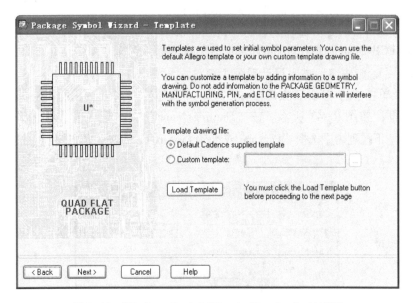

图 9-45 "Package Symbol Wizard – Template"对话框

完成设置后，单击 Next> 按钮，弹出"Package Symbol Wizard – General Parameters"对话框，如图 9-46 所示，在该对话框中定义封装元件的单位及精确度。

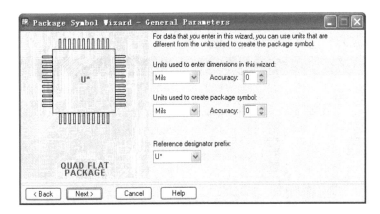

图 9-46　"Package Symbol Wizard – General Parameters" 对话框

5）单击 [Next>] 按钮，弹出如图 9-47 所示 "Package Symbol Wizard – PLCC/QFP Pin Layout" 对话框，定义封装引脚数。

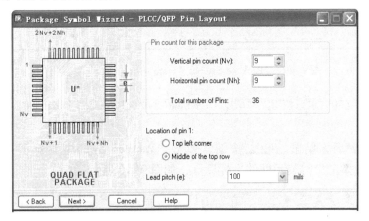

图 9-47　"Package Symbol Wizard – PLCC/QFP Pin Layout" 对话框

6）单击 [Next>] 按钮，弹出如图 9-48 所示 "Package Symbol Wizard – PLCC/QFP Parameters" 对话框，定义封装尺寸。

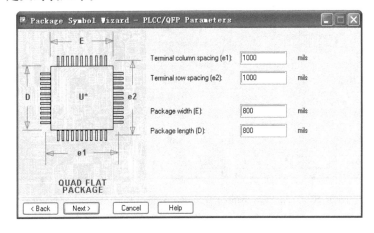

图 9-48　"Package Symbol Wizard – PLCC/QFP Parameters" 对话框

7）完成参数设置后，单击 Next> 按钮，弹出"Package Symbol Wizard – Padstacks"对话框，如图9-49所示，选择要使用的焊盘类型。

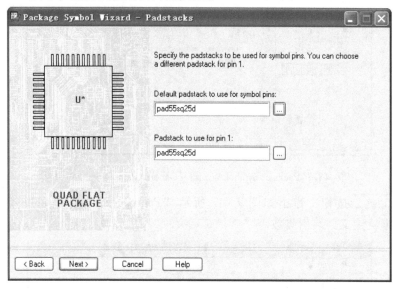

图9-49 "Package Symbol Wizard – Padstacks"对话框

8）单击选项右侧的⋯按钮，弹出"Package Symbol Wizard Padstack Browset"对话框，进行焊盘的选择。

完成焊盘设置后，单击 Next> 按钮，弹出"Package Symbol Wizard – Symbol Compilation"对话框，选择定义封装元件的坐标原点，如图9-50所示。

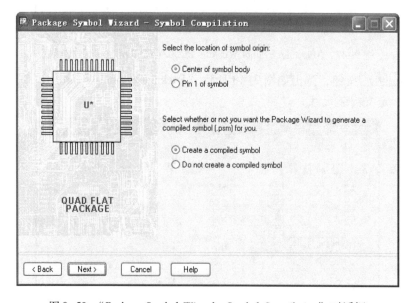

图9-50 "Package Symbol Wizard – Symbol Compilation"对话框

9）完成设置后，单击 Next> 按钮，弹出"Package Symbol Wizard – Summary"对话框，

单击 Finish 按钮，如图 9-51 所示。显示生成后缀名为 ".dra"、".psm" 的零件封装，完成封装如图 9-52 所示。

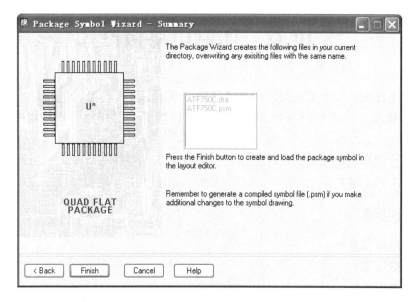

图 9-51 "Package Symbol Wizard – Summary" 对话框

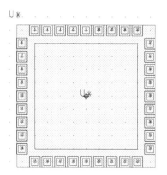

图 9-52 封装结果

# 第 10 章　印制电路板设计

设计印制电路板是整个工程设计的最终目的。原理图是示意图，电路板文件则是真正需要加工的实际模型。如果电路板设计得不合理，性能将大打折扣，严重时甚至不能正常工作。

本章主要介绍印制电路板的设计流程、物理结构、环境参数等知识，使读者对电路板的设计有一个基本的了解。

 **知识点**

- 印制电路板概念
- 设计参数设置
- 建立电路板文件
- 电路板物理结构
- 环境参数设置
- 在 PCB 文件中导入原理图网络表信息

## 10.1　印制电路板概述

在设计之前，我们首先介绍一下有关印制电路板的基础知识，以便用户能更好地理解和掌握以后 PCB 的设计过程。

### 10.1.1　印制电路板的概念

印制电路板（Printed Circuit Board），简称 PCB，是以绝缘覆铜板为材料，经过印制、腐蚀、钻孔以及后处理等工序，在覆铜板上刻蚀出 PCB 图上的导线，将电路中的各种元器件固定并实现各元器件之间的电气连接，使其具有某种功能。随着电子设备的飞速发展，PCB 越来越复杂，上面的元器件越来越多，功能也越来越强大。

印制电路板根据导电层数的不同，可以分为单面板、双面板和多层板 3 种。

- 单面板：单面板只有一面覆铜，另一面用于放置元器件，因此只能利用敷铜的一面设计电路导线和元器件的焊接。单面板结构简单，价格便宜，适用于相对简单的电路设计。对于复杂的电路，由于只能单面布线，所以布线比较困难。
- 双面板：双面板是一种双面都敷有铜的电路板，分为顶层（Top Layer）和底层（Bottom Layer）。它双面都可以布线焊接，中间为一层绝缘层，元器件通常放置在顶层。由于双面都可以布线，因此双面板可以设计比较复杂的电路。它是目前使用最广泛的印制电路板结构。
- 多层板：如果在双面板的顶层和底层之间加上别的层，如信号层、电源层或者接地层，即构成了多层板。通常的 PCB 板，包括顶层、底层和中间层，层与层之间是绝缘的，用于隔离布线，两层之间的连接是通过过孔实现的。一般的电路系统设计用双面板和四层板即可满足设计需要，只是在较高级电路设计中，或者有特殊要求时，比如对抗高频干扰要求很高情况下使用六层或六层以上的多层板。多层板制作工艺复杂，层数越多，设计时间越长，成本也越高。但随着电子技术的发展，电子产品越来越小巧精密，电路板的面积要求越来越小，因此目前多层板的应用也日益广泛。

下面我们介绍几个印制电路板中常用的概念。

**1. 元器件封装**

元器件的封装是印制电路设计中非常重要的概念。元器件的封装就是将实际元器件焊接到印制电路板时的焊接位置与焊接形状，包括了实际元器件的外型尺寸，空间位置，各引脚之间的间距等。元器件封装是一个空间的概念，对于不同的元器件可以有相同的封装，同样一种封装可以用于不同的元器件。因此，在制作电路板时必须知道元器件的名称，同时也要知道该元器件的封装形式。

对于元器件封装，我们在第 6 章中已经作过详细讲述，在此不再讲述。

**2. 过孔**

过孔是用来连接不同板层之间导线的孔。过孔内侧一般由焊锡连通，用于元器件引脚的插入。过孔可分为 3 种类型：通孔（Through）、盲孔（Blind）和隐孔（Buried）。从顶层直接通到底层，贯穿整个 PCB 的过孔称为通孔；只从顶层或底层通到某一层，并没有穿透所有层的过孔称为盲孔；只在中间层之间相互连接，没有穿透底层或顶层的过孔就称为隐孔。

**3. 焊盘**

焊盘主要用于将元器件引脚焊接固定在印制板上，并将引脚与 PCB 上的铜膜导线连接起来，以实现电气连接。通常焊盘有三种形状，圆形（Round）、矩形（Rectangle）和正八边形（Octagonal），如图 10-1 所示。

图 10-1　焊盘

**4. 铜膜导线和飞线**

铜膜导线是印制电路板上的实际布线，用于连接各个元器件的焊盘。它不同于印制电路板布线过程中飞线，所谓飞线，又叫预拉线，是系统在装入网络报表以后，自动生成的不同元器件之间错综交叉的线。

铜膜导线与飞线的本质区别在于铜膜导线具有电气连接特性，而飞线则不具有。飞线只是一种形式上的连线，只是在形式上表示出各个焊盘之间的连接关系，没有实际电气连接意义。

## 10.1.2　PCB 设计流程

笼统地讲，在进行印制电路板的设计时，我们首先要确定设计方案，并进行局部电路的仿真或实验，完善电路性能。之后根据确定的方案绘制电路原理图，并进行 ERC。最后完成 PCB 的设计，输出设计文件，送交加工制作。设计者在设计过程中尽量按照设计流程进行设计，这样可以避免一些重复的操作，也可以防止出现不必要的错误。

要想制作一块实际的电路板，首先要了解印制电路板的设计流程。印制电路板的设计流程如图 10-2 所示。

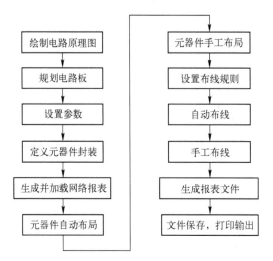

图 10-2　印制电路板的设计流程

**1. 绘制电路原理图**

电路原理图是设计印制电路板的基础，此工作主要在电路原理图的编辑环境中完成。如果电路图很简单，也可以不用绘制原理图，直接进入 PCB 电路设计。

**2. 规划电路板**

印制电路板是一个实实在在的电路板，其规划包括电路板的规格、功能、工作环境等因素，因此在绘制电路板之前，用户应该对电路板有一个总体的规划。具体即确定电路板的物理尺寸、元器件的封装、采用几层板以及各元器件的位置布局等。

**3. 设置参数**

主要是设置电路板的结构及尺寸、板层参数、通孔的类型、网格大小等。

**4. 定义元器件封装**

原理图绘制完成后，正确加入网络报表，系统会自动地为大多数元器件提供封装，但是对于用户自己设计的或某些特殊的元器件，必须由用户自己创建或修改元器件的封装。

**5. 生成并加载网络报表**

网络报表是连接电路原理图和印制电路板设计之间的桥梁，是电路板自动布线的灵魂。只有将网络报表装入 PCB 系统后，才能进行电路板的自动布线。

在设计好的 PCB 上生成网络报表和加载网络报表，必须保证产生的网表已没有任何错误，其所有元器件都能够加载到 PCB 中。加载网络报表后，系统将产生一个内部的网络报表，形成飞线。

**6. 元器件自动布局**

元器件自动布局是由电路原理图根据网络报表转换成的 PCB。对于电路板上元器件较多且比较复杂的情况，可以采用自动布局。由于一般元器件自动布局都不规则，甚至有的相互重叠，因此必须手动调整元器件的布局。

元器件布局的合理性将影响到布线的质量。对于单面板设计，如果元器件布局不合理将

264

无法完成布线操作；而对于双面板或多层板的设计，如果元器件布局不合理，布线时将会放置很多过孔，使电路板布线变得很复杂。

**7. 元器件手工布局**

对于那些自动布局不合理的元器件，可以进行手工调整。

**8. 设置布线规则**

飞线设置好后，在实际布线之前，要进行布线规则的设置，这是 PCB 设计所必须经的一步。在这里用户要设置布线的各种规则，比如安全距离、导线宽度等。

**9. 自动布线**

Cadence 提供了强大的自动布线功能，在设置好布线规则之后，可以利用系统提供的自动布线功能进行自动布线。只要设置的布线规则正确、元器件布局合理，一般都可以完成自动布线。

**10. 手工布线**

在自动布线结束后，有可能因为元器件布局的原因，自动布线无法完全满足要求或产生布线冲突，此时就需要进行手工布线加以调整。如果自动布线完全成功，则可以不必用手工布线。另外，对于一些有特殊要求的电路板，不能采用自动布线，必须用手工布线来完成设计。

**11. 生成报表文件**

印制电路板布线完成之后，可以生成相应的各种报表文件，比如元器件报表清单、电路板信息报表等。这些报表可以帮助用户更好地了解所设计的印制电路板和管理所使用的元器件。

**12. 文件保存，打印输出**

生成了各种报表文件后，可以将其打印输出保存，包括 PCB 文件和其他报表文件均可打印，以便今后工作中使用。

## 10.2 设计参数设置

在进行 PCB 设计前，首先要对工作环境进行详细的设置。主要包括板形的设置、PCB图样的设置、电路板层的设置、层的显示、颜色的设置、布线框的设置、PCB 系统参数的设置以及 PCB 设计工具栏的设置等。

选择菜单栏中的"Setup（设置）"→"Design Paramenter Editor（设计参数编辑）"命令，弹出"Design Paramenter Editor（设计参数编辑）"对话框，如图 10-3 所示。该对话框中主要需要设置的有 7 个设置选项卡："Display（显示）、Design（设计）、Shape（外形）、Flow Planning（流程规划）、Route（布线）和 Mfg Applications（制造应用程序）"。

**1."Display（显示）"选项卡**

"Display（显示）"选项卡如图 10-3 所示，设置"Command parameters（命令参数）"，包括五个选项组。

（1）"Display（显示）"选项组

● "Connect point size"：连接点大小，系统默认值为 10。

● "DRC marker size"：DRC 显示尺寸，系统默认值为 25。

图 10-3    "Display（显示）"选项卡

- "Rat T（Virtual pin）size"：T 型飞线尺寸，系统默认值为 35。
- "Max rband count"：当放置、移动元件时允许显示的网格飞线数目。当移动零件时，零件的引脚数大于这个值时，就不显示连到该零件引脚上的网络，经过引脚的网络还是显示的，如图 10-4 所示。

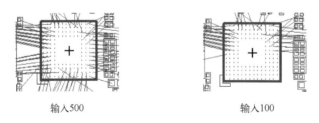

输入500                    输入100

图 10-4    设置飞线数目

- "Ratsnest geometry"：飞线的走线模式，在下拉列表中显示有两个选项，"Jogged（飞线呈水平或垂直时自动显示有拐角的线段）"和"Straight（走线为最短的直线线段）"，如图 10-5 所示。

- "Ratsnest points": 飞线的点距。在其下拉列表中显示有两个选项，"Closest endpoint（显示 Etch/Pin/Via 最近两点间的距离）"和"Pin to pin（引脚之间最近的距离）"，如图 10-6 所示。

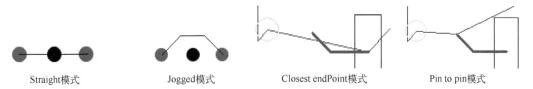

Straight模式        Jogged模式              Closest endPoint模式        Pin to pin模式

图 10-5　飞线走线模式                    图 10-6　设置飞线点距

（2）"Display net names（OpenGL only）"选项组

显示网络名称。包含三个选项："Clines"、"Shape"、"Pins"。

（3）"Enhanced display mode"选项组

高级显示模式。

- "Display plate holes"：显示上锡的过孔。
- "Display non – plated holes"：显示没有上锡的孔。
- "Display padless holes"：显示没有上锡的过孔。
- "Filled pads"：填满模式，如图 10-7 所示。
- "Connected line endcaps"：使导线拐弯处平滑。
- "Thermal pads"：热焊盘。
- "Bus rats"：总线型飞线。
- "Waived DRCs"：忽略 DRC。
- "Via Labels"：过孔层。
- "Display Origin"：显示原点。
- "Diffpair Driver Pins"：传感器引脚，如图 10-8 所示。

勾选复选框          不勾选          勾选复选框          不勾选

图 10-7　焊盘模式                    图 10-8　传感器引脚模式

⚠ 注意：

1）在 Allegro PCB 文件中，若焊盘是圆圈显示，走线拐角有断接痕迹。需要进行参数设置，下面介绍设置步骤：

1）选择菜单栏中的"Setup（设置）"→"Design Paramenter Editor（设计参数编辑）"命令，在"Display（显示）"选项卡"Enhanced display mode（高级显示模式）"下勾选"Display plated holes"、"Filled pads"、"Cline endcaps（使导线拐弯处平滑）"复选框。

2）按住鼠标中键（如果没有鼠标中键可以按〈Shift + 鼠标右键〉组合；或者按上下左右方向键都可以）进行缩放刷新，在走线拐弯连接处已经平滑过渡了。

3）勾选"Filled pads（填满模式）"复选框，按照上面的方法刷新，焊盘显示实心的，不再显示圆圈。

4）勾选"Display plated holes（显示上锡的过孔）"复选框，刷新图样，显示 VIA 的通孔。

（4）"Grids"：网格

- "Grid on"：启动网格。
- "Setup Grid"：网格设置。单击此按钮，弹出"Define Grid（定义网格）"对话框，对网格进行设置，在后面章节进行详细介绍，这里不再赘述。

（5）"Parameter description"：参数描述

该部分主要对设置产生的各项参数进行显示。

**2. "Design（设计）"选项卡**

打开"Design（设计）"选项卡，如图 10-9 所示。在该选项卡中可以设置页面属性，包括 6 个选项组。

图 10-9 "Design（设计）"选项卡

（1）"Size"：图样尺寸设置

- "User Units"：设定单位。下拉列表中有 5 种可选单位，如图 10-10 所示。Mils 表示

$10^{-3}$英寸，Inch 表示英寸；Microns 表示微米；Millimeter 表示毫米；Centimeter 表示厘米。

- "Size"：设定工作区的大小标准。若在 User Units（设定单位）下拉列表中选择"Mils（米制）"或"Inch（英寸）"选项，则该选项提供 A、B、C、D、Other 5 种不同的尺寸，如图 10-11 所示；若在"User Units（使用单位）"下拉列表中选择其余三种选项，则该选项提供 A1、A2、A3、A4、Other 这 5 种不同的尺寸，如图 10-12 所示。

图 10-10　选择单位　　　　图 10-11　图样尺寸 1　　　　图 10-12　图样尺寸 2

- "Accuracy"：精确性。在文本框中输入小数点后的位数。
- "Long Name Size"：名称字节长度。系统默认值为 255。

（2）"Extents"：图样范围设置

- "LeftX"：在该文本框中输入图样左下角横向起始坐标值。
- "LowerY"：在该文本框中输入图样左下角纵向起始坐标值。
- "Width"：在该文本框中输入图样宽度。
- "Height"：在该文本框中输入图样高度。

（3）"Move origin"：图样原点坐标。X、Y 分别为移动的相对坐标，输入好后系统会自动更改"LeftX"、"Lower Y"的值，以达到移动原点的目的。

（4）"Drawing type"：图样类型设置。该项不能修改，显示当前文件的类型。

（5）"Link lock"：走线设置。

- "Lock direction"：锁定方向。包含三个选项："Off（以任意角度进行拐角）"、"45（以 45°角进行拐角）"、"90（以 90°进行拐角）"。
- "Lock mode"：锁定模式。
- "Minimum radius"：最小半径。
- "Fixed 45 Length"：45°斜线长度。
- "Fixed radius"：圆弧走线固定半径值。
- "Tangent"：切线方式走弧线。

（6）"Symbol"：图样符号设置

- "Angle"：角度。范围为 1°~315°，设置元件默认方向。
- "Mirror"：镜像。放置元件时旋转至背面。
- "Default symbol height"：设置为图样符号默认高度。

### 3. "Text（文本）"选项卡

本选项卡在"Text（文本）"选项下设置文本属性，如图 10-13 所示。

- "Justification"：加 text 时光标字体的对齐方式。文本有三种对齐方式："Centre（中间对齐）"、"Right（右对齐）"、"Left（左对齐）"。
- "Parameter block"：光标大小的设定。
- "Text marker size"：文本书签尺寸。

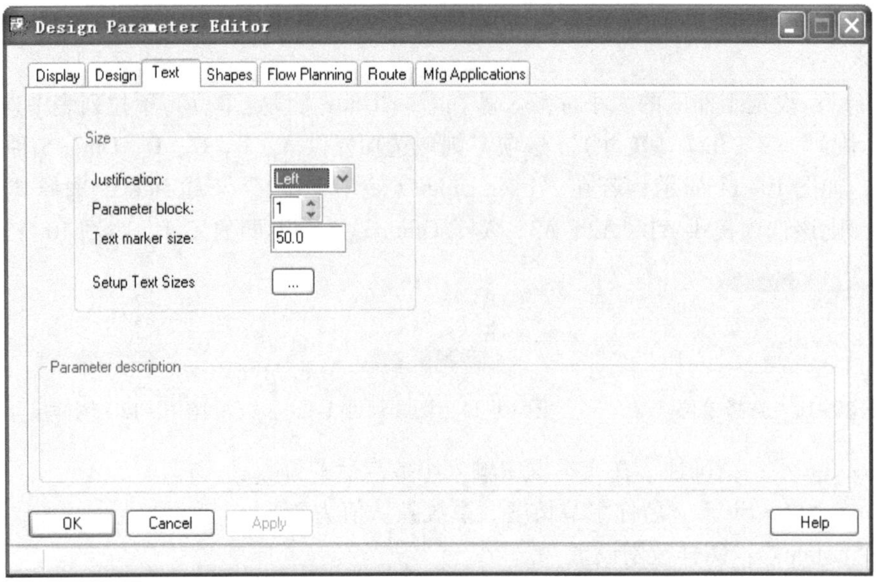

图 10-13 "Text（文本）"对话框

- "Setup Text Size"：字体设置。单击此按钮，弹出如图 10-14 所示的"Text Setup（文本设置）"对话框。通过该对话框可方便直观地设置需要的文字大小，或者对已有的文字大小进行修改。

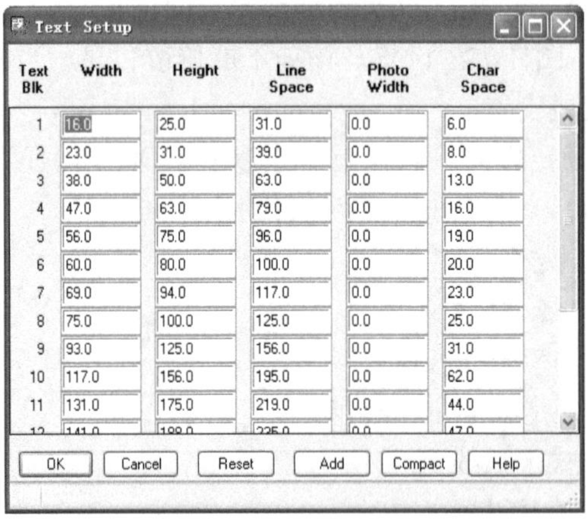

图 10-14 "Text Setup（文本设置）"对话框

该对话框中可以设置的标题有："Text BIK（字体类型）"、"Width（宽度）"、"Height（高度）"、"Line Space（行间距）"、"Photo Width（底片上的字宽）"和"Char Space（字间距）"。

- OK ：完成设置后，单击此按钮，确认设置，退出对话框。
- Cancel ：单击此按钮，取消设置操作，退出对话框。
- Reset ：单击此按钮，重置参数。
- Add ：单击此按钮，添加新的文字类型。

- Compact：单击此按钮，合并所有类型，默认有 16 种中文字样式。
- Help：帮助。

**4."Shapes（外形）"选项卡**

打开"Shape（外形）"选项卡，如图 10-15 所示，设置页面属性，包括 3 个选项组。

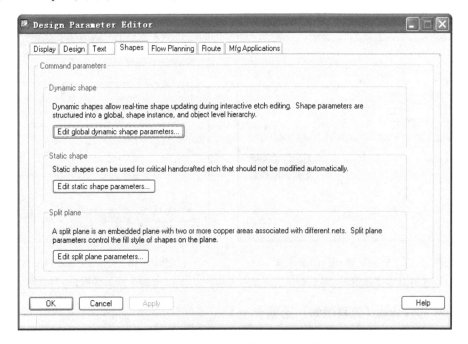

图 10-15 "Shape（外形）"选项卡

（1）"Edit global dynamic shape parameters"：单击此按钮，弹出如图 10-16 所示的"Global Dynamic Shape Parameters（全局动态形体参数）"对话框，编辑全局动态形体参数。

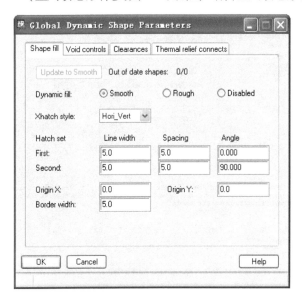

图 10-16 "Global Dynamic Shape Parameters（全局动态形体参数）"对话框

（2）"Edit static shape parameters"：单击此按钮，弹出如图10-17所示的"Static Shape parameters（静态形体参数）"对话框，编辑静态形体参数。

（3）"Edit split plane parameters"：单击此按钮，弹出如图10-18所示的"Split Plane Params（分割平面层参数）"对话框，编辑分割平面层参数。

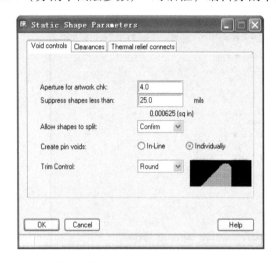

图10-17　"Static Shape parameters
（静态形体参数）"对话框

图10-18　"Split Plane Params
（分割平面层参数）"对话框

### 5. Flow Planning（流程规划）选项卡

打开"Flow Planning（流程规划）"选项卡，如图10-19所示，设置电路板流程，包括2个选项组。

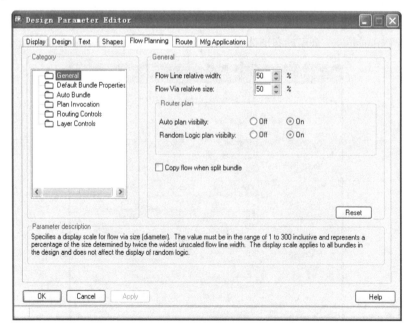

图10-19　"Flow Planning（流程规划）"选项卡

## 6. "Route（布线）"选项卡

打开"Route（布线）"选项卡，如图 10-20 所示，设置布线参数，包括 8 个选项组。

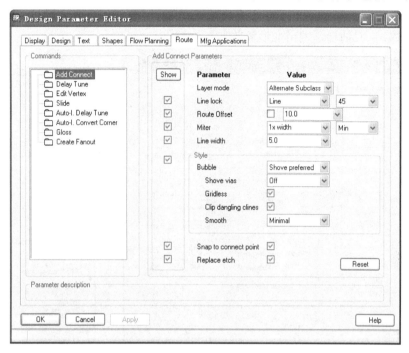

图 10-20  "Route（布线）"选项卡

## 7. "Mfg Applications（制造应用程序）"选项卡

打开"Mfg Applications（制造应用程序）"选项卡，如图 10-21 所示，设置制造应用程序属性，包括 4 个选项组。

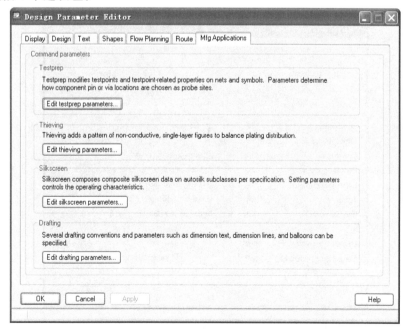

图 10-21  "Mfg Applications（制造应用程序）"选项卡

273

（1）"Edit testprep parameters"：单击此按钮，弹出如图10-22所示的"Testprep parameters（测试参数）"对话框，编辑测试参数。

（2）"Edit thieving parameters"：单击此按钮，弹出如图10-23所示的"Thieving parameters（变形参数）"对话框，编辑变形参数。

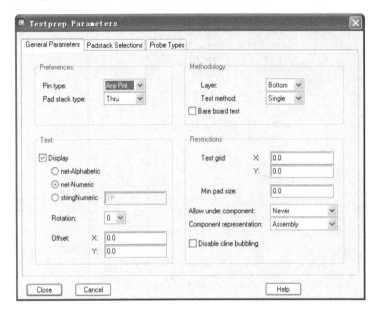

图10-22 "Testprep parameters（测试参数）"对话框

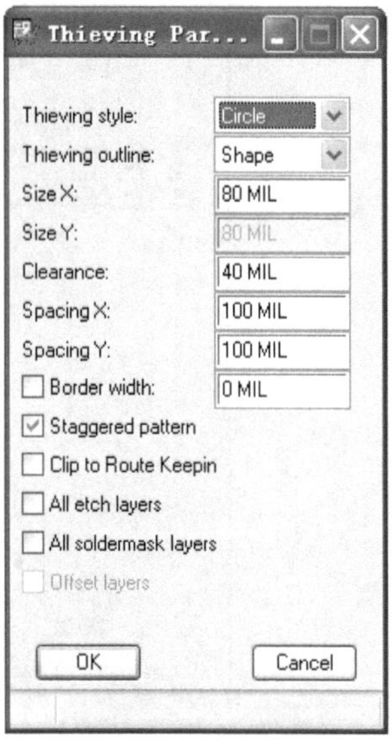

图10-23 Thieving parameters（变形参数）"对话框

（3）"Edit silkscreen parameters"：单击此按钮，弹出如图10-24所示的"Auto silkscreen（丝印层编辑）"对话框，编辑丝印层参数。

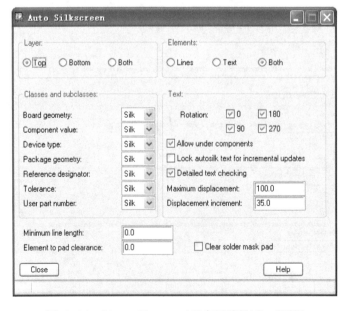

图10-24 "Auto silkscreen（丝印层编辑）"对话框

（4）"Edit drafting parameters"：单击此按钮，弹出如图 10-25 所示的"Dimensioning parameters（标注参数）"对话框，编辑标注参数。

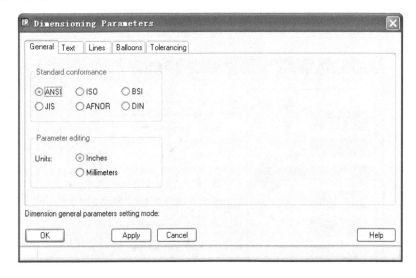

图 10-25　"Dimensioning parameters（标注参数）"

## 10.3　建立电路板文件

用 Allegro 软件进行 PCB 设计首先要建立一块空白电路板，然后定义层面、添加板外框等，Allegro 本身提供两种建板模式：一种是使用向导，另一种是手动创建。

### 10.3.1　使用向导创建电路板

Allegro 提供了 PCB 设计向导，以帮助用户在向导的指引下建立 PCB 文件，这样可以大大减少用户的工作量。尤其是在设计一些通用的标准接口板时，通过 PCB 设计向导，可以完成外形、板层、接口等各项基本设置，十分便利。

操作步骤如下：

1. 启动 PCB Editor。

2. 选择菜单栏中的"File（文件）"→"New（新建）"命令，弹出如图 10-26 所示的"New Drawing（新建图样）"对话框。在"Drawing Name（图样名称）"一栏里写入电路板名称"PCB Board"。在"Drwing Type（图样类型）"下拉列表中选择"Board（Wizard）"。

图 10-26　"New Drawing（新建图样）"对话框

3. 单击 [OK] 按钮后关闭对话框，弹出"Board Wizard（板向导）"对话框，如图 10-27 所示，进入 Board（Wizard）的工作环境。在该对话框中显示电路板向导的流程、电路板的尺寸单位、工作区域的大小、原点坐标、电路板的外框、栅格间距、电路板电气层面的设定、基本的设计规则设定。

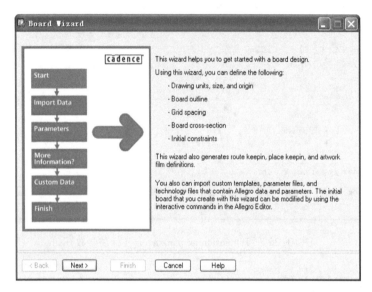

图 10-27 "Board Wizard（板向导）"对话框

4. 单击 [Next>] 按钮，进入图 10-28 所示的对话框。提示用户是否有建好的电路模板需要导入。如果有模板选择"Yes（是）"选项，然后单击右侧 [...] 按钮，弹出如图 10-29 所示的"Board Wizard Template Browser（搜索板向导模板）"对话框，查找已有模板。若选择"No（否）"选项，表示不输入模板。

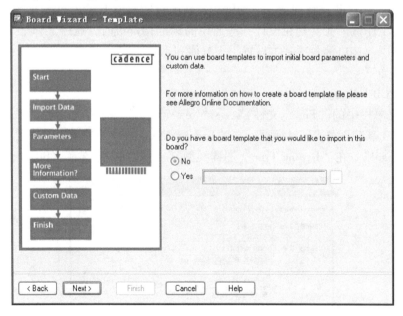

图 10-28 "Board Wizard – Template（板向导模板）"对话框

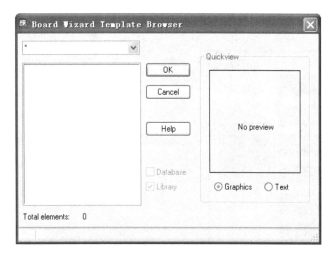

图 10-29 "Board Wizard Template Browser（搜索板向导模板）"对话框

5. 单击 Next> 按钮，进入图 10-30 所示的对话框。提示用户是否要选择一个已有的 "Tech file（包括了电路板的层面和限制设定的参数）"导入进来。对两个选项均选择 "No（否）"选项，表示不选择 "tech file 文件"与 "Parameter file 文件"。

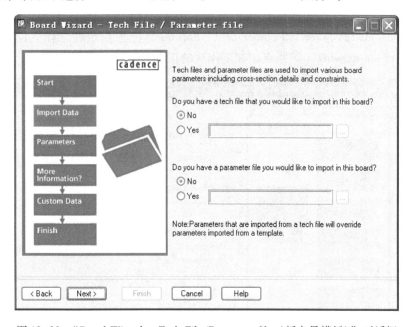

图 10-30 "Board Wizard – Tech File/Parameter file（板向导模板）"对话框

6. 单击 Next> 按钮，进入图 10-31 所示的对话框。提示用户是否要选择一个已有的 "board symbol（包括电路板框和其他一些有关电路板信息的参数模块）"导入进来。这里选择 "No（否）"选项，表示不导入参数模块。

7. 单击 Next> 按钮，进入图 10-32 所示的对话框。设置图样选项，选择 "Units（单位）"、"Size（工作区的范围大小）"，与 "Design Parameter Editor（设计参数编辑）"中工作区参数设定相同。其中，"Size（工作区的范围大小）"下拉列表中没有自行定义的 Other

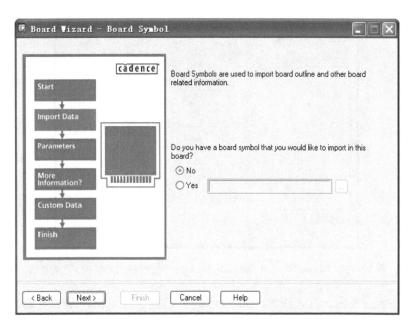

图 10-31 "Board Wizard – Board Symbol（板向导模板）" 对话框

选项。在 "Specify the location of the origin for this drawing（设定工作区的原点的位置）" 选项下有两个选项："At the lower left corner of the drawing（把原点定在工作区的左下脚）" 和 "At the center of the drawing（把原点定在工作区的正中心）"。

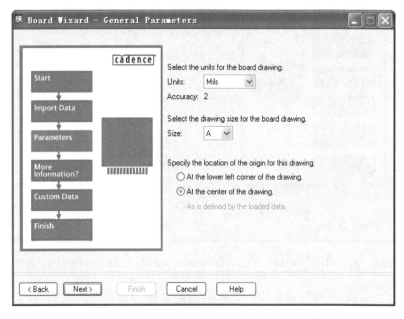

图 10-32 "Board Wizard – General Parameters（板向导模板）" 对话框

8. 单击 Next> 按钮，进入图 10-33 所示的对话框，继续设置图样参数。
下面简单介绍各参数选项。

● "Grid spacing"：图样格点大小。这里的格点设定包括电气格点和非电气格点，作图

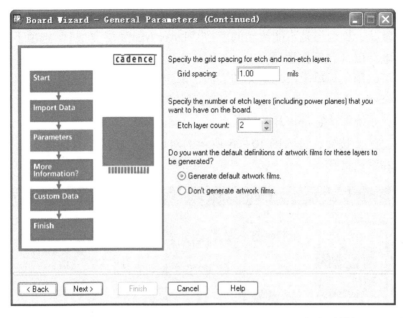

图 10-33 "Board Wizard – General Parameters（Continued）（板向导模板）"对话框

时有其他格点要求时可以执行菜单命令"Setup（设置）">"Grid（格点）"。

- "Ecth layer count"：设定电路板电气层面的数目。
- "Do you want the default definitions of artwork films for these layers to be generated"：选择是否要把"Ecth layer count"中设定的层数加入底片中。
- "Generate default artwork films"：勾选此选项，在出底片时系统会把这几层自动加入。
- "Don't generate artwork films"：勾选此选项，在出底片时需要手动加入出底片的层面。

9. 单击 Next> 按钮，进入图 10-34 所示的对话框，定义层面的名称和其他条件。

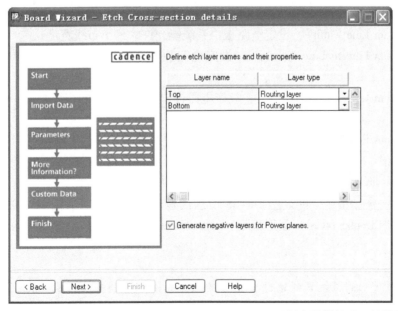

图 10-34 "Board Wizard – Etch Cross–section details（板向导模板）"对话框

其中，在"Layer name（层名称）"选项组下用鼠标单击需要修改命名的层面，Top 和 Bottom 为系统默认，这两层是不能改动的。在"Layer type（层类型）"选项下定义层面是一般布线层还是电源层（包括接地层）。

同样的，可以用鼠标单击用户定义的层面，来定义是布线层还是电源层，勾选"Generate negative layers for Power planes"选项，在出底片时系统就会自动把"Power layer"定义为负片；不勾选，系统默认它是正片。

10. 单击 Next> 按钮，进入图 10-35 所示的对话框。在这个对话框中是设定在板中的一些默认限制和默认贯孔。

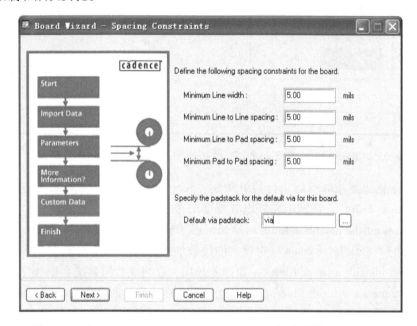

图 10-35  "Board Wizard – Spacing Constraints（板向导模板）"对话框

- "Minimum Line width"：设定电路板中系统能允许的最小布线宽度。
- "Minimum Line to Line spacing"：设定电路板中系统能允许的布线与布线间距的最小值。
- "Minimum Line to Pad spacing"：设定电路板中系统能允许的布线与 Padstack 间距的最小值。
- "Minimum Pad to Pad spacing"：设定电路板中系统能允许的 Padstack 与 Padstack 间距的最小值。
- "Default via padstack"：设定电路板中系统默认的贯孔。

11. 单击 Next> 按钮，进入图 10-36 所示的对话框。在该对话框中定义板框的外形，有两种选择："Circular board（圆形板框）"和"Rectangular board（方形板框）"。

注意：

一些特殊外形的板框只能通过自己去建立，或者自行创建"Mechanical Symbol"，再从先前的第四步导入创建的模板。"Mechanical Symbol"的建立将在后面章节介绍。

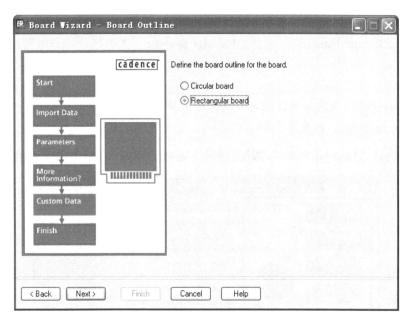

图 10-36　"Board Wizard – Board Outline（板向导模板）"对话框

12. 选择"Rectangular board（方形板框）"选项，单击 Next> 按钮，进入图 10-37 所示的对话框。

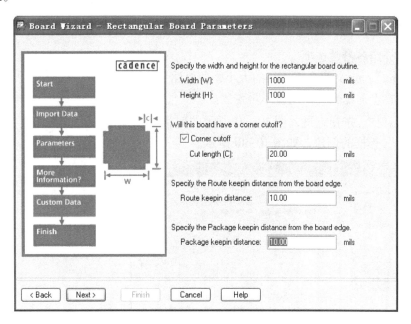

图 10-37　"Board Wizard – Rectangular Board Parameters（板向导模板）"对话框

下面简单介绍各参数选项：

- "Width"和"Height"：确定板框的长和宽，也就是电路板的大小。
- "Cut length"：挖掉电路板四角的长度，由于挖掉的是个正方形，只需填入一边的长度即可。需勾选"Corner cutoff（挖掉拐角）"复选框，才能设置此选项。

- "Route keepin distance"：定义布线区域的范围，即与电路板外框的间距。
- "Package keepin distance"：定义"Package keeping"的范围，即与电路板外框的间距。

⚠️ **注意：**

"Route keepin"：设定在此区域内布线，否则操作出错。

"Package keeping"：设定布局的零件区域，否则操作出错。

13. 如果选择"Circular board（圆形板框）"选项，则进入图10-38所示的对话框。

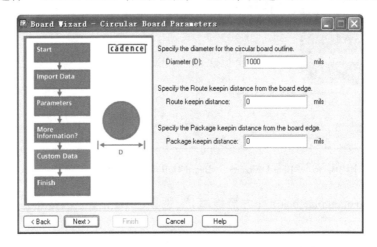

图10-38　"Board Wizard – Circular Board Parameters（板向导模板）"对话框

下面简单介绍各参数选项。

- "Diameter"：定义圆形板直径的大小，即电路板直径的大小。

其他选项在上面已介绍，这里不再赘述。

14. 单击 Next> 按钮，进入图10-39所示的对话框，单击 Finish 按钮，完成向导模式 "Board Wizard"板框的创建，如图10-40所示。

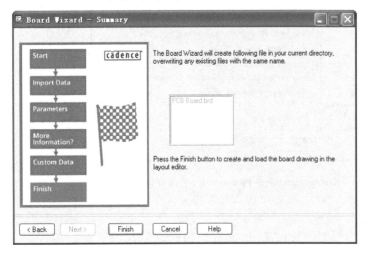

图10-39　"Board Wizard – Summary（板向导模板）"对话框

图10-40　完成的板框

282

## 10.3.2 手动创建电路板

选择菜单栏中的"File（文件）"→"New（新建）"命令，或单击"Files（文件）"工具栏中的"New（新建）"按钮 ![icon]，弹出如图 10-41 所示的"New Drawing（新建图样）"对话框。

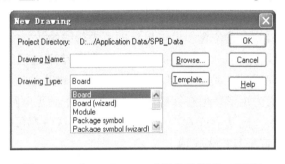

图 10-41 "New Drawing（新建图样）"对话框

在"Drawing Name（图样名称）"文本框中输入图样名称；在"Drwing Type（图样类型）"下拉列表中选择图样类型"Board"。

单击 OK 按钮结束对话框，进入设置电路板的工作环境。

## 10.4 电路板物理结构

对于手动生成的 PCB，在进行 PCB 设计前，首先要对电路板的各种属性进行详细的设置。主要包括板形的设置、PCB 图样的设置、电路板层的设置、层的显示和颜色的设置、布线框的设置、PCB 系统参数的设置以及 PCB 设计工具栏的设置等。

### 10.4.1 图样参数设置

在绘制边框前，先要根据板的外形尺寸确定 PCB 工作区域的大小。

在"Design Paramenter Editor（设计参数编辑）"对话框的 Design（设计）选项卡下，"Extents（图样范围）"选项中可以设置图样边框的大小。

该选项组下有四个参数，如图 10-42 所示，确定这四个参数即可完成边框大小、位置的确定。

电路板边框所定原点为（0，0），屏幕的左下角坐标为（-10000，-10000）；左上角坐标为（-10000，7000）；右上角坐标为（11000，7000）；右下角坐标为（11000，-10000），这样宽度为 21000mm，高度为 17000mm，根据这个尺寸就能在"Extents（图样范围）"中进行设置了，将"Left X"、"Lower Y"、"Width"、"Height"设成相应的值。

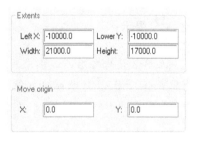

图 10-42 "Extents（图样范围）"选项

### 10.4.2 电路板的物理边界

电路板的边框即 PCB 的实际大小和形状，也就是电路板的物理边界。根据所设计的 PCB 在产品中的位置、空间的大小、形状以及与其他部件的配合来确定 PCB 的外形与尺寸。

任何一块 PCB 都要有边框存在，而且都应该是闭合的，并且尺寸是可以测量的。

**1. 执行命令**

● 菜单栏：选择"Add（添加）"→"Line（线）"命令。

● 工具栏：单击"Add（添加）"工具栏中的"Add Line（添加线）"按钮 ◢。

**2. 操作步骤**

将鼠标移到工作窗口的合适位置，单击鼠标即可进行线的放置操作，每单击一次就确定一个固定点，当绘制的线组成了一个封闭的边框时，即可结束边框的绘制。单击鼠标右键，选择快捷命令"Done（完成）"，完成绘制，绘制结束后的 PCB 边框如图 10-43 所示。

通常将板的形状定义为矩形。但在特殊的情况下，为了满足电路的某种特殊要求，也可以将电路板形定义为圆形、椭圆形或者不规则的多边形。这些都可以通过如图 10-44 所示的"Add（添加）"菜单或工具栏来完成。

**3. 精确绘制**

采用上述方法绘制的边框无法确定具体尺寸，下面介绍如何精确绘制边框。

1）执行该命令后，打开右侧图 10-45 所示的"Option（选项）"面板，进行参数的设置，在下拉列表中分别选择"Board Geometry"和"Outline"，同时在下面的文本框中设置"Line lock（隐藏线）"、"Line width（线宽）"和"Line font（线型）"。

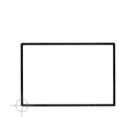
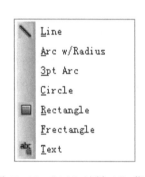

图 10-43　绘制边框　　图 10-44　"Add（添加）"菜单　　图 10-45　"Options（选项）"面板

 提示：

在参数设好之后，我们采用输入坐标的方式精确绘制板框，一般要求 PCB 的左下角为原点（0，0），修改比较方便。根据结构图计算出 PCB 右下角坐标是（1000，0）；右上角坐标是（1000，1280）；左上角坐标是（0，1280）。

2）鼠标单击输入窗口，输入字符："x 0 0"（x 空格 0 空格 0 回车键），注意空格和小写字符，输入后按回车键确认执行该命令。

3）X 轴方向增量 200 mm，输入字符："ix 1000"或"x 1000，0"，注意鼠标的位置不影响坐标。

4）Y 轴方向增量 128 mm，输入字符："iy 1280"或"x 1000，1280"。

5）X 轴方向增量 −200 mm，输入字符："ix −1000"或"x 0，1280"。

6）Y 轴方向增量 −128 mm，输入字符："iy −1280"或"x 0，0"。

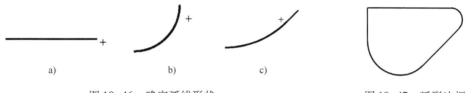

注意：

> 两种输入方法各有优缺点，读者根据所需随意选择坐标输入方法。

7）单击右键，选择快捷命令"Done（完成）"结束命令。

**4. 选项说明**

下面简单介绍"Option（选项）"面板中各参数：

1）"Line lock（隐藏线）"：在该选项中分别设置边框线类型及角度。

在左侧下拉列表中有"Line（线）"、"Arc（弧）"两种边框线；在右侧下拉列表中显示"45"、"90"、"Off"三种角度值。选择"Line（线）"绘制边框的方法简单，这里不再赘述。

若选择"Arc（弧）"绘制边框，则完成设置后，单击鼠标左键确定起点，向右拖动鼠标，拉伸出一条直线，如图 10-46a 所示，也可向上拖动，分别拖动出不同形状的弧线，如图 10-46b、图 10-46c 所示。

确认形状后单击左键一次确定一个固定点，同样的方法确定下一段线的形状，最终结果如图 10-47 所示。

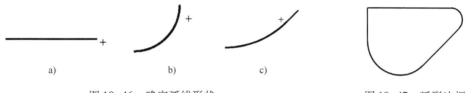

a)　　　　　　　　b)　　　　　　　　c)

图 10-46　确定弧线形状　　　　　　　　图 10-47　弧形边框

2）"Line width（线宽）"：在该文本框中设置边框线的线宽。

该选项可以编辑绘制完成的边框线线宽。选中要编辑的边框线，单击右键，弹出如图 10-48 所示的快捷菜单，选择"Change Width（修改宽度）"命令，弹出如图 10-49 所示的"Change Width（修改宽度）"对话框，在"Enter width（输入宽度）"文本框中输入要修改的宽度值，单击 OK 按钮，关闭对话框，完成修改。同样的方法修改其余边框线，最终结果如图 10-50 所示。

图 10-48　快捷菜单　　　图 10-49　"Change Width（修改宽度）"对话框　　　图 10-50　修改后的边框

3）"Line font（线型）"：设置边框线的显示类型。

在下拉列表中显示 5 种类型，如图 10-51 所示。

电路板的最佳形状为矩形，长宽比为 3∶2 或 4∶3，电路板尺寸大于 200 mm×150 mm 时，应考虑电路板的机械强度。

图 10-51　选择线

### 10.4.3　编辑物理边界

通常 PCB 都要将边缘进行倒圆角处理，这样能避免电路板在搬运过程中其尖角划破皮肤、衣服或机柜表漆等。倒角方式有两种：圆角和 45°角。

选择菜单栏中的"Manufacture（制造）"→Draft（设计图）命令，弹出如图 10-52 所示的子菜单。本节主要介绍"Chamfer（倒角）"和"Fillet（圆角）"命令。

1. "Chamfer（倒角）"命令：将两条相交或将要相交的直线改成斜角相连。

执行该命令后，打开"Options（选项）"面板，显示如图 10-53 所示的参数。

- "First"：第一条线的折角。
- "Second"：第二条线的折角。
- "Chamfer angle"：折角的度数，可以选择下拉列表中的角度值，也可以输入任意值。

按照图 10-53 设置参数，选择角度值为 45°，选择边框左上角两条相交线，倒角结果如图 10-54 所示。

图 10-52　子菜单　　　　图 10-53　倒角参数设置　　　　图 10-54　倒角结果

2. "Fillet（圆角）"命令：将两条相交或将要相交的直线改成圆弧相连。

执行该命令后，打开"Options（选项）"面板，显示如图 10-55 所示的参数。在"Radius（半径）"文本框中输入圆弧半径的值。对边框右侧变现进行操作，结果如图 10-56 所示。

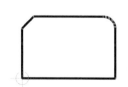

图 10-55　圆角的参数设置　　　　图 10-56　倒圆角结果

## 10.4.4 放置定位孔

为确定电路板安装位置，需在电路板四周安装定位孔，下面介绍定位孔的安装过程。

**1. 执行命令**

- 菜单栏：选择"Place（放置）"→"Manually（手工放置）"命令。
- 工具栏：单击"Place（放置）"工具栏中的"Place Manual（手工放置）"按钮📷。

**2. 操作步骤**

1）执行该命令后，弹出如图 10-57 所示的"Placement（放置）"对话框，如图 10-57 所示。打开"Advance Settings（预先设置）"选项卡，在"List construction（设计目录）"选项组下，勾选"Library（库）"复选框，默认勾选"Database（数据库）"复选框，如图 10-58 所示。

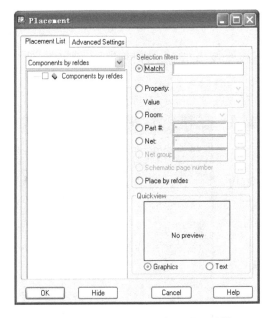

图 10-57 "Placement（放置）"对话框

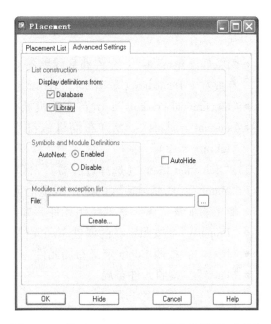

图 10-58 "Advance Settings（预先设置）"选项卡

2）打开"Placement List（放置列表）"选项卡，在下拉列表中选择"Medichanical symbols（数据包符号）"选项，单击左边的"+"号，显示加载的库中的元件，如图 10-59 所示，"MTG"为前缀的符号均为定位孔符号。在选中对象左端的方格中打上"√"表示选中，将其拖动到 PCB 板上单击完成放置，也可勾选对象后在命令行输入"x 5 5"，按〈Enter〉键精确确认放置的位置。

**3. 选项说明**

1）右侧"Option（选项）"面板参数的设置如图 10-60 所示。

2）打开"Placement List（放置列表）"选项卡左侧下拉列表，左侧"Components（元件）"文本框的下拉列表中有 7 种选项，如图 10-61 所示。下面介绍常用的几种类型：

- "Components by refdes"：允许选择一个或多个元件序号，存放在"Database（数据库）"中。

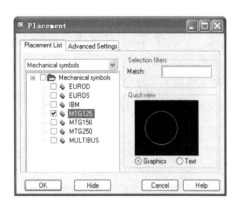

图 10-59　选择符号　　　　图 10-60　放置元件的参数设置　　图 10-61　选择类型

- "Components by net group"：允许选择一个或多个元件序号，存放在"Database（数据库）"中。
- "Package symbols"：允许布局封装符号（不包含逻辑信息，即网络表中不存在的），存放在"Database（数据库）"中。
- "Mechanical symbols"：允许布局机械符号，存放在"Library（库）"中。
- "Format symbols"：允许布局机械符号，存放在"Library（库）"中。

3）"Selection filters（选择过滤器）"区域。

- "Match"：选择与输入的名字匹配的元素，可以使用通配符"*"选择一组元件，如"U*"。
- "Property"：按照定义的属性布局元件。
- "Room"：按照 Room 定义布局元件。
- "Part#"：按照元件布局。
- "Net"：按照网络布局。
- "Schematic page number"：按照原理图页放置，单击右侧██按钮，弹出"Schematic page number（原理图页）"对话框，在该对话框中选择原理图，如图 10-62 所示。
- "Place by refdes"：按照元件序号布局。

图 10-62　"Schematic page number（原理图页）"对话框

# 10.5　环境参数设置

## 10.5.1　设定层面

　　PCB 一般包括很多层，不同的层包含不同的设计信息。制板商通常是将各层分开做，然后经过压制、处理，最后生成各种功能的电路板。

　　Allegro 系统默认的 PCB 都是两层板，即"TOP"层和"BOTTOM"层。在电路设计中可能需要添加不同层，在对电路板进行设计前可以对板的层数及属性进行详细的设置。

**1. 执行方式**

- 菜单栏：选择"Setup（设置）"→"Cross – section（层叠结构）"命令。
- 工具栏：单击"Setup（设置）"工具栏中的"Cross – section（层叠结构）"按钮 。

**2. 操作步骤**

执行此命令后，弹出如图 10-63 所示的"Layout Cross Section（层叠设计）"对话框，在该对话框中可以增加层、删除层以及对各层的属性进行编辑。

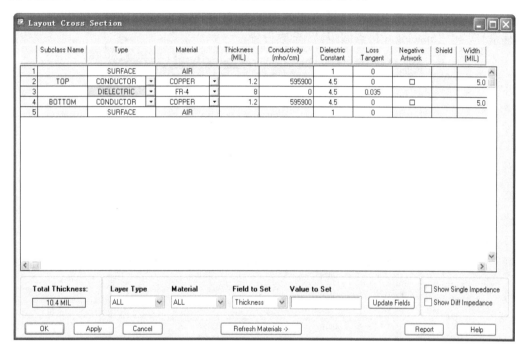

图 10-63 "Layout Cross Section（层叠设计）"对话框

1）该对话框的表格显示了当前 PCB 图的层结构。在这个对话框列表最上方显示电路板的层面数、层面的材质、层命名等。

- "Type"：层面的类型，包含"SURFACE"、"CONDUCTOR"、"DIELECTRIC"和"PLANE"这 4 个选项。
- "Material"：从下拉列表中选择材料，用鼠标单击 后，就可以选择想要的那个层面的材料（其中"FR – 4"是常用的绝缘材料，"Copper"是铜箔）。
- "Thickness"：分配给每个层的厚度。
- "Loss Tangent"：根据绝缘层的功率因数补偿角的正切值，指定当前选择的绝缘层的介电损失。

在列表中间 3 组层间任意对象上右击鼠标，弹出如图 10-64 所示的对话框，可利用这两个命令添加层，在列表中上、下两层只能显示图 10-64 中一种命令。选定一层为参考层进行添加时，添加的层将出现在参考层的下面或上面。

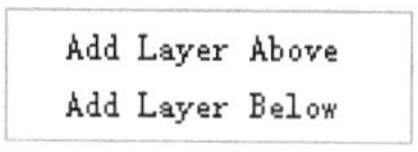

Add Layer Above
Add Layer Below

图 10-64 快捷命令

2) 鼠标单击某一层的名称或选中该层后单击 ▾ 按钮，都可以修改该层的属性。

- "Physical Thickness"：电路板厚度的显示。
- "Material"：层面的材料选择。
- "Layer Type"：选择层面的类型。用鼠标单击 ▾ 按钮后，就可以选择层面类型了。

### 10.5.2 设置栅格

选择菜单栏中的"Setup（设置）"→"Grid（网格）"命令，弹出如图 10-65 所示的 "Define Grid（定义网格）"对话框，在该对话框中主要设置显示 Layer（层）的 "Offset （偏移量）"和"Spacing（格点间距）"参数设置。

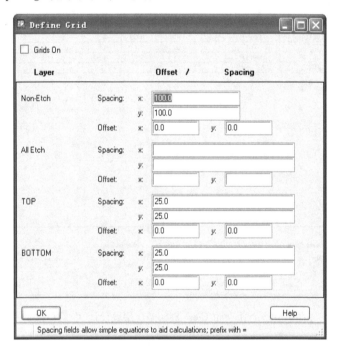

图 10-65 "Define Grid（定义网格）"对话框

需要设置格点参数的层有"Non - Etch（非布线层）"、"All Etch（布线层）"、"TOP （顶层）"、"BOTTOM（底层）"。勾选"Grid On（显示栅格）"复选框，显示栅格，在 PCB 中显示对话框中设置的参数；否则，不显示栅格。

布局时，栅格设为 100 mil、50 mil 或 25 mil；布线时，栅格可设为 1 mil。

(!) 注意：

> 在"Design Paramenter Editor（设计参数编辑）"对话框中打开"Display（显示）"选 项卡，在"Grids（网格）"选项组下单击"Setup Grid（网格设置）"按钮，同样可以弹 出"Define Grid（定义网格）"对话框。

单击"Setup（设置）"工具栏中的"Grid Toggle（栅格开关）"按钮，可以显示或关 闭栅格。

### 10.5.3　颜色设置

PCB 编辑器内显示的各个板层具有不同的颜色，以便于区分。用户可以根据个人习惯进行设置，并且可以决定该层是否在编辑器内显示出来。下面我们就来进行 PCB 层颜色的设置。

1. 选择菜单栏中的"Display（显示）"→"Color（颜色）"命令，或单击"Setup（设置）"工具栏中的"Color（颜色）"按钮，也可以按〈Ctrl + F5〉组合键，弹出如图 10-66 所示的"Color Dialog（颜色）"对话框。

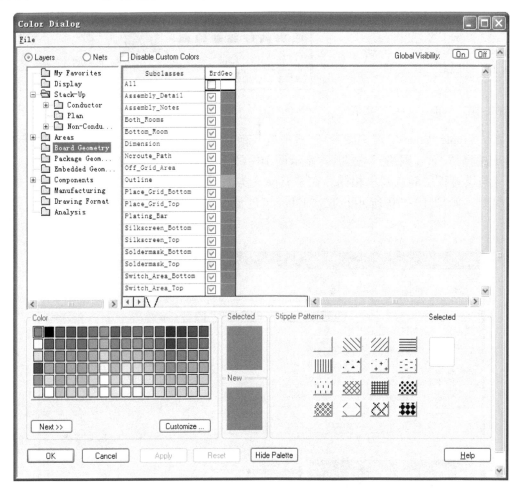

图 10-66　"Color Dialog（颜色系统）"对话框

2. 选择"File（文件）"命令，弹出如图 10-67 所示的菜单，加载或保存调色板，以供板层颜色设置。

在该对话框中有两个选项："Layer（层）"、"Nets（网络）"，选择不同选项，显示不同对话框，进行相应设置。

3. 选择"Layer（层）"单选钮，在左侧列表中显示需要设置颜色的选项，右侧列表框中显示对应选项的子集选项。选中要设置的选项，在"Color（颜色）"颜色板中选择所选颜色；单击该颜色板下方的"Next（下一组）"按钮，切换颜色面板，单击"Custum（定制）"按钮，弹出如图 10-68 所示的"颜色"对话框，在该对话框中选择任意颜色。

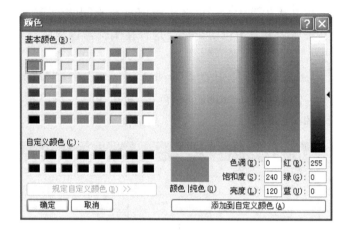

```
Load Default Color Palette Ctrl+N
Save Default Color Palette

Load Color Palette...       Ctrl+O
Save Color Palette...       Ctrl+S

Close
```

图 10-67　"File（文件）"菜单

图 10-68　"颜色"对话框

在"Stipple Pattern（雕刻图案）"选项组下有 16 种图案仅供选择。

4. 选择"Net（网络）"选项，显示图 10-69 所示的菜单，设置网络颜色与设置板层颜色基本相同。在"Type（类型）"下拉列表中选择设置类型，如图 10-70 所示；在"Filter（过滤）"文本框中输入关键词。

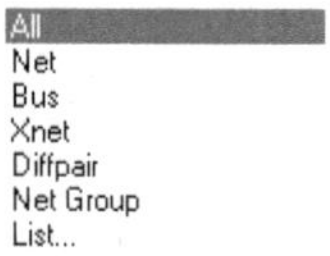

图 10-69　"Type（类型）"下拉列表

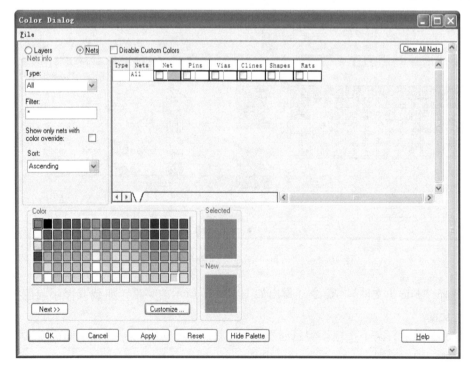

图 10-70　"Net（网络）"选项

292

## 10.5.4　板约束区域

对边框线进行设置主要是给制板商提供制作板形的依据。用户还可以在设计时直接定义约束区域，约束区域比"outline（物理边界）"的范围要小，如果大小相同则会使布线和零件有损伤。

约束区域也可称之为电气边界，用来界定元器件放置和布线的区域范围。在 PCB 板元器件自动布局和自动布线时，电气边界是必需的，它界定了元器件放置和布线的范围。通常电气边界应该略小于物理边界，在日常使用过程中，电路板难免会有磨损，为了保证电路板能够继续使用，在制板过程中需要留有一定余地，在物理边界损坏后，如果内侧的电气边界完好，其中的元器件及其电气关系保持完好，则电路板可以继续使用。

各种约束区域定义主要通过"Setup（设置）"→"Areas（区域）"子菜单来完成，如图 10-71 所示。

约束区域共有以下 11 种："Package Keepin（元件允许布局区）"、"Package Keepout（元件不允许布局区）"、"Package Height（元件高度限制）"、"Route Keepin（允许布线区）"、"Route Keepout（禁止布线区）"、"Wire Keepout（不允许有线）"、"Via Keepout（不允许有过孔）"、"Shape Keepout（不允许敷铜）"、"Probe Keepout（禁止探测）"、"Gloss Keepout（禁止涂绿油）"、"Photoplot Outline（菲林外框）"。

下面首先介绍确定允许放置区域的操作步骤

1. 选择菜单栏中的"Setup（设置）"→"Areas（区域）"→"Package Keepin（元件允许布局区）"命令，打开图 10-72 所示的"Options（选项）"面板。

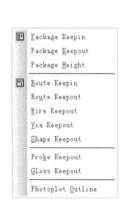

图 10-71　"Areas（区域）"子菜单　　　　图 10-72　"Option（选项）"面板

在"Active Class and Subclass（有效的集和子集）"选项组下默认选择"Package Keepin"、"All"选项。

在"Segment Type（线类型）"选项组下的"Type（类型）"下拉列表中显示 4 个选项："Line（线）"、"Line 45（45°线）"、"Line Orthogonal（直角线）"、"Arc（弧线）"，这里选择"Line（线）"。

完成设置后，移动鼠标到电路板边框内部，单击鼠标确定起点，然后移动鼠标分别单击以确定多个固定点设定区域的尺寸，如图 10-73 所示。连接起始点和结束点，单击右键选择"Done（完成）"命令，完成允许布局区域的定义，如图 10-74 所示。

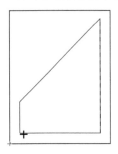
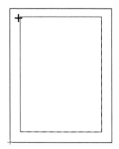

图 10-73　确定固定点　　　　　　　　　图 10-74　完成区域绘制

2. 位于电路板边缘的元件，离电路板边缘一般不小于 2 mm，因此允许布局元件区域应与电路板那物理边界间隔不小于 2 mm。若果允许零件布线摆放区域形状和布线区域形状类似，可使用下面介绍的方法，该方法简单、实用。

选择菜单栏中的"Edit（编辑）"→"Z–copy（复制）"命令，打开右侧"Options（选项）"面板，如图 10-75 所示。

3. 在"Copy to Class/Subclass（复制集和子集）"选项组下依次选择"Package Keepin"、"All"选项。

在"Shape Options（外形选项）"选项组下有 3 个选项：

1）"Copy（复制）"选项：选择是否要复制外形的"Voids（孔）"和"Netname（网络名）"，这主要针对"Etch 层"的"shape"。

2）"Size（尺寸）"：选择复制后的"shape"是"Contract（缩小）"还是"Expand（放大）"；在"Offset（偏移量）"中输入要缩小或扩大的数值。

3）"Route keeping（允许布线区域）"在"outline（边框线）"内测，"Package keeping（允许布局区域）"在"Route keeping（允许布线区域）"内侧，因此，选择"Contract（缩小）"选项，在"Offset（偏移）"中输入要缩小的间距。

完成参数设置后，在工作区的边框线上单击鼠标，自动添加有适当间距的允许布局区域线，如图 10-76 所示。

图 10-75　"Option（选项）"面板　　　　　图 10-76　添加允许布局区域

⚠ 注意：

   执行"Z-Copy"命令时，如果绘制的"Outline"是由"shape（形状）"命令中的子命令绘制时，在"Find（查找）"选项板中勾选"Shape（形状）"复选框，否则无法完成操作；如果绘制的"Outline"是由"Line（线）"组合而成，在"Find（查找）"选项板中勾选"Line（线）"选项，否则无法完成操作。

绘制其他类型的区域，步骤相同，这里不再赘述。

## 10.6　在 PCB 文件中导入原理图网络表信息

网络表是原理图与 PCB 之间的联系纽带，原理图的信息可以通过导入网络表的形式完成与 PCB 之间的同步。进行网络表的导入之前，必须确保在原理图中网络表文件的导出。网络报表是电路原理图的精髓，是原理图和 PCB 连接的桥梁，没有网络报表，就没有电路板的自动布线。

下面介绍在 Allegro 中网络表的导入操作：

1. 启动 PCB Editor。
2. 新建电路板文件。
3. 选择菜单栏中的"File（文件）"→"Import（导入）"→"Logic（原理图）"命令，如图 10-77 所示，弹出如图 10-78 所示的"Import Logic（导入原理图）"对话框。

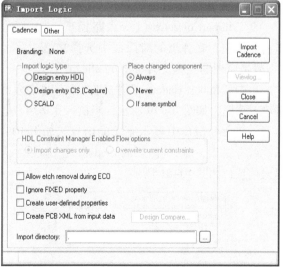

图 10-77　"Files（文件）"菜单命令　　　　图 10-78　"Import Logic（导入原理图）"对话框

由于在 Capture 中原理图网络表的输出有两种形式，因此在 Allegro 中根据使用不同方法输出的网络表，有两种导入方法。

打开"Cadence"选项卡，导入在 Capture 里输出网络表（netlist）时选择"PCB Editor"方式输出的网络表。

为了方便对电路板的布局，需要给/对原理图中的元件添加必要的属性，属性包含原理图输出网络表时选择"PCB Editor"方式，输出的网络表半酣元件的相关属性，使用"Cadence"方式导入该网络表。

在"Import logic type（导入的原理图类型）"选项组下有三个绘图工具："Design entry HDL"、"Design entry CIS（Capture）"和"SCALD"，根据原理图选择对应的工具选项，表示导入不同工具生成的原理图网络表；在"Place changed component（放置修改的元件）"选项组下默认选择"Always（总是）"，表示无论元件在电路图中是否被修改，该元件放置在原处；"HDL Constraint Manager Enable Flow options（HDL 约束管理器更新选项）"选项只有在"Design entry HDL"生成的原理图进行更新时才可用，该选项组包括"Import changens only（仅更新约束管理器修改过的部分）"和"Overwrite current constraints（覆盖当前电路板中的约束）"。

该选项卡中还包含 4 个复选框，可根据需要进行选择。

- "Allow etch removal during ECO"：勾选此复选框，第二次进行网络表输入时，Allegro 会删除多余的布线。
- "Ignore FIXED property"：勾选此复选框，在输入网络表的过程中对有固定属性的元素进行检查时，忽略此项产生的错误提示。
- "Create user – defined properties"：勾选此复选框，在输入网络表的过程中根据用户自定义属性在电路板内建立此属性的定义。
- "Create PCB XML from input data"：勾选此复选框，在输入网络表的过程中，产生"XML"格式的文件。单击"Design Compare（比较设计）"按钮，用"PCB Design Compare"工具比较差异。

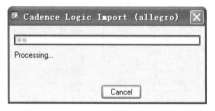

图 10-79　导入网络表的进度对话框

在"Import directory（导入路径）"文本框中，单击右侧按钮，在弹出的对话框中选择网络表路径目录（一般是原理图工程文件夹下的 allegro 下）。

单击"Import Cadence"按钮，导入网络表，弹出进度对话框，如图 10-79 所示，当执行完毕后，若没有错误，在命令窗口中显示完成的信息，如图 10-80 所示。若有错误，则产生"netrev. lst"记录文件，记录错误信息，如图 10-81 所示。

图 10-80　显示命令信息

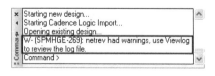

图 10-81　显示警告信息

4. 单击"Viewlog"按钮，打开"netrev. lst"，查看错误信息。也可选择菜单栏中的"Files（文件）"→"Viewlog（查看日志）"命令，同样可以打开如图 10-82 所示的窗口，查看网络表的日志文件。

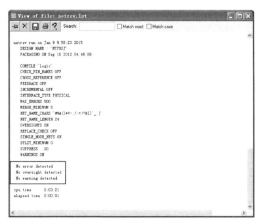
正确信息

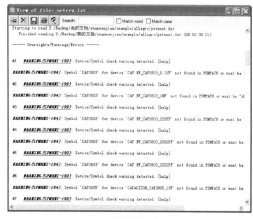
显示警告信息

图 10-82　网络表的日志文件

5. 打开"Other"选项卡，弹出如图 10-83 所示的对话框，设置参数选项，导入在 Capture 里选择"Other"方式输出的网络表。

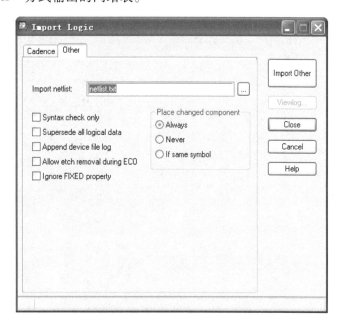

图 10-83　"Other"选项卡

对于没有添加元件属性的原理图中，使用"Other"方式输出的网络表下也没有元件属性，这就需要用到"Device 文件"，"Device 文件"是一个文本文件，内容是描述零件以及引脚的一些网络属性。

6. 在"Import netlist（导入网络表）"文本框中输入网络表文件的文件名称。

根据所述设置以下选项：

1）"Syntax check only"：勾选此复选框，不进行网络表的输入，仅对网络表文件进行语法检查。

2）"Supersede all logical data"：勾选此复选框，比较要输入的网络表与电路板内的差异，再将这些差异更新到电路板内。

3）"Append device files log"：勾选此复选框，保留"Device 文件"的"log 记录文件"，同时添加新的"log 记录文件"。

4）"Allow etch removal during ECO"：勾选此复选框，第二次进行网络表输入时，Allegro 会删除多余的布线。

5）"Ignore FIXED property"：勾选此复选框，在输入网络表的过程中对有固定属性的元素进行检查时，忽略此项产生的错误提示。

单击 Import Other 按钮，导入网络表，具体步骤同上，这里不再赘述。

完成网络表导入后，选择菜单栏中的"place（放置）"→"manually（手动放置）"命令，在弹出的对话框中查看有无元件生成。

# 第 11 章　布　　局

在完成网络表的导入操作后，元件已经加载到电路板文件中，封装元件放置到电路板中后需要对封装好的元件进行摆放，最后开始元件的布局。

通常好的布局使具有电气连接的元件引脚比较靠近，这样可以使走线距离短，占用空间比较小，从而使整个电路板结构紧凑，导线能够易于连通，从而获得更好的布线效果。

　知识点

- 摆放封装元件
- 基本原则
- 自动布局
- PCB 设计规则

## 11.1　添加 Room 属性

在不同功能的 Room 中放置同属性的元器件，将元件分成多个部分，在摆放元件的时候就可以按照 Room 属性来摆放，将不同功能的元件放在一块，布局的时候方便拾取。简化布局步骤，减小布局难度。

添加 Room 属性有两种方法：一种是在原理图中设置，另一种是在 PCB 中设置，在原理图中添加 Room 属性的方法前面已经介绍，现在介绍如何在 PCB 中添加 Room 属性。

导入网表后，在 allegro 页面中，选择菜单栏中的"Edit（编辑）"→"Properties（属性）"命令，在右侧"Find（查找）"面板下方的"Find By Name（通过名称查找）"下拉列表中选择"comp or pin"，如图 11-1 所示。

单击"more（更多）"按钮，弹出"Find by Name or Property（通过名称或属性查找）"对话框，在该对话框中选择需要设置 Room 属性的元件并单击此按钮将其添加到"Selected objects（选中对象）"列表框，如图 11-2 所示。

单击 Apply 按钮，弹出"Edit Properties（显示属性）"对话框，在左侧"Table of Contents（目录表）"下拉列表中选择"Room"并单击，在右侧显示"Room"并设置"Value（值）"，在"Value（值）"文本框中输入 CPU，表示选中的几个元件都是 CPU 的元件，或者说这几个元件均添加了 Room 属性，如图 11-3 所示。

完成添加后，单击 Apply 按钮，完成在 PCB 中 Room 属性的添加，弹出"Show Properties（显示属性）"对话框，在该对话框中显示元件属性，如图 11-4 所示。

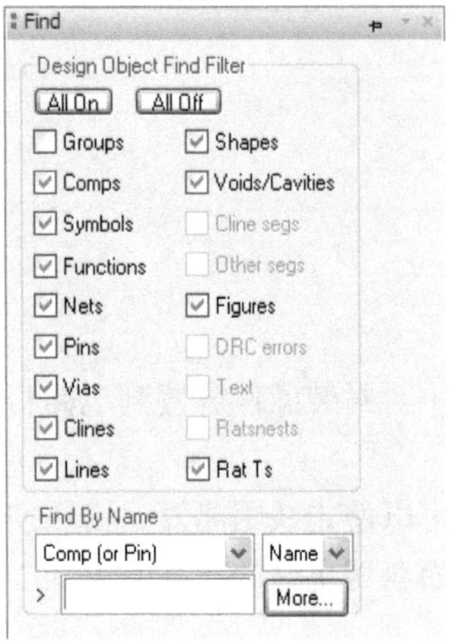

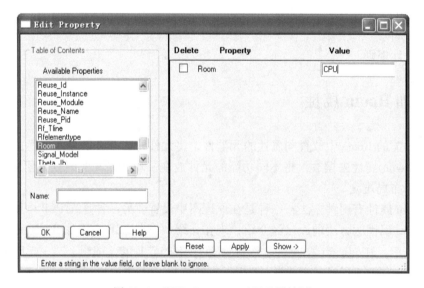

图 11-1 "Find（查找）"面板

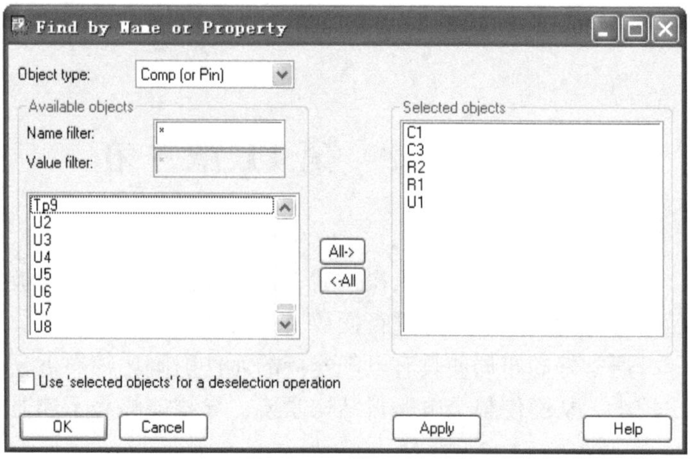

图 11-2 "Find by Name or Property
（通过名称或属性查找）"对话框

图 11-3 "Edit Properties（显示属性）"

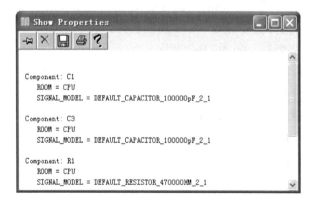

图 11-4 "Show Properties（显示属性）"对话框

注意:

选择多个元件添加 Room 属性后,默认添加 Signal_Model 属性。

Room 属性的添加主要是用来对布局后期细化时使用的,将所有元件均添加 Room 属性,并按照属性名称将元件分类放置,激活"move(移动)"命令,在右下角输入名字来寻找元件,即可放置。

若觉得元件放完后电路板线路过于烦琐,可选择菜单栏中的"Display(显示)"→"Blank Rats(不显示飞线)"→"All(全部)"命令,即可隐藏 Room 的外框线,使电路板变得清晰。

完成 Room 属性的添加后,需要在电路板中确定 Room 的位置,下面介绍其过程。

选择菜单栏中的"Setup(设置)"→"Outlines(外框线)"→"Room Outlines(区域布局外框线)"命令,将弹出"Room Outline(Room 外框线)"对话框,如图 11-5 所示。

图 11-5 "Room Outline(区域布局外框线)"对话框

对话框内选项参数设置如下。

**1. "Command Operations(命令操作)"区域**

共有四个选项,分别是"Create(创建空间)"、"Edit(编辑空间)"、"Move(移动空间)"和"Delete(删除空间)"。

**2. "Room Name 区域(空间名称)"区域**

为用户创建的新空间命名以及在下拉列表中选择用户要修改、移动或删除的空间。

**3. "Side of Board(板边)"区域**

设置空间的位置,有三个选项:"Top(在顶层)"、"Bottom(在底层)"、"Both(都存在)"。

**4. "ROOM_TYPE Properties(空间类型属性)"**

在此区域内进行 Room 类型属性的设置,分为两个选项。

1)"Room":空间。在下拉列表中显示如图 11-6 所示的选项。

2）"Design level"：设计标准。在下拉列表中显示如图 11-7 所示的选项。

| \<Use design value\> | |
| Hard | \<None\> |
| Soft | Hard |
| Inclusive | Inclusive |
| Hard straddle | Hard straddle |
| Inclusive straddle | Inclusive straddle |

图 11-6　Room 类型　　　　　　　　图 11-7　Room 属性

**5. "Create/Edit Options（创建、编辑选项）"区域**

在此区域内进行 Room 形状的选择，有以下三个选项。

1）"Draw Rectangle"：选择此项，绘制矩形，同时定义矩形的大小。

2）"Place Rectangle"：选择此项，按照指定的尺寸绘制矩形，在文本框中输入矩形的宽度与高度。

3）"Draw Polygon"：选择此项，绘制任意形状的图形。

在命令窗口内输入"x 00"，按〈Enter〉键，再键入"x 1950 1000"，再按下〈Enter〉键，此时显示添加的 Room，如图 11-8 所示。

**6. 添加 Room**

在"Room Outline"对话框内继续设置下一个 Room 所在的层，以及名称，在命令口内输入命令，确定位置，重复操作，添加好需要的 Room 后，在"Room Outline"对话框内单击 OK 按钮，退出对话框。

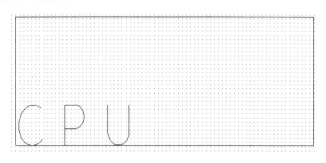

图 11-8　添加 Room

# 11.2　摆放封装元件

网络报表导入到 Allegro 后，所有元器件的封装加载到数据库中，我们首先需要对这些封装进行放置，即将封装元件从数据库放置到 PCB 中，将所有封装元件放置到 PCB 中后才可以对封装元件进行布局操作，封装元件合理的摆放不只是将封装元件放置到 PCB 中，应对元件按属性分类摆放，这样能减轻布局操作时的工作量。下面将介绍如何对封装元件进行摆放操作。

## 11.2.1　元件的手工摆放

元件的摆放方式可分为手工摆放和快速摆放两种，本节将主要介绍如何进行手工摆放。

**1. 放置元件封装**

选择菜单栏中的"Place（放置）"→"Manually（手动放置）"命令，弹出"Placement（放置）"对话框，选择"Advance Settings（预先设置）"选项卡，进行如图11-9所示的设置。

1）该选项卡是提供"Netlis（网络表）"带入的零件名称，勾选后可以直接放置在PCB中，根据具体架构及摆放规则放置零件。

"Quick view（缩略图）"是所选零件的一个预览窗口，可以看到零件的外形。

选择"Graphics（图形）"单选钮可以看到零件的外形，选择"Test（文本）"单选钮可以了解零件的定义。

2）在"Placement List（放置列表）"选项卡的下拉列表中可以对所有零件摆放前进行筛选，如按字母或者按零件的类型进行筛选，然后勾选零件就可以摆放在PCB上。选择"Components by refdes（按照元件序号）"选项，按照序号摆放元件。

在下面的区域内可以看到所有导入的元件，任意选择一个元件，便可在"Quickview（缩略图）"中看到此零件的封装外形，如图11-10所示。

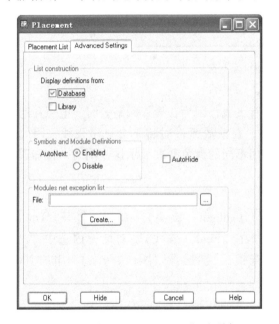

图11-9 "Advanced Settings"选项卡

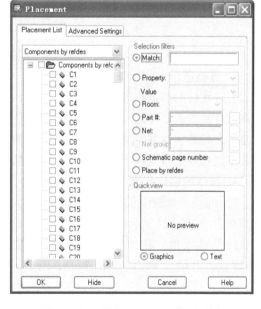

图11-10 "Placement List"选项卡

3）在"Components（元件）"区域内选择放置元件后，滑动鼠标将元件放置在编辑区内。

4）将所有的封装添加到编辑区内，然后单击 OK 按钮，结束摆放操作。

**2. 检查摆放结果**

选择菜单栏中的"Display（显示）"→"Element（元件信息）"命令，打开"Find（查找）"面板按下"All Off（全部关闭）"按钮，取消所有对象的选择，然后选中"Comps"选项，在编辑区内单击元件封装，弹出"Show Element（显示元件信息）"窗口，可在该对话框中查看元件属性，如图11-11所示。

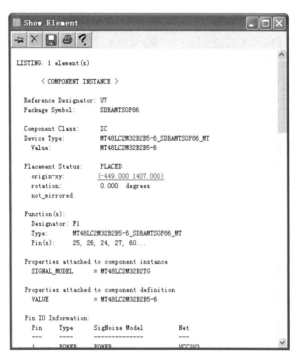

图 11-11　"Show Element"窗口

### 3. 高亮显示 GND 和 VCC 网络

当对元件封装进行摆放时，电源和地网络没有飞线，因为在导入网络表时，电源和地网络将被自动加入"NO_Rat（不显示飞线）"属性，在摆放元件时将不会显示飞线，因此需要通过高亮显示这些网络来确定摆放的位置。使用不同的颜色高亮显示这些网络，将知道在什么位置摆放连接这些网络的分离元件封装。

### 4. 具体的操作步骤

1）选择菜单栏中的"Display（显示）"→"Highlight（高亮）"命令，打开"Options（选项）"面板选择显示颜色，如图 11-12 所示。在"Find（查找）"对话框内选中"Nets（网络）"选项框，在"Find By Name（按名称查找）"栏选择"Net（网络）"和"Name（名称）"，并输入 VCC，如图 11-13 所示。

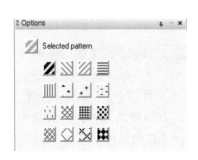

图 11-12　"Option（选项）"面板

图 11-13　"Find（查找）"面板（一）

2）按〈Enter〉键后，电源网络将高亮显示，如图 11-14 所示。

3）在"Options（选项）"面板内选择另一种颜色，在"Find（查找）"面板内选中"Nets（网络）"选项框，在"Find By Name（按名称查找）"栏选择"Net（网络）"和"Name（名称）"，并输入 GND，如图 11-15 所示。

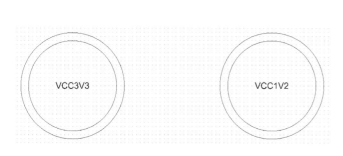

图 11-14　高亮显示电源网络　　　　图 11-15　"Find（查找）"面板（二）

4）按〈Enter〉键，接地网络将高亮显示，如图 11-16 所示。

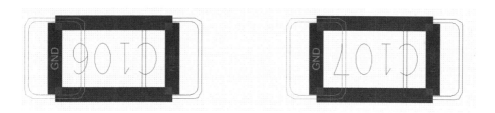

图 11-16　高亮显示接地网络

## 11.2.2　元件的快速摆放

自动摆放适合于元器件比较多的情况。Allegro 提供了强大的 PCB 自动摆放功能，设置好合理的摆放规则参数后，采用自动摆放将大大提高设计电路板的效率。

PCB 编辑器根据一套智能的算法可以自动地将元件分开，然后放置到规划好的摆放区域内并进行合理的摆放。这样可以节省很多时间。

（!）注意：

　　选择菜单栏中的"Setup（设置）"／"Design Parameters（设计参数）"命令，在弹出"Design Parameter Editor（设计参数编辑）"对话框中选择"Display"选项卡，并且不勾选"Filed pads（填充焊盘）"选项，如图 11-17 所示，然后单击  按钮，完成设置。

1. 选择菜单栏中的"Place（放置）"→"Quickplace（快速摆放）"命令，将弹出

"Quickplace（快速摆放）"对话框，如图 11-18 所示。

图 11-17　不选择"Filed pads"选项

图 11-18　"Quickplace（快速摆放）"对话框

2. "Placement Filter（摆放过滤器）"区域有 7 种摆放方式。

1）"Place by property/value"：按照元件属性和元件值摆放元件。

2）"Place by room"：摆放元件到 Room 中，将具有相同 Room 属性的元件放置到对应的 Room 中。

3）"Place by part number"：按元件名在板框周围摆放元件。

4）"Place by net name"：按网络名摆放。

5）"Place by schematic page number"：当有一个"Design Entry HDL"原理图时，可以按页摆放元件。

6）"Place all components"：摆放所有元件。

7）"Place by refdes"：按元件序号摆放，可以按照元件的"Type（分类）"（选择勾选"IO（无源元件）"、"IC（有源元件）"和"Discrete（分离元件）"）来摆放，或者三者的任意组合；在"Numbei（序号数）"文本框中设置元件序号的最大值与最小值。

3. "Placement Position（摆放位置）"区域。

1）"Place by partition"：当原理图是通过"Design Entry HDL"设计时，按照原理图分割摆放。

2）"By user pick"：摆放元件于用户单击的位置，单击"Select origin（选择原点）"按钮，在电路板中单击，显示原点坐标，即摆放时以此坐标点开始摆放。

3）"Around package keepin"：表示摆放元件允许的摆放区域。在"Edge（边）"区域中显示元件摆放在板框中的位置，分别为"Top（顶部）"、"Bottom（底部）"、"Left（左边）"和"Right（右边）"。在"Board Layer（板层）"区域显示元件摆放在"Top（顶层）"还是"Bottom（底层）"。

4）"Symbols placed"：显示摆放元件的数目。

5）"Place components from modules"：摆放模块元件。

6）"Unplaced symbol count"：未摆放的元件数。

单击 Place 按钮，对元件进行摆放操作，显示摆放成功，对话框如图 11-19 所示，单击 OK 按钮，关闭对话框，电路板元件摆放显示如图 11-20 所示。

图 11-19 "Quickplace（快速摆放）"对话框

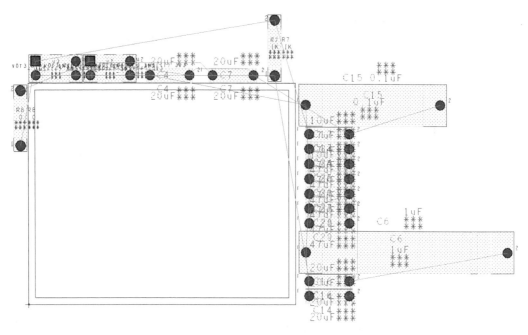

图 11-20　快速摆放结果

## 11.3　基本原则

印制电路板中元器件的布局、布线的质量，对电路板的抗干扰能力和稳定性有很大的影响，所以在设计电路板时应遵循 PCB 设计的基本原则。

元器件布局不仅影响电路板的美观，而且还影响电路的性能。在布局前首先需要进行布局前的准备工作，绘制板框、确定定位孔与对接孔的位置、标注重要网络等；然后再进行布局操作，根据原理图进行布局调整；最后进行布局后的检查，如空间上是否有冲突、元件排列是否整齐有序等。在元器件布局时，应注意以下几点：

- 按照关键元器件布局，即首先布置关键元器件，如单片机、DSP、存储器等，然后按照地址线和数据线的走向布置其他元器件。
- 对于工作在高频下的电路要考虑元件之间的布线参数，高频元器件引脚引出的导线应尽量短些，以减少对其他元器件以及电路的影响。
- 模拟电路模块与数字电路模块分开布置，不要混乱地放置在一起。
- 带强电的元器件与其他元器件的距离尽量远一些，并布置在调试时不易接触到的地方。
- 较重的元件需要用支架固件，防止元器件脱落。
- 热敏元件要远离发热元件，对于一些发热严重的元器件，可以安装散热片。
- 对于电位器、可调电感线圈、可变电容器、微动开关等可调元件的布局应考虑整机的结构要求，应放置在便于调试的地方。
- 确定特殊元件的位置时要尽可能地缩短高频元件之间的连线，输入、输出元件要尽量远。

- 要增大可能存在电位差元件之间的距离。
- 要按照电路的流程放置功能电路单元,使电路的布局有利于信号的流通,以功能电路的核心元件为中心进行布局。
- 位于电路板边缘的元件离电路板边缘不少于 2 mm。

## 11.4 自动布局

自动布局适合于元器件比较多的情况。Allegro 提供了强大的自动布局功能,设置好合理的布局规则参数后,采用自动布局将大大提高设计电路板的效率。

选择菜单栏中的"Place(放置)"→"Auto place(自动布局)"命令,弹出与自动布局相关的子菜单命令,如图 11-21 所示。

- "Insight":可视布局。
- "Parameters":按照设置的参数进行自动布局。
- "Top Grids":设置电路板顶层格点。
- "Bottom Grids":设置电路板底层格点。
- "Design":对整个电路板中的元件进行自动布局。
- "Room":将 Room 中的元件进行自动布局。
- "Window":将窗口中的元件进行自动布局。
- "List":对列表中的元件进行自动布局。

图 11-21 "Auto place(自动布局)"子菜单

### 1. 设置格点

格点的存在使各种对象的摆放更加方便,更容易实现对 PCB 布局"整齐、对称"的要求。布局过程中移动的元件往往并不是正好处在格点处,这时就需要用户进行下列操作。

(1)设置顶层网格

选择菜单栏中的"Place(放置)"→"Auto place(自动布局)"→"Top Grid(顶层格点)"命令,弹出"Allegro PCB Design GXL"对话框,设置顶层网格大小。在"Enter grid X increment(输入网格 X 轴增量)"文本框中输入 100,如图 11-22 所示。

单击 OK 按钮,完成 X 轴设置,弹出 Y 轴格点设置对话框,"Enter grid Y increment(输入网格 Y 轴增量)"文本框中输入 100,如图 11-23 所示。

单击 OK 按钮,退出对话框,在工作区任意一点单击,然后右击鼠标选择"Done(完成)"命令,完成顶层网格设置。

(2)设置底层网格

选择菜单栏中的"Place(放置)"→"Auto place(自动布局)"→"Bottum Grid(底层格点)"命令,弹出"Allegro PCB Design GXL"对话框,设置底层网格大小。在"Enter grid X increment(输入网格 X 轴增量)"文本框中输入 100。

单击 OK 按钮,完成 X 轴设置,弹出 Y 轴格点设置对话框,在"Enter grid Y increment(输入网格 Y 轴增量)"文本框中输入 100。

单击 OK 按钮,退出对话框,在工作区任意一点单击,然后右击鼠标选择"Done(完成)"命令,完成底层网格设置。

图 11-22 "Enter grid X increment
(输入网格 X 轴增量)"文本框

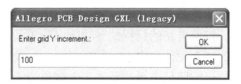

图 11-23 "Enter grid Y increment
(输入网格 Y 轴增量)"文本框

**2. 可视布局**

选择菜单栏中的"Place(放置)"→"Auto place(自动布局)"→"Insight(可视布局)"命令,弹出如图 11-24 所示的"INSIGHT(可视布局)"对话框,下面介绍各选项的意义。

图 11-24 "INSIGHT(可视布局)"对话框

(1)"Component Size(元件尺寸)"选项组
- "Small":小尺寸元件。
- "Large":大尺寸元件。

(2)"Orientation(布局方向)"选项组
- "Horizontal":元件水平放置。
- "Vertical":元件竖直放置。

(3)"Place Side(s)(布局所在层)"选项组
- "Top":将元件布局在顶层。
- "Bottom":将元件布局在底层。
- "Both":分别在顶层、底层布局元件。

（4）"Placement Origin（布局原点）" 选项组

- "Pin 1"：以管脚 1 为布局原点。
- "Body Center"：以元件中心为布局原点。
- "Symbol Origin"：以元件符号为布局原点。

（5）"Nets（网络）" 选项组

- "Power"：在该文本框中可以填写一个或多个电源网络的名称。跨过这些网络的双引脚元件通常被称为退耦电容，系统将其自动放置到与之相关的元件旁边。详细地定义电源网络可以加速自动布局的进程。
- "Ground"：在该文本框中可以填写一个或多个地线网络的名称。跨过这些网络的双引脚元件通常被称为退耦电容，系统将其自动放置到与之相关的元件旁边。详细地定义地线网络同样可以加速自动布局的进程。
- "Arrayed Components"：勾选此复选框，按照阵列布局元件封装。

**3. 参数设置自动布局**

选择菜单栏中的 "Place（放置）" → "Auto place（自动布局）" → "Parameters（参数设置）" 命令，弹出 "Automatic Placement（自动布局）" 对话框，如图 11-25 所示，下面介绍各选项的意义。

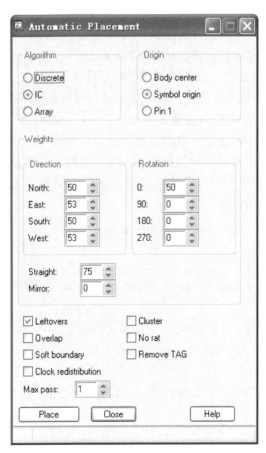

图 11-25 "Automatic Placement（自动布局）" 对话框

（1）"Algorithm（布局算法）"选项组

- "Discreate"：离散元件。
- "IC"：集成电路。
- "Array"：阵列。

（2）"Direction（布局方向）"选项组

- "North"：与PCB边框线顶部的极限间距。
- "East"：与PCB边框线右侧的极限间距。
- "South"：与PCB边框线底部的极限间距。
- "West"：与PCB边框线左侧的极限间距。

（3）Rotation（旋转角度）选项组：在进行元件的布局时系统可以根据需要对元件或元件组进行旋转，默认有四个选项0、90、180、270，其中，0文本框中参数值默认为50，即布局元件角度为0°的最多个数为50，其余选项均默认为0。

- "Straight"：输入相互连接的元件数默认为75。
- "Mirror"：指定布局的元件所在层。
- "Leftovers"：勾选此复选框，处理未摆放的元件。
- "Overlap"：勾选此复选框，布局过程中元件可以重叠。
- "Soft boundary"：勾选此复选框，元件可以放置在电路板以外的空间。
- "Clock redistribution"：勾选此复选框，元件布局过程中可重新分组。
- "Cluster"：勾选此复选框，将自动放置的元件进行分组。
- "No rat"：勾选此复选框，自动放置元件时不显示飞线。
- "Remove TAG"：勾选此复选框，属性在完成自动放置后删除。

如无特殊要求，一般采用默认设置，单击 Place 按钮，元件将进行自动布局操作，在完成自动布局后在信息面板中显示信息，提示自动布局结束。

元件在自动布局后不再是按照种类排列在一起。各种元件将按照自动布局的类型选择，初步分成若干组分布在PCB中。自动布局结果并不是完美的，还存在很多不合理的地方，因此还需要对自动布局进行调整。

## 11.5 3D 效果图

元件布局完毕后，PCB如图11-26所示。可以通过3D效果图，直观地查看效果，以检查布局是否合理。

在PCB编辑器内，选择菜单栏中的"View（视图）"→"3D Viewer（3D显示）"命令，则系统生成该PCB的3D效果图。自动打开"Allegro 3D Viewer（3D显示器）"窗口，如图11-27所示。

在该窗口中可进行多项操作，如输出图片、设置显示模式等。

**1. 输出图片**

选择菜单栏中的"Files（文件）"→"Export Image（输出图片）"命令，则系统以图片的形式输出该PCB的效果图，输入图片名称CLOCK，如图11-28所示，单击 保存(S) 按钮，保存图片文件。

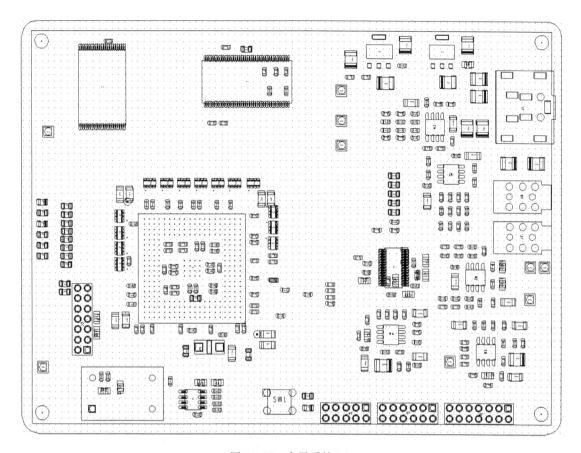

图 11-26　布局后的 PCB

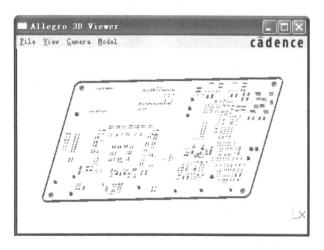

图 11-27　PCB 的 3D 效果图

## 2. 切换显示模式

选择菜单栏中的"Mode（模式）"→""命令，如图 11-29 所示，显示 3 种电路板显示模式。

图 11-28　输出 PCB 的效果图　　　　　　　　　图 11-29　"Mode（模式）"子菜单

1）"Sold"：实心模式。选择该命令，切换至实心显示模式，如图 11-30 所示。

2）"Transparent"：透明模式。选择该命令，切换至透明显示模式。如图 11-31 所示。

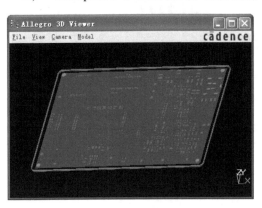

图 11-30　实心模式　　　　　　　　　　　　　图 11-31　透明模式

3）"Wireframe"：线框模式。选择该命令，切换主线框显示模式。如图 11-32 所示。

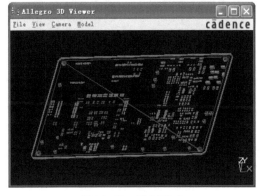

图 11-32　线框模式

## 11.6 覆铜

覆铜由一系列的导线组成，可以完成电路板内不规则区域的填充。在绘制 PCB 时，根据需要可以随意指定任意的形状，将铜皮指定到所连接的网络上。多数情况是和 GND 网络相连。单面电路板覆铜可以提高电路的抗干扰能力，经过覆铜处理后制作的印制板会显得十分美观，同时，通过大电流的导电通路也可以采用覆铜的方法来加大过电流的能力。通常覆铜的安全间距应该在一般导线安全间距的两倍以上。

选择菜单栏中的"Shape（外形）"命令，弹出如图 11-33 所示与覆铜相关的子菜单。下面分别介绍各命令。

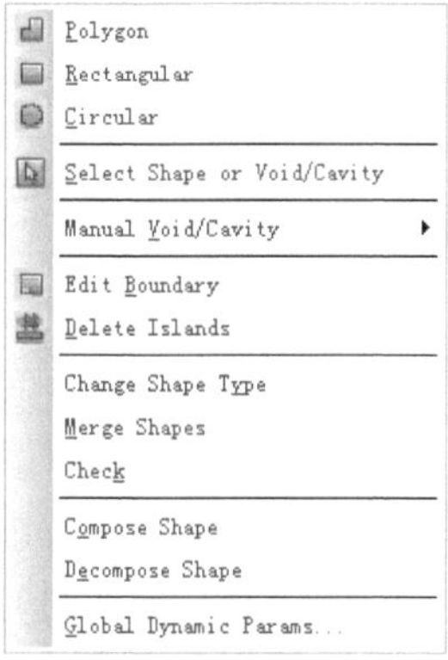

- "Polygon"：添加多边形覆铜区域。
- "Rectangular"：添加矩形覆铜区域。
- "Circular"：添加圆形覆铜区域。
- "Select Shape or Void/Cavity"：选择覆铜区域或避让区域。
- "Manual Void/Cavity"：手动设置避让。
- "Edit Boundary"：编辑覆铜区域外形。
- "Delete Islands"：删除孤岛，即删除孤立、没有连接网络覆铜区域。
- "Change Shape Type"：改变覆铜区域的形态，即切换动态和静态覆铜区域。
- "Marge Shapes"：合并相同网络的覆铜区域。
- "Check"：检查覆铜区域，即检查底片。
- "Compose Shape"：组成覆铜区域，将用线绘制的多边形合并成覆铜区域。
- "Decompose Shape"：解散覆铜区域，将组成覆铜区域的边框分成一段段线。
- "Global Dynamic Params"：动态覆铜的参数设置。

图 11-33 "Shape"菜单

### 11.6.1 覆铜分类

覆铜包括动态覆铜和静态覆铜。动态覆铜是指在布线或移动元件、添加过孔的过程中产生自动避让的效果；静态覆铜在布线或移动元件、添加过孔的时候必须手动设置避让，不会自动产生避让的效果。

动态覆铜提供了 7 个属性，每个属性都是以"DYN"开头，这些属性是贴在引脚上的，这些以"DYN"开头的属性对静态覆铜不起任何作用。在编辑的时候可以使用空框的形式表示。

### 11.6.2 覆铜区域

创建覆铜的区域分为正片和负片。这两种方法都有其独特的优点，同时也存在着相应的缺点，可以根据情况进行选择。正负片对于实际生产没有区别，任何 PCB 设计都有正、负片的区别。

正片指显示的填充部分，即覆铜区域。

- 优点：在 Allegro 系统中以所建即所得方式显示，即在看到实际的正的覆铜区域填充时，看到的"the anti – pad"和"thermal relief"不需要特殊的 flash 符号。
- 缺点：如果不生成 rasterized 输出，需要将向量数据填充到多边形，因此需要划分更大的覆铜区域。同时需要在创建 artwork 之前不存在 Shape 填充问题。改变文件的放置并重新布线之后必须重新生成 Shape。

负片指填充以外的空白部分是覆铜区域，与正片正好相反。

- 优点：使用"vector Gerber"格式时，artwork 文件要求将这一覆铜区域分割得更小，因为没有填充这一多边形的向量数据。这种覆铜区域的类型更加灵活，可以在设计进程的早期创建，并提供动态的元件放置和布线。
- 缺点：必须为所有的热风焊盘建立 flash 符号。

### 11.6.3　覆铜参数设置

选择菜单栏中的"Shape（外形）"→"Global Dynamic Params（动态覆铜参数设置）"命令，弹出"Global Dynamic Shape Parameters（动态覆铜区域参数）"对话框，进行动态覆铜的参数设置，在此对话框内包含了"Shape fill（填充覆铜区域）"、"Void controls（避让控制）"选项卡、"Clearances（清除）"和"Thermal relief connects（隔热路径连接）"选项卡。

#### 1. "Shape fill" 选项卡

该选项卡用于设置动态覆铜的填充方式，如图 11-34 所示。

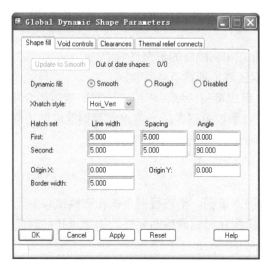

图 11-34　"Shape fill（填充方式）"选项卡

（1）"Dynamic fill"：动态填充

动态填充有 3 种填充方式：

- "Smooth"：自动填充、挖空，对所有的动态覆铜进行 DRC，并产生具有光绘质量的输出外形。
- "Rough"：产生自动挖空的效果，可以观察铜皮的连接情况，而没有对铜皮的边沿及导热连接进行光滑，不进行具有光绘质量的输出效果，在需要时通过"Drawing Options"对话框中的"Update to Smooth"生成最后的铜皮。

- "Disabled"：不进行自动填充和挖空操作，运行 DRC 时，特别是在做大规模的改动或 "netin"、"gloss"、"testprep"、"add/replace bias" 等动作时提高速度。

（2）"Xhatch style"：选择铜皮的填充

单击该下拉列表，有 6 个选项。

- "Vertical"：仅有垂直线。
- "Horizontal"：仅有水平线。
- "Diag_Pos"：仅有斜的 45°线。
- "Diag_Neg"：仅有斜的 –45°线。
- "Diag_Both"：有 45°和 –45°线。
- "Hori_Vert"：有水平线和垂直线。

（3）"Hatch Set"：用于 Allegro 填充铜皮的平行线设置

根据所选择的 "Xhatch style（铜皮的填充）" 的不同可以进行不同的设置。

- "Line width"：填充连接线的线宽，必须小于或者等于 "Border width（铜皮边界线）" 指定的线宽。
- "Spacing"：填充连接线的中心到中心的距离。
- "Angle"：交叉填充线之间的夹角。
- "OriginX，Y"：设置填充线的坐标原点。
- "Border width"：铜皮边界的线，必须大于或者等于 "Line width（填充连接线线宽）"。

**2. "Void Controls" 选项卡**

该选项卡用于设置避让控制，如图 11-35 所示。

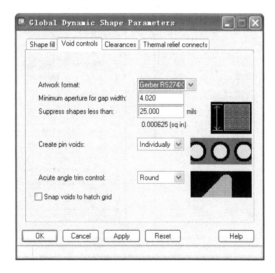

图 11-35 "Void controls（避让控制）" 选项卡

（1）"Artwork format"：设置采用的底片格式

根据选择格式的不同下面显示不同的设置内容，有 6 种格式，包括 "Gerber4x00"、"Gerber6x00"、"Gerber RS274X"、"Barco DPF"、"MDA" 和 "Non – Gerber"。

- 选择 "Gerber4x00" 或 "Gerber6x00"，下面显示 "Minimum aperture for artwork fill"，设置最先的镜头直径，仅适合于覆实铜的模式（Solid fill）。在进行光绘输出时，如果

避让与铜皮的边界距离小于最小光圈限制，则该避让还会被填充，Allegro 将在"Manufacture/shape problem"中标记一个圆圈。

- 选择"Gerber RS274X"、"Barco DPF"、"MDA"和"Non–Gerber"中的一种，下面显示"Minimum aperture for gap width"，设定两个避让之间或者避让与铜皮边界之间的最小间距。

（2）"Suppress shapes less than"：在自动避让时，当覆铜区域小于改制时自动删除。

（3）"Create pin voids"：以行（排）或单个的形式避让多个焊盘。若选择"In–line"则将这些焊盘作为一个整体进行避让，若选择"Individually"则以分离的方式产生避让。

（4）"Snap voids to hatch grid"：产生的避让捕获到栅格上，仅针对网络状覆铜。

**3. "Clearances"选项卡**

该选项卡用于设置清除方式，如图 11-36 所示。

（1）"Thru pins"文本框选项内有两种选项："Thermal/Anti（使用焊盘的 thermal 和 antipad 定义的间隔值清除）"、"DRC（遵循 DRC 检测中设置的间隔产生避让）"。选择"DRC（遵循 DRC 检测中设置的间隔产生避让）"，修改"Oversize value（超大值）"数值，可调整间隙值。

（2）"Smd pins"和"Vias"文本框内的选项与"Thru pins"文本框选项相同。

（3）"Oversize Value"：根据大小设定避让，在默认清除值基础上添加这个值。

**4. "Thermal relief connects"选项卡**

该选项卡用于设置隔热路径的连接关系，如图 11-37 所示。

图 11-36　"Clearances"选项卡

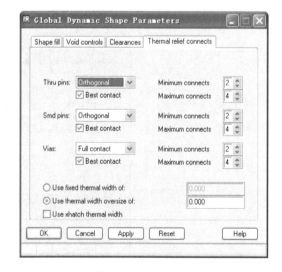

图 11-37　"Thermal relief connects"选项卡

（1）"Thru pins"文本框选项内有"Orthogonal（直角连接）"、"Diagonal（斜角连接）"、"Full contact（完全连接）"、"8 way connect（8 方向连接）"、"None（不连接）"和"Best contact（以最好的方式连接）"6 种选项。

（2）"Smd pins"和"Vias"文本框内的选项与"Thru pins"文本框选项相同。

（3）"Minimum connects"：最小连接数。

（4）"Maximum connects"：最大连接数。

## 11.7　PCB 设计规则

对于 PCB 的设计，Allegro 提供了完善的设计规范设定，这些设计规则涉及到 PCB 设计过程中导线的放置、导线的布线方法、元器件放置、布线规则、元器件移动和信号完整性等方面。Allegro 系统将根据这些规则来约束自动摆放和自动布线。在很大程度上，布线能否成功和布线质量的高低取决于设计规则的合理性，也依赖于用户的设计经验。

对于具体的电路需要采用不同的设计规则，若用户设计的是双面板，很多规则可以采用系统默认值，系统默认值就是对双面板进行设置的。

选择菜单栏中的"Setup（设置）"→"Constraints（约束）"命令，系统将弹出如图 11-38 所示的子菜单，显示各种设计规则命令。

选择菜单栏中的"Setup（设置）"→"Constraints（约束）"→"Model（模型）"命令，弹出如图 11-39 所示的"Analysis Modes（分析模型）"对话框，选择需要进行不同规则设置的对象。

图 11-38　"Constraints（约束）"子菜单

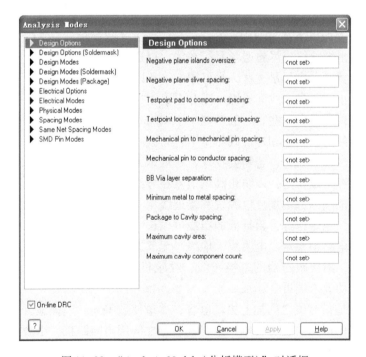

图 11-39　"Analysis Model（分析模型）"对话框

不同的 PCB 设计中，设计规则主要包括时序规则、布线规则、间距规则、信号完整性规则以及物理规则等设置。

# 第 12 章 布　　线

　　合理的布局是 PCB 布线的关键。在 PCB 设计过程中正确地设置电路板元件布局的结构及正确地选择布线方向可以消除因布局布线不当而产生的干扰。

　　布线是电路板设计的最终目的，布线的方式有两种，即自动布线和交互式布线。本章将详细讲述布线方式及布线后的输出操作。

 **知识点**

- 基本原则
- 布线命令
- 电路板的输出

## 12.1　基本原则

　　在布线时，应遵循以下基本原则：

- 输入端与输出端导线应尽量避免平行布线，以避免发生反馈耦合。
- 对于导线的宽度，应尽量宽些，最好取 15 mil 以上，最小不能小于 10 mil。
- 导线间的最小间距是由线间绝缘电阻和击穿电压决定的，满足电气安全要求，在条件允许的范围内尽量大一些，一般不能小于 12 mil。
- 微处理器芯片的数据线和地址线尽量平行布线。
- 布线时布线尽量少拐弯，若需要拐弯，一般取 45°走向或圆弧形。在高频电路中，拐弯时不能取直角或锐角，以防止高频信号在导线拐弯时发生信号反射现象。
- 在条件允许范围内，尽量使电源线和接地线粗一些。
- 阻抗高的布线越短越好，阻抗低的布线可以长一些，因为阻抗高的布线容易发射和吸收信号，使电路不稳定。电源线、地线、无反馈组件的基极布线、发射极引线等均属低阻抗布线，射极跟随器的基极布线、收录机两个声道的地线必须分开，各自成一路，一直到功效末端再合起来。

　　在电源信号和地信号线之间加上去耦电容；尽量使数字地和模拟地分开，以免造成地反射干扰，不同功能的电路块也要分割，最终地与地之间用电阻跨接。由数字电路组成的印制板，其接地电路布成环路，大多能提高抗噪声能力。接地线构成闭环路，因为环形地线可以减小接地电阻，从而减小接地电位差。

## 12.2　布线命令

　　布线的方式有两种，即自动布线和交互式布线。选择菜单栏中的“Route（布线）”命令，弹出如图12-1所示的与布线相关的子菜单，同时，在如图12-2所示的"Route（布线）"工具栏中显示对应按钮命令。下面介绍常用命令。

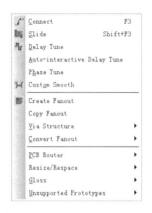

图12-1　"Route（布线）"子菜单　　　图12-2　"Route（布线）"工具栏

- "Connect"：手动布线，可单击"Route（布线）"工具栏中的"Add Connect（添加手动布线）"按钮![icon]，也可按〈F3〉键。
- "Slide"：添加倒角，可单击"Route（布线）"工具栏中的"Slide（添加倒角）"按钮![icon]，也可按〈Shift + F3〉组合键。
- "Delay Tune"：蛇形线，可单击"Route（布线）"工具栏中的"Delay Tune（蛇形线）"按钮![icon]。
- "Auto – interactive Delay Tune"：自动交互蛇形线。
- "Phase Tune"：相位调。
- "Custom Smooth"：光滑边角，可单击"Route（布线）"工具栏中的"Custom Smooth（光滑边角）"按钮![icon]。
- "Create Fanout"：生成扇出，可单击"Route（布线）"工具栏中的"Create Fanout（生成扇出）"按钮![icon]。
- "Copy Fanout"：复制扇出。
- "Via Structure"：孔结构。
- "Convert Fanout"：转换扇出，选择此命令弹出子菜单包含"Mark（标记）"和"Unmark（不标记）"两个命令。
- "PCB Router"：布线，选择此项后，打开如图12-3所示的子菜单，显示布线命令。
- "Fanout By Pick"：选择扇出。
- "Route Net（s）By Pick"：选择布线网络。
- "Miter By Pick"：选择斜线连接。
- "UnMiter By Pick"：选择非斜线连接。
- "Elongation By Pick"：选择延长线布线。
- "Router Check"：布线检查。
- "Optimize Rat Ts"：优化飞线。
- "Route Automatic"：自动布线，可单击"Route（布线）"工具栏中的"Auto_Route

（自动布线）"按钮。

- "Route Custom"：普通布线。
- "Route Editor"：布线编辑器。
- "Resize/Respace"：调整大小。
- "Gloss"：优化，选择此项后，打开如图 12-4 所示的子菜单，显示优化命令。

图 12-3　子菜单　　　　　　　　　图 12-4　子菜单

- "Unsupported Prototypes"：不支持原型。

"Route（布线）"工具栏中还有"Vertex（顶点）"按钮和"Spread Between Voids（在孔间展开）"按钮，在布线过程中均可使用。

## 12.2.1　设置栅格

在执行布线命令时，如果格点可见，布线时所有布线会自动跟踪格点，可方便布线操作。

**1. 定义间距值**

选择菜单栏中的"Setup（设置）"→"Grids（格点）"命令，将弹出"Define Grid（定义格点）"对话框，定义所有布线层的间距值，参数设置如下：

1）勾选"Grids On（打开栅格）"复选框。

2）将"All Etch"和"TOP"层中的"Spacing x、y"栏设置为 5。

3）将"Non - Etch"的"Spacing x、y"栏设置为 25。

💡 提示：

所有布线层的间距和"All Etch"相同。

设置结果如图 12-5 所示，单击 OK 按钮，关闭对话框。

💡 提示：

完成参数值输入后，按〈Tab〉键，不按〈Enter〉键。

**2. 设置可变格点**

可变格点即大格点之间有小的格点，如图 12-6 中，在 2 个大格点之间添加 2 个小的格点。

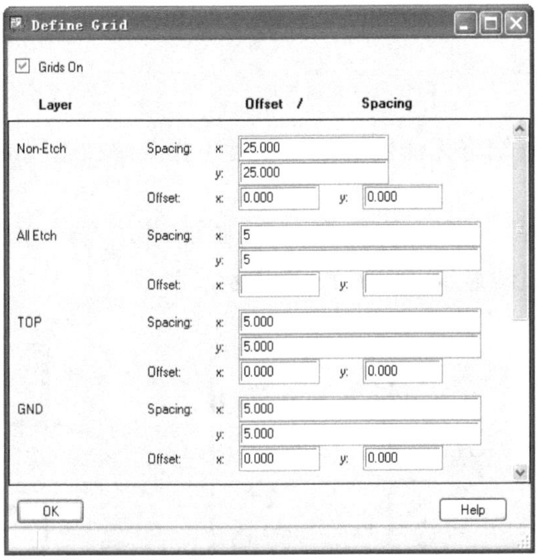

图 12-5 "Define Grid" 对话框

图 12-6 显示可变格点

将 "All Etch" 层中的 "Spacing x、y" 栏设置为 8 9 8，即从 1 个大格点到相邻的大格点、从左到右、从上到下的距离分别设置为 8、9 和 8，"TOP" 层中 "Spacing x 栏" 自动显示为 8 9 8，如图 12-7 所示。

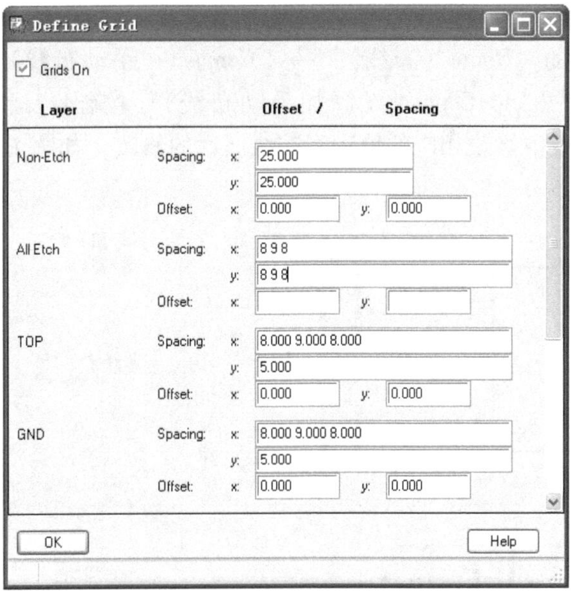

图 12-7 "Define Grid" 对话框

## 12.2.2 手动布线

手动布线就是用户以手工的方式将图样里的飞线变成铜箔布线。手动布线是布线工作最基本、最主要的方法。布线的常用方式为 "手动布线→自动布线→手动布线"。

在自动布线前，先用手工方式将重要的网络线布好，如高频时钟、主电源等这些网络往往对布线距离、线宽、线间距等有特殊的要求。一些特殊的封装（如 BGA 封装），需要进行手动布线，自动布线很难完成规则的布线。

**1. 添加连接线**

连线是 PCB 中的基本组成元素，缺少连线将无法使电路板正常工作。添加连线的具体操作如下：

1）选择菜单栏中的"Display（显示）"→"Blank Rats（清除飞线）"→"All（全部）"命令，如图 12-8 所示。关闭所有的飞线显示，如图 12-9 所示。

图 12-8　显示菜单命令　　　　　　　　　　图 12-9　关闭飞线

2）在菜单栏中执行"Display（显示）"→"Show Rats（显示飞线）"→"Net（网络）"命令，在 PCB 图中选择要添加连线的元件引脚，此时飞线将显示出来，如图 12-10 所示。

3）选择菜单栏中的"Route（布线）"→"Connect（手动布线）"命令或单击"Route（布线）"工具栏中的"Add Connect（添加手动布线）"按钮 ，也可按〈F3〉键，在"Options（选项）"面板中修改相应的值进行布线属性的修改，如图 12-11 所示。

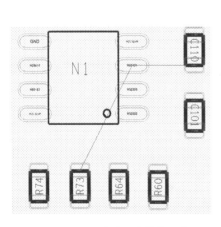

图 12-10　显示需要连接的飞线　　　　　　图 12-11　"Options"对话框

在"Options（选项）"对话框中可以对以下内容进行修改。

● Act 表示当前层。

● Alt 中显示将要切换到的层。

● Via 中显示为所选择的过孔方式。

- Net 中显示的为网络，开始时为"Null Net"空网络，只有布线开始时才显示布线所在的网络。
- Line lock 中显示的为布线形式和布线时线的拐角。其中布线形式分为 Line（直线）和 Arc（弧线）两种方式。布线时的拐角选项分 Off（无拐角）、45（45°拐角）以及 90（90°拐角）三种。
- Miter 中显示了引脚的设置，如其值为 lx width 和 Min 时表示斜边长度至少为线宽的一倍。但当在 Line Lock 中选择了 Off 此项就不会显示。
- Line width 中显示的为线宽。
- Bubble 指球状区域，显示该特殊区域的布线规则，在该区域选择推挤布线时，无须特殊注明。
- Shove vias 中显示的为推挤过孔的方式。其中 Off 为关闭推挤方式；Minimal 为使用最小幅度的去推挤 Via；Full 为完整地推挤 Via。
- Gridless 选项表示选择布线是否可以在格点上。
- Clip dangling clines：剪辑悬挂的布线。
- Smooth 中显示的为自动调整布线的方式。其中 Off 为关闭自动调整布线方式；Minimal 为最小幅度的去自动调整布线；Full 为完整地去自动调整布线。
- Snap to connect point 选项表示布线是否从 Pin、Via 的中心原点引出。
- Replace etch 选项表示布线是否允许改变存在的 Trace，即不用删除命令。在布线时若两点间存在布线，那么再次添加布线时旧的布线将被自动删除。

4）在"Options（选项）"面板中设置好布线属性后，单击显示飞线的一个节点，向目标节点移动光标绘制连接，如图 12-12 所示。在绘制的过程中可以右击鼠标在弹出的菜单中执行"Oops（取消）"命令，进行前一操作的取消，对绘制路线进行修改。

5）绘制光标到达目标接点后单击鼠标完成两点间的布线，再右击鼠标，在弹出的菜单中选择"Done（完成）"命令，将完成布线操作，如图 12-13 所示。

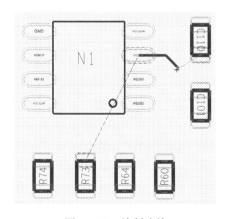

图 12-12　绘制连接

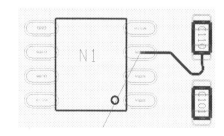

图 12-13　完成布线操作

## 2. 布线的删除

在手工调整布线过程中，除了需要添加布线外还经常要删除一些不合理的导线。对不需要的布线进行删除的具体操作步骤如下：

1）选择菜单栏中的"Edit（编辑）"→"Delete（删除）"命令，在"Find（查找）"面板中单击 All Off 按钮，然后再选择 Clines 选项，如图 12-14 所示。如果不先在 Find 窗口内单击 All Off 按钮，直接进行删除操作时，容易将其他项目同时删除。

2）在编辑区内单击需要删除的布线，高亮显示布线，确定无误后在此单击鼠标，将布线删除，同时显示出该布线的飞线。可以进行连续性的删除操作，完成删除动作后，右击鼠标，在弹出的菜单中选择"Done（完成）"命令完成删除结果命令，如图 12-15 所示。

图 12-14 Find（查找）面板

选中布线

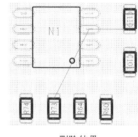

删除结果

图 12-15 删除布线

### 3. 过孔的添加

在进行多层 PCB 板设计时，经常需要进行添加过孔以完成 PCB 布线以及板间的连接。根据结构的不同可以将过孔分为通孔、埋孔和盲孔三大类。通孔时指贯穿整个线路板的孔；埋孔是指位于多层 PCB 板内层的连接孔，在板子的表面无法观察到埋孔的存在，多用于多层板中各层线路的电气连接；盲孔是指位于多层 PCB 板的顶层的底层表面的孔，一般用于多层板中的表层线路和内层线路的电气连接。

添加过孔的方法非常简单，下面介绍一下如何进行过孔的添加。

选择菜单栏中的"Route（布线）"→"Connect（连接）"命令，在进行布线绘制的过程中，如果遇到需要添加过孔的地方可以双击鼠标完成过孔的添加，此时在"Options（选项）"中 Act 和 Alt 的内容将会改变，对比情况如图 12-16a、b 所示。

a)                    b)

图 12-16 "Options（选项）"面板对比

在绘制布线的过程中在需要添加过孔的地方，如图 12-17 所示，右击鼠标，在弹出的菜单中选择"Add Via（添加过孔）"命令，在该处添加预设的过孔，继续绘制连接，如图 12-17 所示。

添加前　　　　　　　　　　　　　　　　添加后

图 12-17　添加过孔图

完成布线的绘制后可以右击鼠标，在弹出的菜单中选择"Done"命令结果添加布线操作。

**4. 使用 Bubble（推挤）选项布线**

1）选择菜单栏中的"Display（显示）"→"Blank Rats（空白飞线）"→"All（全部）"命令，关闭所有飞线。

2）选择菜单栏中的"Display（显示）"→"Show Rats（显示飞线）"→"Net（网络）"命令，在编辑区域内单击 N1 的 4 引脚，显示与该引脚连接的网络飞线，如图 12-18 所示。

3）选择菜单栏中的"Route（布线）"→"Add Connect（添加连线）"命令或单击"Route（布线）"工具栏中的"Add Connect（添加连线）"按钮 ，在"Options（选项）"窗口内的"Bubble"文本框内选择"Shove preferred"选项，"Shove vias"文本框内选择"Full"选项，"Smooth"文本框内选择"Full"选项，如图 12-19 所示。

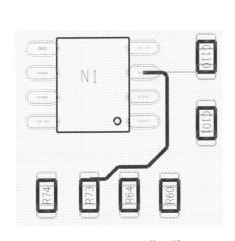

图 12-18　显示网络飞线

图 12-19　Options 对话框

4）单击 N1 的引脚 4，确定当前层是 Top 层，开始移动光标，可以看到原先的布线被推挤。

## 12.2.3　设置自动布线的规则

Cadence 在 PCB 编辑器中为用户提供了多种设计法则，覆盖了元件的电气特性、走线宽度、走线拓扑布局、表贴焊盘、阻焊层、电源层、测试点、电路板制作、元件布局、信号完整性等设计过程中的方方面面。在进行自动布线之前，用户首先应对自动布线规则进行详细的设置。

**1. 浏览前面设计过程中定义的规则**

1）选择菜单栏中的"Edit（编辑）"→"Properties（属性）"命令，在"Find（查找）"面板中设置"Find By Name（按名称查找）"的内容为"Property"和"Name"，如图 12-20 所示。单击 More... 按钮，弹出"Find by Name or Property（按名称或属性查找）"对话框，设置该对话框内"Available objects（有效的对象）"列表中相关对象的属性，将选择的内容添加到"Selected objects（选择的对象）"列表中，如图 12-21 所示。

图 12-20 "Find（查找）"面板

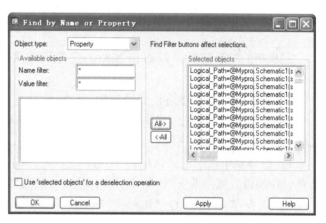

图 12-21 "Find by Name or Property（按名称或属性查找）"对话框

2）单击 Apply 按钮，弹出"Edit Property（编辑属性）"对话框，对所列出的相关属性进行编辑，对参数值进行设置，如图 12-22 所示，同时会弹出"Show Properties（显示属性）"对话框，窗口中列出了所应用的相关属性，如图 12-23 所示。

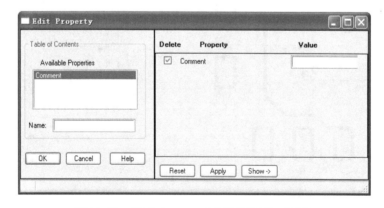

图 12-22 "Edit Property（编辑属性）"对话框

**2. 增加层及规则设置**

层叠结构是一个非常重要的问题，不可忽视，一般选择层叠结构考虑以下原则：元件面下面（第二层）为地平面，提供器件屏蔽层以及为顶层布线提供参考平面；所有信号层尽可能与地平面相邻；尽量避免两信号层直接相邻；主电源尽可能与其对应地相邻；兼顾层压

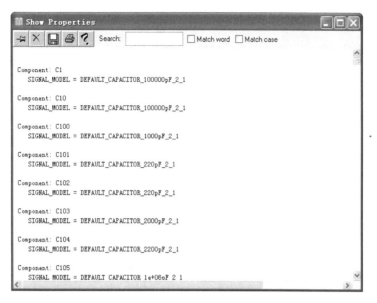

图 12-23 "Show Properties"（显示属性）窗口

结构对称。对于母板的层排布，现有母板很难控制平行长距离布线，对于板级工作频率在 50 MHz 以上的（50 MHz 以下的情况可参照，适当放宽），建议排布原则：元件面、焊接面为完整的地平面（屏蔽）；无相邻平行布线层；所有信号层尽可能与地平面相邻；关键信号与地层相邻，不跨分割区。

1）选择菜单栏中的"Setup（设置）"→"Cross-Section（层叠管理）"命令，将弹出"Layout Cross Section（层叠设计）"对话框，如图 12-24 所示。

| | Subclass Name | Type | Material | Thickness (MIL) | Conductivity (mho/cm) | Dielectric Constant | Loss Tangent | Negative Artwork | Shield | Width (MIL) |
|---|---|---|---|---|---|---|---|---|---|---|
| 1 | | SURFACE | AIR | | | 1 | 0 | | | |
| 2 | TOP | CONDUCTOR | COPPER | 1.2 | 595900 | 1 | 0 | ☐ | | 8.000 |
| 3 | | DIELECTRIC | FR-4 | 20 | 0 | 4.5 | 0.035 | | | |
| 4 | GND | PLANE | COPPER | 1.2 | 595900 | 1 | 0 | ☐ | ☒ | |
| 5 | | DIELECTRIC | FR-4 | 8 | 0 | 4.5 | 0.035 | | | |
| 6 | VCC | PLANE | COPPER | 1.2 | 595900 | 4.5 | 0 | ☐ | ☒ | |
| 7 | | DIELECTRIC | FR-4 | 8 | 0 | 4.5 | 0.035 | | | |
| 8 | POWER | PLANE | COPPER | 1.2 | 595900 | 1 | 0 | ☐ | ☒ | |
| 9 | | DIELECTRIC | FR-4 | 20 | 0 | 4.5 | 0.035 | | | |
| 10 | BOTTOM | CONDUCTOR | COPPER | 1.2 | 595900 | 1 | 0 | ☐ | | 8.000 |
| 11 | | SURFACE | AIR | | | 1 | 0 | | | |

**Total Thickness:** 62 MIL

**Layer Type** ALL  **Material** ALL  **Field to Set** Thickness  **Value to Set** [ ]  Update Fields

☐ Show Single Impedance  ☐ Show Diff Impedance

[ OK ]  [ Apply ]  [ Cancel ]  [ Refresh Materials -> ]  [ Report ]  [ Help ]

图 12-24 "Layout Cross Section（层叠管理器）"对话框（一）

2）在对话框列表内右击鼠标，在弹出的菜单中选择"Add Layer（增加层）"命令，添加两个布线内层，并修改属性，如图 12-25 所示。

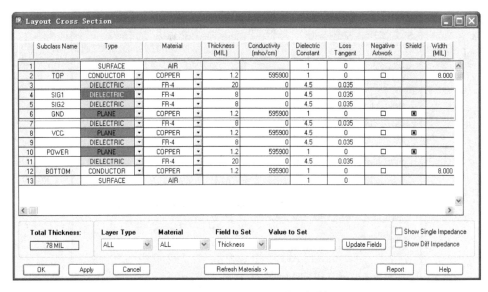

| | Subclass Name | Type | | Material | | Thickness (MIL) | Conductivity (mho/cm) | Dielectric Constant | Loss Tangent | Negative Artwork | Shield | Width (MIL) |
|---|---|---|---|---|---|---|---|---|---|---|---|---|
| 1 | | SURFACE | | AIR | | | | 1 | 0 | | | |
| 2 | TOP | CONDUCTOR | ▼ | COPPER | ▼ | 1.2 | 595900 | 1 | 0 | ☐ | | 8.000 |
| 3 | | DIELECTRIC | ▼ | FR-4 | ▼ | 20 | 0 | 4.5 | 0.035 | | | |
| 4 | SIG1 | DIELECTRIC | ▼ | FR-4 | ▼ | 8 | 0 | 4.5 | 0.035 | | | |
| 5 | SIG2 | DIELECTRIC | ▼ | FR-4 | ▼ | 8 | 0 | 4.5 | 0.035 | | | |
| 6 | GND | PLANE | ▼ | COPPER | ▼ | 1.2 | 595900 | 1 | 0 | ☐ | ☒ | |
| 7 | | DIELECTRIC | ▼ | FR-4 | ▼ | 8 | 0 | 4.5 | 0.035 | | | |
| 8 | VCC | PLANE | ▼ | COPPER | ▼ | 1.2 | 595900 | 4.5 | 0 | | ☒ | |
| 9 | | DIELECTRIC | ▼ | FR-4 | ▼ | 8 | 0 | 4.5 | 0.035 | | | |
| 10 | POWER | PLANE | ▼ | COPPER | ▼ | 1.2 | 595900 | 1 | 0 | | ☒ | |
| 11 | | DIELECTRIC | ▼ | FR-4 | ▼ | 20 | 0 | 4.5 | 0.035 | | | |
| 12 | BOTTOM | CONDUCTOR | ▼ | COPPER | ▼ | 1.2 | 595900 | 1 | 0 | ☐ | | 8.000 |
| 13 | | SURFACE | | AIR | | | | 1 | 0 | | | |

图 12-25 "Layout Cross Section" 对话框（二）

3）选择菜单栏中的"Display（显示）"→"Color（颜色）"→"Visibility（可见性）"命令，将弹出"Color Dialog（颜色）"对话框，在这可以对各电气层的"Pin"、"Via""Etch"以及"Drc"等的颜色进行设置，如图 12-26 所示。完成设置后单击"OK（确定）"按钮，关闭对话框。

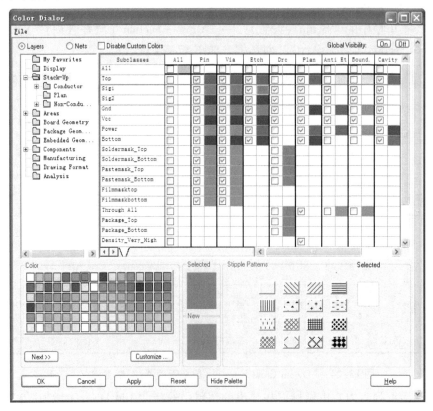

图 12-26 "Color Dialog（颜色）"对话框

4）选择菜单栏中的"Setup（设置）"→"Constraints（约束）"→"Spacing Net Overrides（忽略网络间隔）"命令，在"Find（查找）"面板中的"Find By Name（按名称查找）"中选择"Net（网络）"选项，单击"More（更多）"按钮进入图12-27所示对话框。

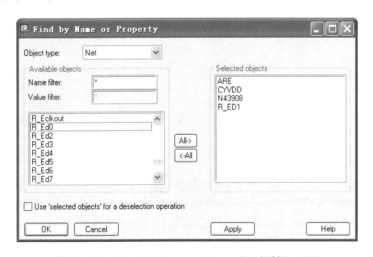

图12-27　"Find by Name or Property"对话框（二）

5）在弹出对话框内的"Available Objets（有效对象）"列表中选择需要的项目添加到"Seleted objects（选择对象）"列表中，如图12-28所示，单击 Apply 按钮，弹出"Edit Property（编辑属性）"对话框，进行相应的属性设置，如图12-29所示，单击"OK（确定）"按钮，关闭对话框。

图12-28　"Find by Name or Property"对话框（三）

**3. 设置电气规则**

1）选择菜单栏中的"Setup（设置）"→"Constraints（约束）"→"Constraint Manager（约束管理器）"命令，将弹出"Constrains System Master（约束管理器）"对话框。

2）在目录树视图内单击"Electrical Constraint Set（电气约束设置）"节点，将显示可进

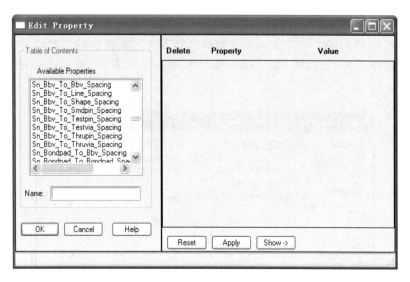

图 12-29 "Edit Property（编辑属性）"对话框

行电气设置的选择，如图 12-30 所示。选择不同的节点可进行不同的电气设置。

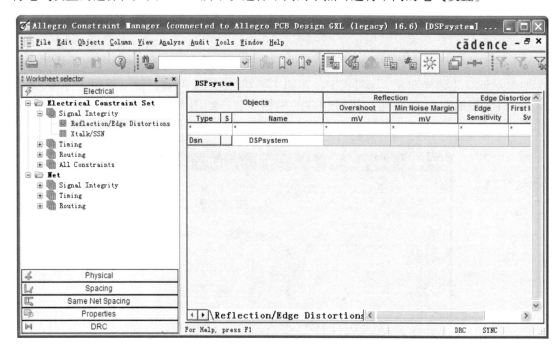

图 12-30 "Electrical Constraint Set（电气约束设置）"节点

3）完成设置后，关闭对话框。

4）选择菜单栏中的"Setup（设置）"→"Constraints（约束）"→"Modes（模式）"命令，将弹出"Analysis Modes（分析模式）"对话框，如图 12-31 所示，在"Modes（模式）"对话框中将所有的选项选中 On 状态。

完成设置后，关闭对话框。

图 12-31 "Analysis Modes（分析模式）"对话框

## 12.2.4 自动布线

自动布线的布通率依赖于良好的摆放，布线规则可以预先设定，包括布线的弯曲次数、导通孔的数目、走线的数目等。一般首先进行探索式布线，把短线连通，然后再进行迷宫式布线，先把要布的连线进行全局的布线路径优化，系统可以根据需要断开已布的线。并试着重新布线，以改进总体效果。在自动布线之前，输入端与输出端的边线应避免相邻平行，以免产生反射干扰，可以对布线要求比较严格的线进行交互式预布线。两相邻层的布线要互相垂直，平行容易产生寄生耦合，必要时应加地线隔离。

在 PCB 布线过程中，手动将主要线路、特殊网络布线完成后，通过 Allegro 提供的自动布线功能完成剩余网络的布线。

选择菜单栏中的"Route（布线）"→"PCB Router（布线编辑器）"→"Route Automatic（自动布线）"命令，将弹出"Automatic Router（自动布线）"对话框，如图 12-32 所示。"Automatic Router（自动布线）"对话框共由"Router Setup（布线设置）"、"Routing Passes（布线通路）"、"Smart Router（灵活布线）"和"Selections（选集）"四个选项卡组成。

**1. Router Setup（布线设置）选项卡**

打开"Router Setup（布线设置）"选项卡，如图 12-32 所示。

（1）"Strategy（策略）"：显示 3 种布线模式。

- "Specify routing passes（指定布线通路）"：选择此项，可激活"Routing Passes（布线通路）"选项卡，设置布线工具的具体使用方法。

- "Use smart router（使用灵活布线）"：选择此项，表示可通过 Smart Router 来设置灵活

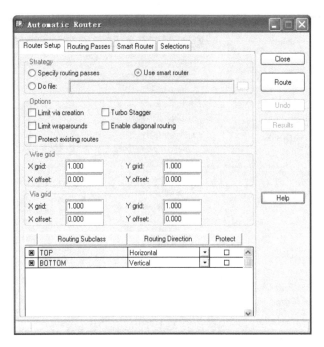

图 12-32 "Automatic Router"对话框

布线工具的具体使用方法。

● "Do file（Do 文件）"：选择此项，表示可通过 Do 文件来进行布线。

（2）"Options（选项）"：下面有 4 个选项设置。其中"Limit via creation"为限制使用过孔；"Enable diagonal routing"表示允许使用斜线布线；"Limit wraparounds"表示限制绕线；"Turbo Stagger"表示最优斜线布线。

● "Wire gird"：设置布线的格点。

● "Via gird"：设置过孔的格点。

● "Routing Subclass"：表示所设置的布线层；Routing Direction：表示所设置的布线方向。TOP 层布线是以水平方向进行的；BOTTOM 层布线是以垂直方向进行的。

**2. Routing Passes（布线通路）选项卡**

"Routing Passes（布线通路）"选项卡只有在选中"Router Setup（布线设置）"选项卡内的"Specify routing passes（指定布线通路）"选项时才有效，其组成内容及介绍如下。

Post Route 内包括 Critic（精确布线）、Filter routing passes（过滤布线途径）、Center wires（中心导线）、Spread wires（展开导线）、Miter corners（使用 45°角布线）、Delete conflicts（删除冲突布线）。

单击"Preroute and route"区域内的 Params... 按钮，将会弹出"SPECCTRA Automatic Router Parameters"对话框，如图 12-33 所示。其中包括"Spread Wires"选项卡，主要用于设置导线与导线、导线与引脚之间所添加的额外空间；"Miter Corners"选项卡，主要用于设置拐角在什么情况下转变成斜角；"Elongate"选项卡，主要用于设置绕线布线；"Fanout"选项卡，用于设置扇出参数；"Bus Routing"选项卡，用于设置总线布线；"Seed Vias"选项卡，用于添加贯穿孔，通过增加 1 个贯穿孔把单独的连线切分为 2 个更小的连接；

"Testpoint"选项卡用于设置测试点的相关参数。

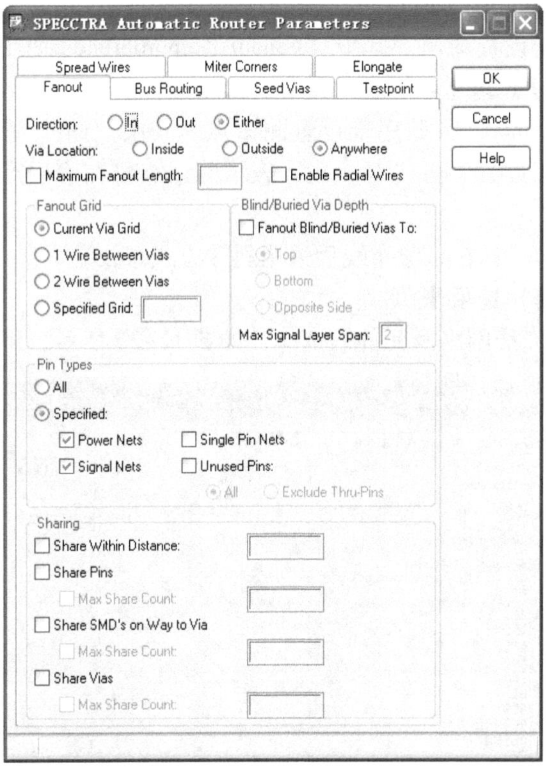

图12-33 "SPECCTRA Automatic Router Parameters"对话框

### 3. Smart Router（灵活布线）选项卡

"Smart Router（灵活布线）"选项卡只有在选项"Router Setup（布线设置）"选项卡中选中"Use smart router（使用灵活布线）"选项时才有效，如图12-34所示。其组成内容及介绍如下。

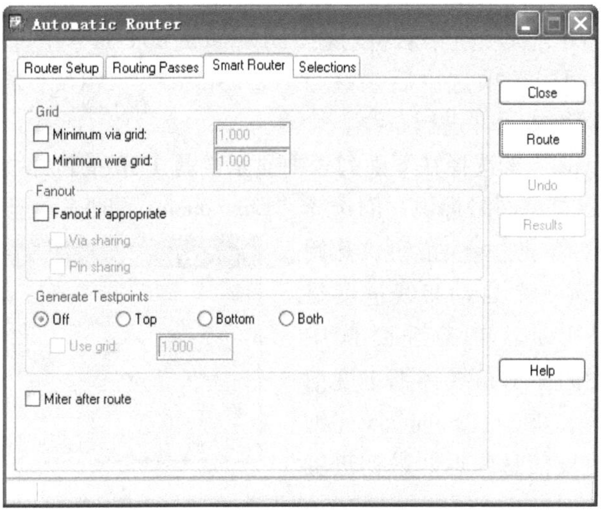

图12-34 Smart Router选项卡

1）"Gird"区域用于设置格点。其中"Minimum via grid"表示定义过孔的最小格点，默认值为 0.01；"Minimum wire grid"表示定义布线的最小格点，默认值为 0.01。

2）Fanout 区域用于设置扇出。其中"Fanout if appropriate"表示扇出有效；"Via sharing"表示共享过孔；"Pin sharing"表示共享引脚。

3）"Generate Testpoints"区域用于设置测试点。其中"Off"表示测试点将不会发生；"Top"表示测试点将在顶层产生；"Bottom"表示测试点将在底层产生；"Both"表示在两个层面产生测试点。

4）"Milter after route"：在一般布线后采用斜接方式布线。

**4. Selections（选集）选项卡**

在该选项卡内进行布线网络及元件的选择，如图 12-35 所示，组成内容及介绍如下。

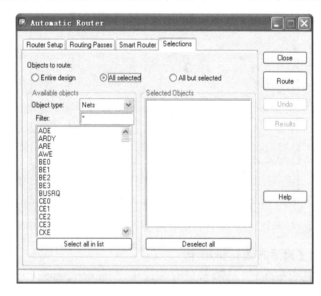

图 12-35　Selections 选项卡

"Objects to route"：设置布线的项目。其中"Entire design"选项选中时将会对整个 PCB 进行布线；"All selected"选项选中后将对在"Available objects"中选中的网络或元件进行布线；"All but selected"选项选中后正好与"All selected"相反，将对在"Available objects"中没有选中的网络或元件进行布线。

可通过"Object type"来选择在下面列表中显示的是 PCB 的网络标识还是元件的标识，当选择"Nets"时表示显示网络标识；而选择"Components"时表示显示元件的标识。

完成参数设置后，单击 Route 按钮，开始进行自动布线，将出现一个自动布线进度显示框，如图 12-36 所示。单击进度框中 Details>> 按钮，可清楚的显示布线详细进度信息，如图 12-37 所示，单击"Summary（细节）"将隐藏详细的进度信息，返回最初进度对话框中。

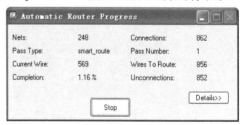

图 12-36　显示进度

Automatic Router Progress

| | | | | | | | | | | | |
|---|---|---|---|---|---|---|---|---|---|---|---|
| Nets: | 248 | | | Connections: | 862 | | | | | | |
| Pass Type: | smart_route | | | Pass Number: | 24 | | | | | | |
| Current Wire: | 6 | | | Wires To Route: | 36 | | | | | | |
| Completion: | 99.07 % | | | Unconnections: | 0 | | | | | | |

Routing History

| Pass Name | # | Fail | Unrte | Vias | Cross | Clear | XTalk | Len. | Red. % | CPU Time Pass | Total |
|---|---|---|---|---|---|---|---|---|---|---|---|
| Route | 2 | 19 | 9 | 460 | 506 | 83 | 0 | 0 | 29 | 0:00:07 | 0:00:15 |
| Route | 3 | 21 | 3 | 540 | 266 | 29 | 0 | 0 | 49 | 0:00:09 | 0:00:24 |
| Route | 4 | 15 | 1 | 575 | 148 | 21 | 0 | 0 | 42 | 0:00:08 | 0:00:32 |
| Route | 5 | 13 | 1 | 604 | 91 | 2 | 0 | 0 | 44 | 0:00:08 | 0:00:40 |
| Route | 6 | 11 | 0 | 637 | 61 | 18 | 0 | 0 | 15 | 0:00:04 | 0:00:44 |
| Route | 7 | 15 | 0 | 647 | 41 | 9 | 0 | 0 | 36 | 0:00:03 | 0:00:47 |
| Route | 8 | 10 | 0 | 657 | 28 | 16 | 0 | 0 | 12 | 0:00:03 | 0:00:50 |
| Route | 9 | 10 | 0 | 661 | 26 | 18 | 0 | 0 | 0 | 0:00:03 | 0:00:53 |
| Route | 10 | 7 | 0 | 657 | 26 | 3 | 0 | 0 | 34 | 0:00:03 | 0:00:56 |
| Route | 11 | 3 | 0 | 653 | 27 | 5 | 0 | 0 | 0 | 0:00:03 | 0:00:59 |
| Route | 12 | 3 | 0 | 659 | 26 | 7 | 0 | 0 | 0 | 0:00:01 | 0:01:00 |
| Route | 13 | 7 | 0 | 660 | 21 | 7 | 0 | 0 | 15 | 0:00:01 | 0:01:04 |
| Route | 14 | 8 | 0 | 667 | 19 | 11 | 0 | 0 | 0 | 0:00:01 | 0:01:05 |
| Route | 15 | 6 | 0 | 658 | 22 | 0 | 0 | 0 | 26 | 0:00:02 | 0:01:07 |
| Route | 16 | 5 | 0 | 661 | 19 | 2 | 0 | 0 | 4 | 0:00:02 | 0:01:09 |
| Route | 17 | 11 | 0 | 672 | 26 | 15 | 0 | 0 | 0 | 0:00:01 | 0:01:10 |
| Route | 18 | 5 | 0 | 670 | 10 | 1 | 0 | 0 | 73 | 0:00:02 | 0:01:12 |
| Route | 19 | 4 | 0 | 672 | 13 | 5 | 0 | 0 | 0 | 0:00:02 | 0:01:14 |
| Route | 20 | 5 | 0 | 672 | 11 | 6 | 0 | 0 | 5 | 0:00:02 | 0:01:16 |
| Route | 21 | 2 | 0 | 671 | 11 | 1 | 0 | 0 | 29 | 0:00:02 | 0:01:18 |
| Route | 22 | 3 | 0 | 671 | 6 | 0 | 0 | 0 | 50 | 0:00:02 | 0:01:20 |
| Route | 23 | 1 | 0 | 670 | 6 | 0 | 0 | 0 | 0 | 0:00:01 | 0:01:21 |

Stop

图 12-37 详细进度表

1）布线完成后，布线进度的对话框将会自动关闭，重新返回"Automatic Route"对话框，如果对自动布线的结果不满意可用它来撤销此次布线，在对话框中单击 Undo 按钮即可，然后重新设置各个参数，重新进行布线。

2）单击 Results 按钮，显示布线结果，如图 12-38 所示，单击 Close 按钮，关闭结果显示对话框。

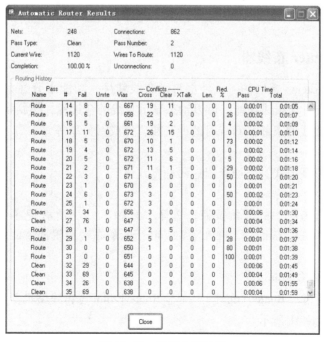

图 12-38 显示布线结果

3）布线满意后，右击鼠标，在弹出菜单中选择"Done（完成）"命令，完成布线，如图 12-39 所示。

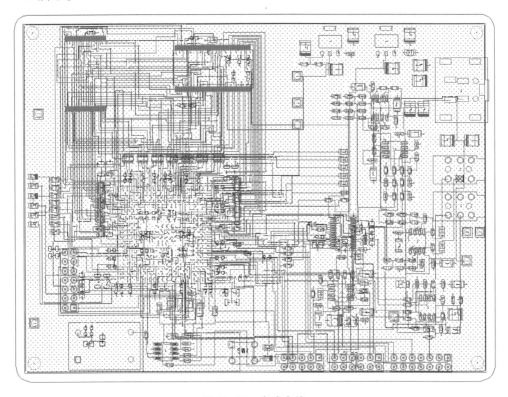

图 12-39　完成布线

4）根据需要，可扇出自动完成的布线及手动布线进行修改，将布线效果调整到最佳状态。

### 12.2.5　PCB Router 布线器

PCB Router 是 Allegro 提供的一个外部自动布线软件，功能十分强大，Allegro 通过 PCB Router 软件可以完成自动布线功能。可以动态显示布线的全过程，包括视图布线的条数、重布线的条数、未连接线的条数、布线时的冲突数、完成百分率等。

**1. 启动方式**

该窗口有两种打开方式，下面介绍这两种方式。

（1）直接启动

单击 Windows 任务栏中的开始按钮，选择"开始"→"所有程序"→"Cadence"→"Release16.6"→"PCB Router"，进入图 12-40 所示的布线编辑器窗口。

（2）间接启动

- 启动 Allegro PCB Editor。
- 选择菜单栏中的"Route（布线）"→"Route Editor（布线编辑器）"命令，进入 CCT 窗口，如图 12-41 所示。

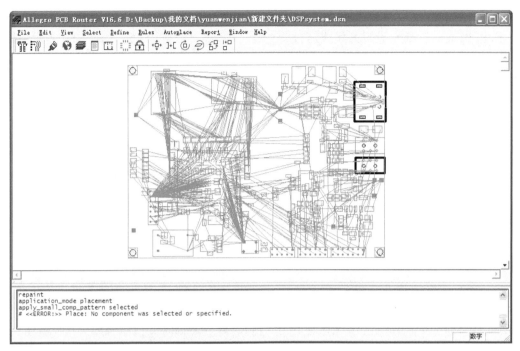

图 12-40　PCB Router 编辑器窗口

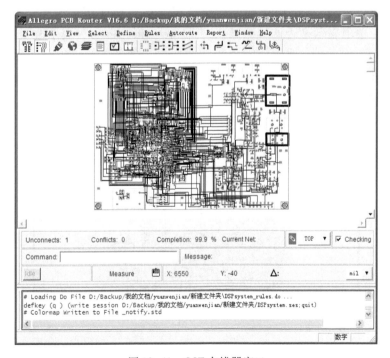

图 12-41　CCT 布线器窗口

## 2. 自动布线

选择菜单栏中的"Autoroute（自动布线）"→"Route（布线）"命令，弹出"Auto-Route（自动布线）"对话框，如图 12-42 所示。

1）在该对话框中选择"Basic（基本）"选项时，激活"AutoRoute（自动布线）"对话框左边的设置。

其中"Passes"表示设置开始通道数,一般"Passes"设置为25;Start Pass 表示设置开始通道数,如果"Passes"设置为25,这个值一般设置为16;"Remove Mode"表示创建一个非布线路径。当布线率很低时,Basic 选项会自动生效。

2)在该对话框选择"Smart(灵活)"选项时,激活"AutoRoute(自动布线)"对话框右边的设置,如图12-43所示。

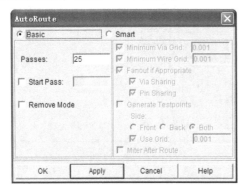 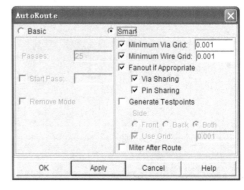

图12-42 "AutoRoute(自动布线)"对话框(一)　图12-43 "AutoRoute(自动布线)"对话框(二)

其中"Minimum Via Grid"表示设置最小的贯穿口的格点;"Minimum Wire Grid"表示设置最小的导线的格点;"Fanout if Appropriate"表示避开 SMT 焊盘到贯穿孔的布线;"Generate Testpoints"选项表示是否产生测试点;"Miter After Route"表示改变布线拐角从90°到45°。

3)在"AutoRoute(自动布线)"对话框内选择"Smart(灵活)"选项,设置完毕后单击[Apply]按钮,CCT 开始布线。布线完成后,单击[OK]按钮,关闭"AutoRoute(自动布线)"对话框,系统会重新检查布线。如图12-44所示。

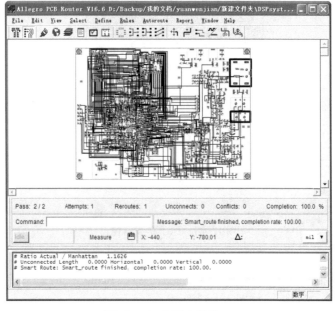

图12-44 CCT 布线窗口

**3. 报告布线结果**

1）选择菜单栏中的"Report（报告）"→"Route Status（布线状态）"命令，可以看到整个布线的状态信息，如图 12-45 所示。

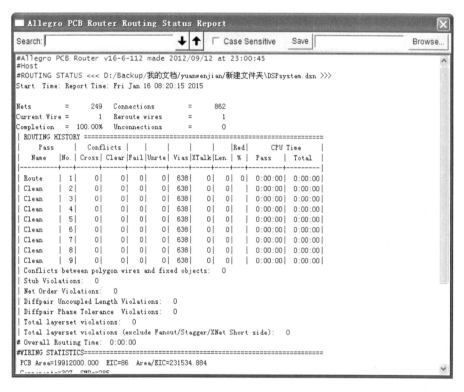

图 12-45　布线状态报告

2）关闭状态报告，选择菜单栏中的"File（文件）"→"Quit（退出）"命令，退出CCT，将弹出如图 12-46 所示对话框。

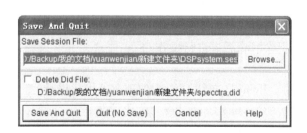

图 12-46　"Save And Quit"对话框

3）在"Save And Quit"对话框中单击 Browse... 按钮修改保存的路径，单击 Save And Quit 按钮，退出 CCT 窗口，系统将自动返回到 Allegro PCB Design GXL 编辑窗口，如图 12-47所示。

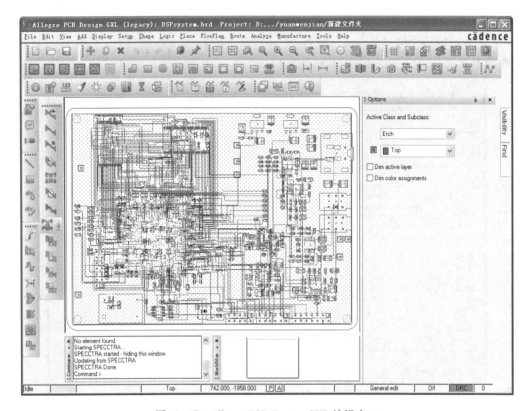

图 12-47　Allegro PCB Design GXL 编辑窗口

## 12.3　补泪滴

　　在导线和焊盘或者孔的连接处，通常需要补泪滴，以去除连接处的直角，加大连接面。这样做有两个好处，一是在 PCB 制作过程中，避免以钻孔定位偏差导致焊盘与导线断裂；二是在安装和使用中，可以避免因用力集中导致连接处断裂。

　　添加泪滴是在电路板所有其他类型的操作完成后进行的，若不能直接在添加完泪滴的电路板上进行编辑，必须删除泪滴后再进行操作。

　　**1. 自动添加**

　　1）选择菜单栏中的"Route（布线）"→"Gloss（优化设计）"→"Paramenters（参数设定）"命令，系统弹出"Glossing Controller（优化控制）"对话框，如图 12-48 所示。

　　只勾选"Fillet and Tapered trace（修整锥形线）"，并单击□按钮，弹出如图 12-49 所示的"Fillet and Tapered trace（修整锥形线）"对话框，在该对话框中设置泪滴形状。

　　在"Global Options（总体选项）"选项组中：

　　● "Dynamic"：勾选此复选框，使用动态添加泪滴。

　　● "Curved"：勾选此复选框，在添加泪滴过程中允许出现弯曲情况，

　　● "Allow DRC"：勾选此复选框，允许对添的泪滴进行 DRC 检查。

　　● "Unused nets"：勾选此复选框，在未使用的网络上添加泪滴。

　　在"Objects（目标）"选项组下设置添加的泪滴形状。

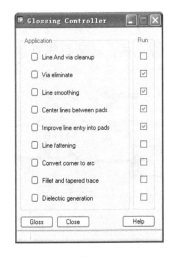

图12-48 "Glossing Controller
（优化控制）"对话框

图12-49 "Filed and tapered trace
（修整锥形线）"对话框

- "Circular pads"：圆形泪滴，在文本框中输入最大值，默认值为100。
- "Square pads"：方形泪滴，在文本框中输入最大值，默认值为100。
- "Rectangular pads"：长方形泪滴，在文本框中输入最大值，默认值为100。
- "Oblong pads"：椭圆形泪滴，在文本框中输入最大值，默认值为100。
- "Octagon pads"：八边形泪滴，在文本框中输入最大值，默认值为100。

单击 OK 按钮，采取默认设置，关闭对话框。

2）返回"Filed and tapered trace（修整锥形线）"对话框，单击 Gloss 按钮即可完成设置对象的泪滴添加操作。

补泪滴前后焊盘与导线连接的变化如图12-50所示。

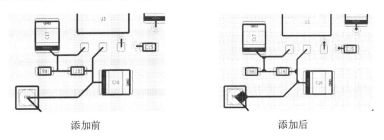

添加前                          添加后

图12-50 补泪滴前后焊盘与导线连接的变化

### 2. 手动添加

用户还可以对某一个元件的所有焊盘和过孔，以及某一个特定网络的焊盘和过孔进行添加泪滴操作。

选择菜单栏中的"Route（布线）"→"Gloss（优化设计）"命令，弹出子菜单命令，关于手动添加泪滴的命令如图 12-51 所示。

图 12-51　手动添加泪滴菜单命令

1）"Add Fillet"：添加圆角。

2）"Delete Fillet"：删除圆角。

3）"Add Tapered Trace"：添加锥形线。

4）"Delete Tapered Trace"：删除锥形线。

选中上述命令后，单击网络，则在该网络上添加泪滴，添加前后的变化如图 12-52 所示。

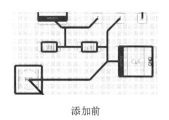
添加前

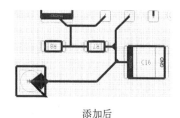
添加后

图 12-52　添加圆角前后的变化

### 3. 优化设计

1）如图 12-53 所示的"Glossing Controller（优化控制）"对话框中有 9 项优化类别，主要用于对整个自动布线结果进行改进，读者可一一进行优化，这里不再赘述。

2）选择菜单栏中的"Route（布线）"→"Gloss（优化设计）"命令，弹出子菜单命令，关于优化设置的命令如图 12-54 所示，对自动布线结果进行局部优化。

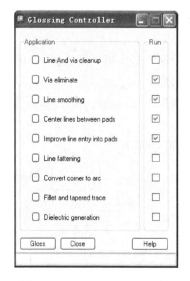

图 12-53　"Glossing Controller
（优化控制）"对话框

图 12-54　子菜单命令

- "Design": 优化设计。
- "Room": 优化指定区域。
- "Window": 优化激活内容。
- "List": 优化列表内容。

## 12.4 电路板的输出

PCB 绘制完毕后,可以利用 Allegro 提供丰富的报表功能,生成一系列的报表文件。这些报表文件有着不同的功能和用途,为 PCB 设计的后期制作、元件采购、文件交流等提供了方便。在生成各种报表之前,首先要确保要生成报表的文件已经被打开并置为当前文件。

### 12.4.1 报表输出

当所有元件摆放好以后,将产生元件报告,检查网络表导入的元件是否有误,可以通过下面所述操作完成。

1. 选择菜单栏中的"Tools(工具)"→"Reports(报告)"命令,弹出"Reports(报告)"对话框,如图 12-55 所示。

2. 在"Reports(报告)"对话框中的"Available Reports(可用报告)"区域内双击任一选项,将其添加到"Selceted Reports(选择的报告)"中。

图 12-55 "Reports"对话框

1)选择"Component Report"选项,生成元件报告。

2)选择"Bill of Material Report"选项,生成材料报表。

3)选择"Component Report"选项,生成元件引脚信息报告。

4)选择"Net List Report"选项,生成网络表报告。

5)选择"Component Report"选项,生成符号引脚报告

单击 Report 按钮,弹出报告文件,显示不同的元件信息列表。

### 12.4.2 生成钻孔文件

钻孔数据主要包括颜色与可视性设置、钻孔文件参数设置及钻孔图的生成。

1. 选择菜单栏中的"Display(显示)"→"Color/Visibility(颜色可见性)",弹出"Color Dialog(颜色)"对话框,如图 12-56 所示,设置如下参数。

1)在"Board Geometry"下勾选"Outline"和"Dimension"。

2)选择"Stack – Up→Non – Conductor",在"Pin"和"Via"下面勾选" * _Top"和" * _Bottom",选择"Drawing Format",勾选"All"选项,打开下面的所有项。

3)设置上面打开选项的颜色,完成设置后,单击 OK 按钮,退出对话框。

2. 选择菜单栏中的"View(视图)"→"Zoom World(缩放整个范围)",可以浏览整个图样,如图 12-57 所示。

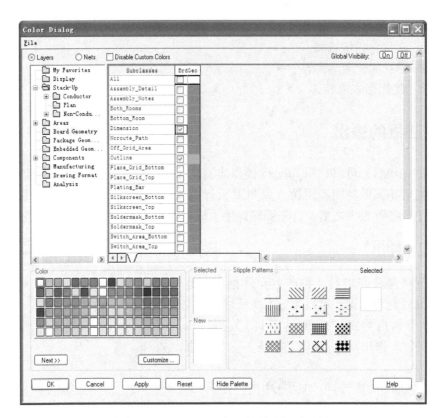

图 12-56 "Color Dialog（颜色）"对话框

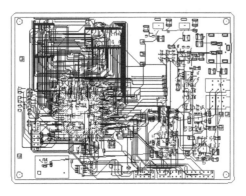

图 12-57 显示图样

3. 选择菜单栏中的"Manufacture（制造）"→"NC（NC）"→"Drill Legend（钻孔说明）"，弹出如图 12-58 所示的对话框。

4. 一般情况下，"Dill Legend（钻孔说明）"对话框中的参数采用默认值，不用修改，单击 OK 按钮，可以产生钻孔图形及其统计表格，然后单击鼠标，统计表格就可以放置在鼠标单击的位置上，如图 12-59 所示。

5. 在完成这一步后，同时也生成了钻孔图，如图 12-60 所示，保存文件。

6. 选择菜单栏中的"File（文件）"→"Viewlog（查看日志）"命令，可以查看 ncleg-end. log 文件，如图 12-61 所示。

| Drill Legend | | |
|---|---|---|
| Template file: | default-mil.dlt | Browse... |
| | | Library... |
| Drill legend title: | DRILL CHART: $lay_nams$ | |
| Backdrill legend title: | BACKDRILL $lay_nams$ | |
| Cavity legend title: | CAVITY LEGEND | |
| Output unit: | Mils | |

Hole sorting method:
By hole size — ⦿ Ascending / ○ Descending
By plating status — ⦿ Plated first / ○ Non-plated first

Legends:
⦿ Layer pair / ○ By layer
☐ Include backdrill ☐ Include Cavity

OK　Cancel　Help

图 12-58 "Drill Legend" 对话框

| DRILL CHART: TOP to BOTTOM | | | |
|---|---|---|---|
| ALL UNITS ARE IN MILS | | | |
| FIGURE | SIZE | PLATED | QTY |
| · | 12.988 | PLATED | 389 |
| | 30.98 | PLATED | 4 |
| · | 35.433 | PLATED | 9 |
| ○ | 35.98 | PLATED | 60 |
| ▫ | 39.02 | PLATED | 1 |
| ▫ | 39.02 | PLATED | 3 |
| · | 51.181 | PLATED | 12 |
| | 59.055 | NON-PLATED | 4 |
| · | 66.929 | NON-PLATED | 2 |
| × | 125.0 | NON-PLATED | 4 |
| ▯ | 98.425 x 39.37 | PLATED | 1 |
| ▭ | 98.425 x 39.37 | PLATED | 8 |

图 12-59 放置统计表格

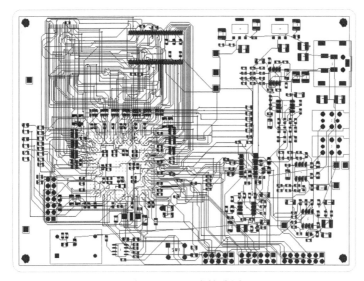

图 12-60 生成钻孔图

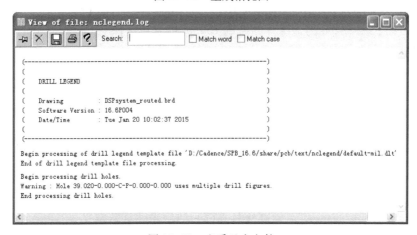

图 12-61 查看日志文件

### 12.4.3　制造数据的输出

制造数据的输出有个前提：要设置底片参数，设定 Aperture（光圈）档案。在设置完成后系统产生底片文件，将数据输出。

1. 选择菜单栏中的"Manufacture（制造）→Artwork（插图）"命令，弹出如图 12-62 所示的对话框，打开"Film Control（底片控制）"选项卡，设置底片控制文件。

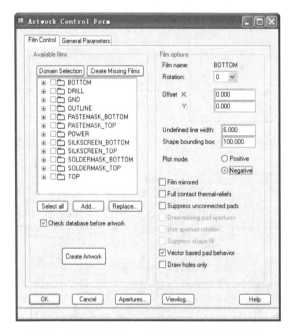

图 12-62　"Film Control（底片控制）"选项卡

1）"Film name"：显示底片名称。

2）"Rotation"：底片旋转的角度。

3）"Offset"：底片的偏移量，显示 X 轴、Y 轴方向上的参数。

4）"Underfined line width"：在底片上绘制线段或文字。

5）"Shape bounding box"：默认值为 100，当"Plot mode（绘图格式）"选择"Negative（负片绘图）"时，在 Shape 的边缘外侧绘制 100mil 的黑色区域。

6）"Plot mode"：选择绘图格式，有两种格式，包括"Positive（正片）"、"Negative（负片）"两种格式。

7）"Film mirrored"：勾选此复选框，左右翻转底片。

8）"Full contact thermal - reliefs"：勾选此复选框，绘制 thermal - reliefs，使其导通。

9）"Supppress unconnected pads"：勾选此复选框，绘制未连线的焊盘，只有当层面是内信号层时，此项才被激活。

10）"Draw missing pad apertures"：勾选此复选框，当焊盘栈没有相应的 Flash D - Code 时，填充较小宽度的 Line D - Code。

11）"Use aperture rotation"：勾选此复选框，使用光圈旋转定义。

12）"Suppress shape fill"：勾选此复选框，使用分割线作为 Shape 的外形。

13）"Vector based pad behavior"：勾选此复选框，指定光栅底片使用基于向量的决策来确定哪种焊盘为 Flash。

14）"Draw holes only"：勾选此复选框，在底片上只绘制孔。

2. 打开"General Parameters（通用参数）"选项卡，设置加工文件参数，如图 12-63 所示。

图 12-63　"Artwork Contror Form"对话框

1）"Device type"：设置光绘机模型，包括 5 种模型，有"Gerber 6x00"、"Gerber 4x00"、"Gerber RS274X"、"Barco DPF"、"MDA"。

2）"Output units"：输出文件单位，有"Inches（英制）"、"Milimeters（公制）"两种选择。若选择"Barco DPF"，则除之前的两种单位外，还包括"Mils（米制）"。

3）"Coordinate type"：坐标类型。选择"Gerber 6x00"、"Gerber 4x00"才可用。

4）"Error action"：在处理加工文件过程中发生错误的处理方法。

5）"Format"：输出坐标的整数部分和小数部分。

6）"Output options"：输出选项，选择"Gerber 6x00"、"Gerber 4x00"才可用。

7）"Global film filename affixes"：底片文件设置。

8）"Film size limits"：底片尺寸。

9）"Suppress"：控制简化坐标设置。

3. 设置完成后，单击 OK 按钮，这样就完成了底片参数的设置。

单击 Viewlog 按钮，可以打开一个"View of file：photoplot"文本框。

## 12.5　操作实例

本节以实例来介绍 PCB 印制电路板布线设计。在前面章节讲述的电路板实现元件的布局，本章以此为基础。本例主要学习电路板的覆铜、布线设计过程。

### 12.5.1 音乐闪光灯电路 PCB 设计

选择"Cadence"→"Release16.6"→"Design Entry CIS"命令，启动 OrCAD Capture CIS。

1. 打开文件。选择菜单栏中的"File（文件）"→"Open（打开）"命令或单击"Capture"工具栏中的"Open document（打开文件）"按钮，选择将要打开的文件"Music Flash Light. dsn"，将其打开，原理图如图 12-64 所示。

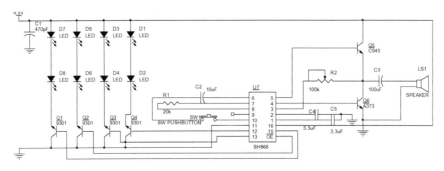

图 12-64 原理图文件

2. 添加 Footprint 属性。选中电路的所有模块，右击选择"Edit properties（编辑属性）"命令，在窗口下方选择打开"Parts（元件）"选项卡，选择属性"PCB Footprint"，在该列表框中输入元件对应的封装名称，结果如图 12-65 所示。

| | | Part Reference | PCB Footprint | Power Pins Visible | Prin |
|---|---|---|---|---|---|
| 1 | Music Flash Light : Music Flash Light : C1 | C1 | cap196 | □ | DEF. |
| 2 | Music Flash Light : Music Flash Light : C2 | C2 | cap196 | □ | DEF. |
| 3 | Music Flash Light : Music Flash Light : C3 | C3 | cap196 | □ | DEF. |
| 4 | Music Flash Light : Music Flash Light : C4 | C4 | cap400 | □ | DEF. |
| 5 | Music Flash Light : Music Flash Light : C5 | C5 | cap400 | □ | DEF. |
| 6 | Music Flash Light : Music Flash Light : D1 | D1 | dio400 | □ | DEF. |
| 7 | Music Flash Light : Music Flash Light : D2 | D2 | dio400 | □ | DEF. |
| 8 | Music Flash Light : Music Flash Light : D3 | D3 | dio400 | □ | DEF. |
| 9 | Music Flash Light : Music Flash Light : D4 | D4 | dio400 | □ | DEF. |
| 10 | Music Flash Light : Music Flash Light : D5 | D5 | dio400 | □ | DEF. |
| 11 | Music Flash Light : Music Flash Light : D6 | D6 | dio400 | □ | DEF. |
| 12 | Music Flash Light : Music Flash Light : D7 | D7 | dio400 | □ | DEF. |
| 13 | Music Flash Light : Music Flash Light : D8 | D8 | dio400 | □ | DEF. |
| 14 | Music Flash Light : Music Flash Light : LS1 | LS1 | GI_AXIAL7B | □ | DEF. |
| 15 | Music Flash Light : Music Flash Light : Q1 | Q1 | MPAK | □ | DEF. |
| 16 | Music Flash Light : Music Flash Light : Q2 | Q2 | MPAK | □ | DEF. |
| 17 | Music Flash Light : Music Flash Light : Q3 | Q3 | MPAK | □ | DEF. |
| 18 | Music Flash Light : Music Flash Light : Q4 | Q4 | MPAK | □ | DEF. |
| 19 | Music Flash Light : Music Flash Light : Q5 | Q5 | MPAK | □ | DEF. |
| 20 | Music Flash Light : Music Flash Light : Q6 | Q6 | MPAK | □ | DEF. |
| 21 | Music Flash Light : Music Flash Light : R1 | R1 | CY10 | □ | DEF. |
| 22 | Music Flash Light : Music Flash Light : R2 | R2 | TO39 | □ | DEF. |
| 23 | Music Flash Light : Music Flash Light : SW1 | SW1 | VNOISE | □ | DEF. |
| 24 | Music Flash Light : Music Flash Light : U7 | U7 | ZIP16 | □ | DEF. |

图 12-65 元件属性编辑

3. 检查原理图。打开项目管理器窗口，并将其置为当前，选中需要创建网络表的电路图文件"Music Flash Light. Dsn"。选择菜单栏中的"Tools（工具）"→"Design Rules Check（设计规则检查）"命令或单击"Capture"工具栏中的"Design rule check（设计规则检查）"按钮，打开"Design Rules Check（设计规则检查）"对话框，如图12-66所示，选择默认设置，单击 确定 按钮，开始进行设计规则检查，生成如图12-67所示的".drc"文件，显示检查结果，并自动加载到项目管理器"Output（输出）"文件夹下。

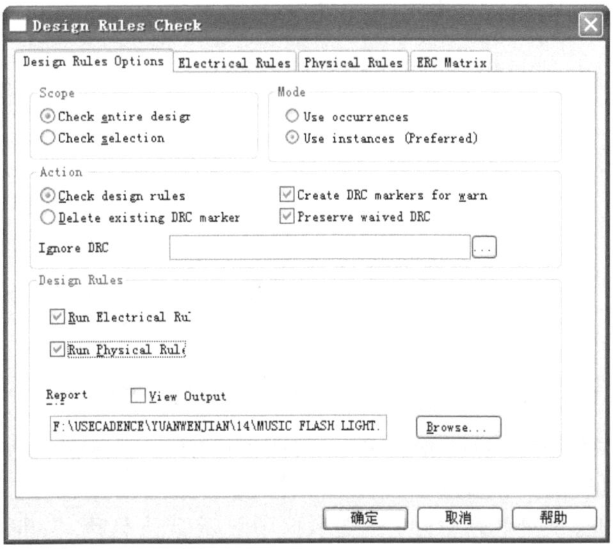

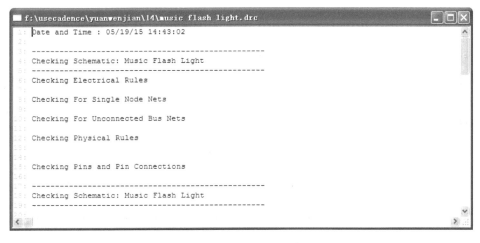

图12-66 "Design Rules Check（设计规则检查）"对话框

图12-67 DRC检查文件

4. 选择菜单栏中的"Tools（工具）"→"Create Netlist（创建网络表）"命令或单击"Capture"工具栏中的"Create netlist（生成网络表）"按钮，弹出如图12-68所示的"Create Netlist（创建网络表）"对话框。打开"PCB Editor（PCB编辑器）"选项卡，设置网络表属性。

图 12-68 "Create Netlist（创建网络表）"对话框

5. 勾选"Create PCB Editor Netlist（创建 PCB 网络表）"复选框，可导出包含原理图中所有信息的三个网络表文件"pstchip. dat"、"pstxnet. dat"、"pstxprt. dat"；在下面的"Option（选项）"选项组中显示参数设置。

6. 在"Netlist Files（网络表文件）"文本框中显示默认名称"allegro"，单击右侧🔲按钮，弹出"Select Directory（选择路径）"对话框。在该对话框中选择"PST ＊. DAT 文件"的路径。

完成设置后，单击 确定 按钮，开始创建网络表，如图 12-69 所示。

7. 该对话框自动关闭后，生成三个网络表文件"pstchip. dat"、"pstxnet. dat"、"pstxprt. dat"，如图 12-70 ~ 图 12-72 所示。网络表文件在项目管理器中 Output 文件下显示，如图 12-73 所示。

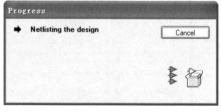

图 12-69 创建网络表

```
 1: FILE_TYPE=LIBRARY_PARTS;
 2: { Using PSTWRITER 16.6.0 d001May-19-2015 at 14:59:51}
 3: primitive 'CAP POL_CAP196_470PF';
 4:   pin
 5:     '1':
 6:       PIN_NUMBER='(1)';
 7:       PINUSE='UNSPEC';
 8:     '2':
 9:       PIN_NUMBER='(2)';
10:       PINUSE='UNSPEC';
11:   end_pin;
12:   body
13:     PART_NAME='CAP POL';
14:     JEDEC_TYPE='cap196';
15:     VALUE='470pF';
16:   end_body;
17: end_primitive;
18: primitive 'CAP POL_CAP196_10UF';
19:   pin
20:     '1':
```

图 12-70 pstchip. dat 文件

```
f:\usecadence\yuanwenjian\14\pstxnet.dat                               _ □ X

FILE_TYPE = EXPANDEDNETLIST;
{ Using PSTWRITER 16.6.0 d001May-19-2015 at 14:59:50 }
NET_NAME
'N01628'
 '@MUSIC FLASH LIGHT.MUSIC FLASH LIGHT(SCH_1):N01628':
 C_SIGNAL='@music flash light\.\music flash light\(sch_1):n01628';
NODE_NAME    U7 15
 '@MUSIC FLASH LIGHT.MUSIC FLASH LIGHT(SCH_1):INS5303@MUSIC FLASH LIGHT.SH868_0.NORMAL(CHII
 '15';
NODE_NAME    Q1 2
 '@MUSIC FLASH LIGHT.MUSIC FLASH LIGHT(SCH_1):INS219@DISCRETE.L14C1/TC.NORMAL(CHIPS)':
 'BASE';
NET_NAME
'N01293'
 '@MUSIC FLASH LIGHT.MUSIC FLASH LIGHT(SCH_1):N01293':
 C_SIGNAL='@music flash light\.\music flash light\(sch_1):n01293';
NODE_NAME    D1 1
 '@MUSIC FLASH LIGHT.MUSIC FLASH LIGHT(SCH_1):INS26@DISCRETE.LED.NORMAL(CHIPS)':
 'CATHODE';
```

图 12-71　pstxnet.dat

```
f:\usecadence\yuanwenjian\14\pstxprt.dat                               _ □ X

FILE_TYPE = EXPANDEDPARTLIST;
{ Using PSTWRITER 16.6.0 d001May-19-2015 at 14:59:51 }
DIRECTIVES
 PST_VERSION='PST_HDL_CENTRIC_VERSION_0';
 ROOT_DRAWING='MUSIC FLASH LIGHT';
 POST_TIME='Sep 10 2012 04:46:09';
 SOURCE_TOOL='CAPTURE_WRITER';
END_DIRECTIVES;

PART_NAME
 C1 'CAP POL_CAP196_470PF';

SECTION_NUMBER 1
 '@MUSIC FLASH LIGHT.MUSIC FLASH LIGHT(SCH_1):INS282@DISCRETE.CAP POL.NORMAL(CHIPS)':
 C_PATH='@music flash light\.\music flash light\(sch_1):ins282@discrete.\cap pol.normal\(c
 P_PATH='@music flash light\.\music flash light\(sch_1):page1_ins282@discrete.\cap pol.nor
 PRIM_FILE='.\pstchip.dat',
 SECTION='';
```

图 12-72　pstxprt.dat 文件

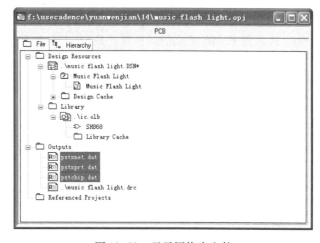

图 12-73　显示网络表文件

8. 创建电路板。该环节具体步骤如下：

1）选择 "Cadence" → "Release 16.6" → "PCB Editor" 命令，启动 Allegro PCB De-sign GXL。

2）选择菜单栏中的"File（文件）"→
"New（新建）"命令或单击"Files（文件）"
工具栏中的"New（新建）"按钮，弹出如
图 12-74 所示的"New Drawing（新建图样）"
对话框。

图 12-74 "New Drawing
（新建图样）"对话框

3）在"Drawing Name（图样名称）"文本
框中输入图样名称"MUSIC"；在"Drawing
Type（图样类型）"下拉列表中选择图样类型
"Board（wizard）"。

4）单击 OK 按钮后关闭对话框，弹出"Board Wizard（板向导）"对话框，如
图 12-75 所示，进入 Board（Wizard）的工作环境。

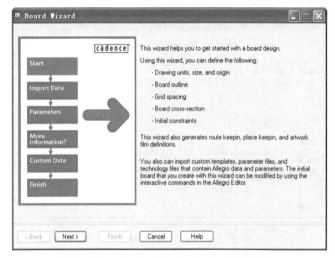

图 12-75 "Board Wizard（板向导）"对话框

5）单击 Next> 按钮，进入图 12-76 所示的对话框，选择"No（否）"选项，表示不输入
模板。

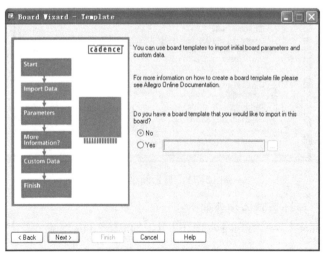

图 12-76 "Board Wizard - Template（板向导模板）"对话框

6）单击 Next> 按钮，进入图 12-77 所示的对话框。两个选项均选择 "No（否）"，表示不选择 Tech file 文件与 Parameter file 文件。

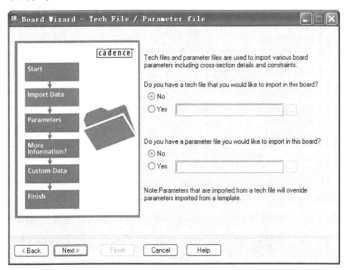

图 12-77 "Board Wizard – Tech File/Parameter file（板向导模板）" 对话框

7）单击 Next> 按钮，进入图 12-78 所示的对话框。选择 "No（否）" 选项，表示不导入参数模块。

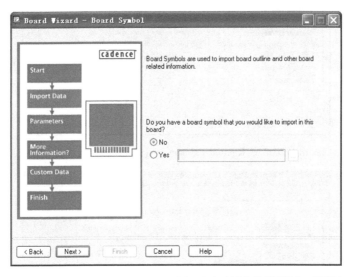

图 12-78 "Board Wizard – Board Symbol（板向导模板）" 对话框

8）单击 Next> 按钮，进入图 12-79 所示的对话框。设置图样选项，选择 Units（单位）为 Mils、Size（工作区的范围大小）为 A，在 "Specify The location of the origin for this drawing（设定工作区的原点的位置）" 选项下选择 "At the lower left corner of the drawing（把原点定在工作区的左下脚）" 选项。

9）单击 Next> 按钮，进入图 12-80 所示的对话框，继续设置图样参数，选择默认设置。

10）单击 Next> 按钮，进入图 12-81 所示的对话框，定义层面的名称和其他条件。

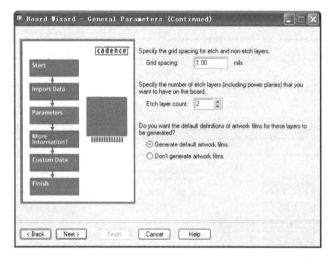

图 12-79　"Board Wizard – General Parameters（板向导模板）"对话框

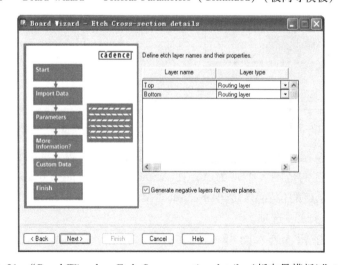

图 12-80　"Board Wizard – General Parameters（Continued）（板向导模板）"对话框

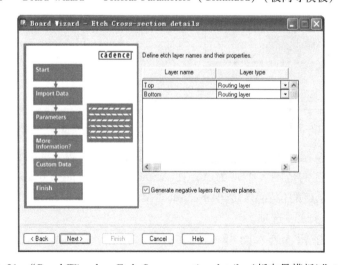

图 12-81　"Board Wizard – Etch Cross – section details（板向导模板）"对话框

11）单击 Next> 按钮，进入图 12-82 所示的对话框。在这个对话框中设定电路板中的一些默认限制和默认贯孔。

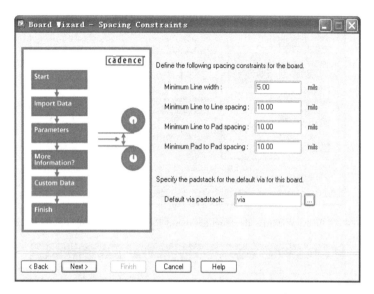

图 12-82　"Board Wizard – Spacing Constraints（板向导模板）"对话框

12）单击 Next> 按钮，进入图 12-83 所示的对话框。在该对话框中定义板框的外形为"Rectangular board（方形板框）"。

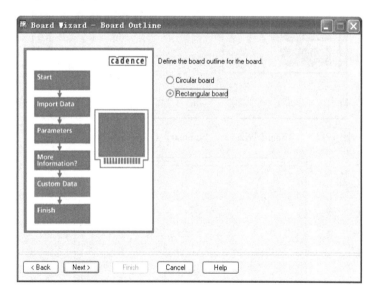

图 12-83　"Board Wizard – Board Outline（板向导模板）"对话框

13）单击 Next> 按钮，进入图 12-84 所示的定义电路板尺寸对话框。

14）单击 Next> 按钮，进入图 12-85 所示的对话框，单击 Finish 按钮，完成向导模式（Board Wizard）板框创建，如图 12-86 所示。

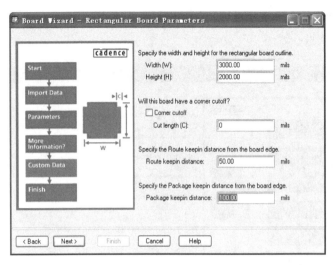

图 12-84 "Board Wizard – Rectangular Board Parameters（板向导模板）"对话框

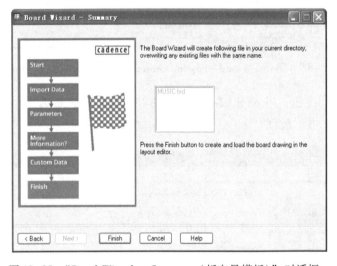

图 12-85 "Board Wizard – Summary（板向导模板）"对话框

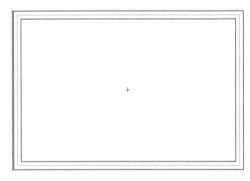

图 12-86 完成的板框

9. 导入原理图网络表信息。该环节具体步骤如下：

1) 选择菜单栏中的"File（文件）"→"Import（导入）"→"Logic（原理图）"命令，弹出如图 12-87 所示的"Import Logic（导入原理图）"对话框。打开"Cadence"选项卡，导入在 Capture 里输出网络表。

2）在"Import logic type（导入的原理图类型）"选项组下有勾选"Design entry CIS（Capture）"选项；在"Place changed component（放置修改的元件）"选项组下默认选择"Always（总是）"。

3）在"Import directory（导入路径）"文本框中，单击右侧按钮 ⬚ ，在弹出的对话框中选择网表路径目录，单击 按钮，导入网络表，出现进度对话框，如图 12-88 所示。

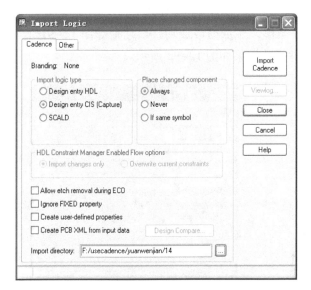

图 12-87　"Import Logic（导入原理图）"对话框　　　图 12-88　导入网络表的进度对话框

4）选择菜单栏中的"Files（文件）"→"Viewlog（查看日志）"命令，同样可以打开如图 12-89 所示的窗口，查看网络表的日志文件。

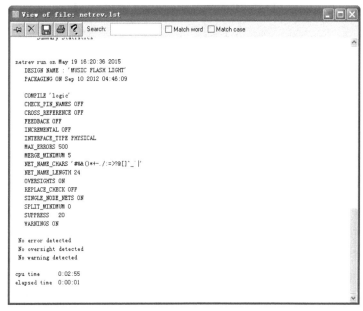

图 12-89　网络表的日志文件

选择菜单栏中的"Place（放置）"→"Manually（手动放置）"命令，弹出"Placement（放置）"对话框，在"Placement List（放置列表）"选项卡的下拉列表中选择"Components by refdes（按照元件序号）"选项，按照序号显示元件。如图 12-90 所示。

在列表下显示所有元件，表示元件封装导入成功，单击 OK 按钮，关闭对话框。

10. 摆放元件。该环节具体步骤如下：

1）选择菜单栏中的"Place（放置）"→"Quickplace（快速摆放）"命令，将弹出"Quickplace（快速摆放）"对话框，选择"Place by room（按 ROOM 属性摆放）"。

2）单击 Place 按钮，对元件进行摆放操作，显示摆放成功，对话框如图 12-91 所示，单击 OK 按钮，关闭对话框，电路板元件摆放结果如图 12-92 所示。

图 12-90  Placement List 选项卡          图 12-91  "Quickplace（快速摆放）"对话框

11. 取消飞线显示。单击"View（视图）"工具栏中的"Unrats"按钮，取消显示元件间的飞线，方便对元件进行布局操作。

12. 移动元件。选择菜单栏中的"Edit（编辑）"→"Move（移动）"命令或单击"Edit（编辑）"工具栏中的"Move（移动）"按钮，激活移动命令。在电路板中单击需要移动元件名称等文本参数，单击右键选择"Rotation（旋转）"命令，旋转相应的元件，布局后的 PCB 如图 12-93 所示。

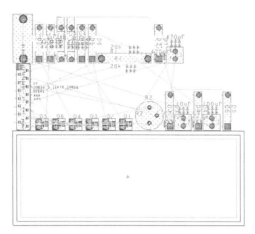

图 12-92　元件摆放结果

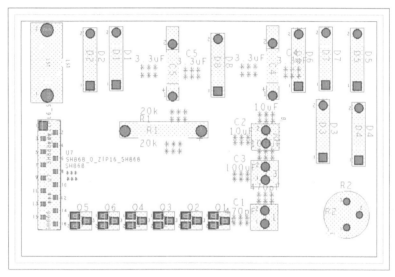

图 12-93　布局后的 PCB

13. 3D 效果图。该环节具体步骤如下：

1）选择菜单栏中的"View（视图）"→"3D Viewer（3D 显示）"命令，则系统生成该 PCB 的 3D 效果图，自动打开"Allegro 3D Viewer（3D 显示器）"窗口，如图 12-94 所示。

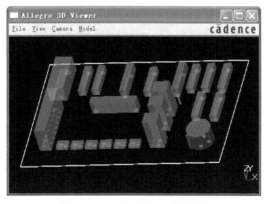

图 12-94　PCB 的 3D 效果图

2）选择菜单栏中的"Files（文件）"→"Export Image（输出图片）"命令，则系统以图片的形式输出该 PCB 的效果图，输入图片名称"MUSIC"，如图 12-95 所示，单击 保存(S) 按钮，保存图片文件。

图 12-95　PCB 板 3D 效果图

14. 自动布线。该环节具体步骤如下：

1）选择菜单栏中的"Setup（设置）"→"Grids（格点）"命令，将弹出"Define Grid（定义格点）"对话框，选择默认设置，单击 OK 按钮，关闭对话框，如图 12-96 所示。

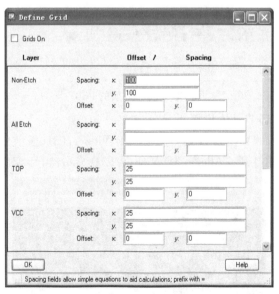

图 12-96　"Define Grid（定义栅格）"对话框

2）选择菜单栏中的"Route（布线）"→"PCB Router（布线编辑器）"→"Route Automatic（自动布线）"命令，将弹出"Automatic Router（自动布线）"对话框，如图 12-97 所示。

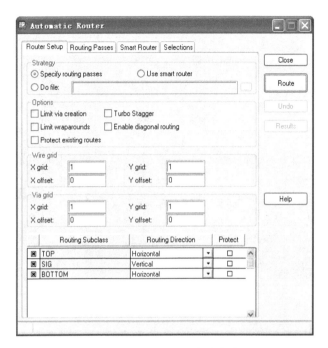

图 12-97 "Automatic Router（自动布线）"对话框

3）默认参数设置，单击 Route 按钮，开始进行自动布线，完成布线后，单击 Results 按钮，显示布线结果，如图 12-98 所示。

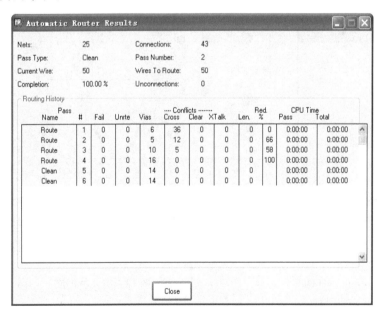

图 12-98 布线结果

4）单击 Gloss 按钮，关闭对话框。完成布线结果如图 12-99 所示。

15. 补泪滴。该环节具体步骤如下：

1）选择菜单栏中的 "Route（布线）" → "Gloss（优化设计）" → "Parameters（参数

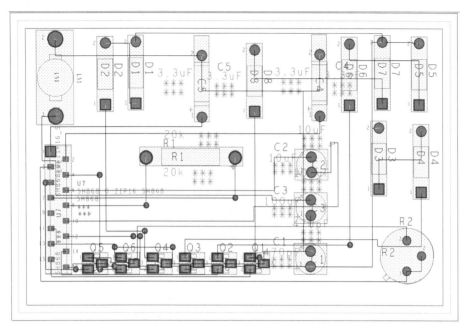

图 12-99　完成布线

设定）"命令，系统弹出"Glossing Controller（优化控制）"对话框，勾选"Filed and taper-ed trace（修整锥形线）"，其余选项选择默认设置，如图 12-100 所示。

2）单击 Gloss 按钮，为对象添加泪滴，结果如图 12-101 所示。

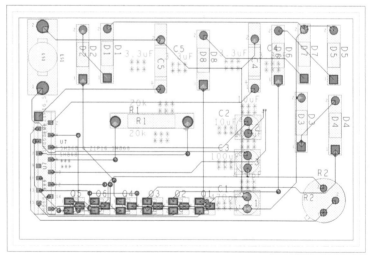

图 12-100　"Glossing Controller
（优化控制）"对话框

图 12-101　补泪滴

## 12.5.2　晶体管电路 PCB 设计

### 1. 创建电路板

选择菜单栏中的"File（文件）"→"New（新建）"命令或单击"Files（文件）"工具

栏中的 "New (新建)" 按钮 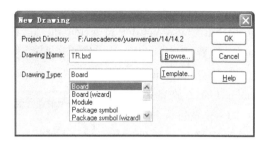，弹出如图 12-102 所示的 "New Drawing (新建图样)" 对话框。

图 12-102 "New Drawing (新建图样)" 对话框

在 "Drawing Name (图样名称)" 文本框中输入图样名称 "TR"；在 "Drawing Type (图样类型)" 下拉列表中选择图样类型 "Board"。

单击 OK 按钮，结束对话框，进入设置电路板的工作环境。

**2. 导入原理图网络表信息**

选择菜单栏中的 "File (文件)" → "Import (导入)" → "Logic (原理图)" 命令，弹出如图 12-103 所示的 "Import Logic (导入原理图)" 对话框。打开 "Cadence" 选项卡，导入在 Capture 里的输出网络表。

在 "Import logic type (导入的原理图类型)" 选项组下勾选 "Design entry CIS (Capture)" 选项；在 "Place changed component (放置修改的元件)" 选项组下默认选择 "Always (总是)"。

在 "Import directory (导入路径)" 文本框中，单击右侧按钮 ，在弹出的对话框中选择网表路径目录，单击 按钮，导入网络表，出现进度对话框，如图 12-104 所示。

图 12-103 "Import Logic (导入原理图)" 对话框

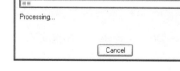

图 12-104 导入网络表的进度对话框

当执行完毕后，若没有错误，在命令窗口中显示完成信息：

1）Starting Cadence Logic Import。

2）netrev completed successfully，use Viewlog to review the log file。

3）Opening existing design。

4）netrev completed successfully，use Viewlog to review the log file。

选择菜单栏中的"Place（放置）"→"Manually（手动放置）"命令，弹出"Placement（放置）"对话框，在"Placement List（放置列表）"选项卡的下拉列表中选择"Components by refdes（按照元件序号）"选项，按照序号显示元件，如图 12-105 所示。

在列表下显示所有元件，表示元件封装导入成功，单击 OK 按钮，关闭对话框。

### 3. 图样参数设置

在绘制边框前，先要根据板的外形尺寸确定 PCB 工作区域的大小。

选择菜单栏中的"Setup（设置）"→"Design Parameter Editor（设计参数编辑）"命令，弹出如图 12-106 所示的"Design Parameter Editor（设计

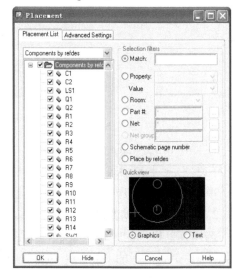

图 12-105　Placement List 选项卡

参数编辑）"对话框，打开"Design（设计）"选项卡，在"Extents（图样范围）"选项中设置"Left X"、"Lower Y"、"Width"、"Height"相应的值。确定图样边框大小。

### 4. 电路板的物理边界

选择菜单栏中的"Add（添加）"→"Line（线）"命令或单击"Add（添加）"工具栏中的"Add Line（添加线）"按钮，依次在输入窗口输入字符："x 0 0"、"ix 4000"、"iy 3000"、"ix -4000"、"iy -3000"。

绘制一个封闭的边框，完成边框闭合后，单击右键，选择快捷命令"Done（完成）"结束命令。绘制完成的边框如图 12-107 所示。

图 12-106　"Extents（图样范围）"选项

图 12-107　绘制边框

### 5. 放置定位孔

选择菜单栏中的"Place（放置）"→"Manually（手工放置）"命令或单击"Place（放置）"工具栏中的"Place Manual（手工放置）"按钮，弹出如图 12-108 所示的"Placement（放置）"对话框，如图 12-108 所示。打开"Placement List（放置列表）"选项卡，在下拉列表中选择"Mechanical symbols（机械符号）"选项，显示加载的库中的元件，勾选"MTG125"，在信息窗口中一次输入定位孔坐标值，放置四个定位孔，结果如图 12-109 所示。

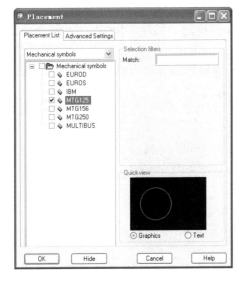

图 12-108　选择符号

图 12-109　放置定位孔

### 6. 放置工作格点

选择菜单栏中的"Setup（设置）"→"Grid（网格）"命令，弹出如图 12-110 所示的"Define Grid（定义网格）"对话框，在该对话框中主要设置显示层的偏移量和间距。将"Non-Etch（非布线层）"、"All Etch（布线层）"栅格设为 10 mil，偏移量设为 5 mil，如图 12-110 所示。

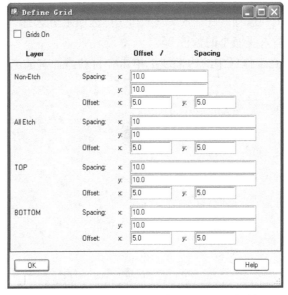

图 12-110　"Define Grid（定义网格）"对话框

**7. 电路板的电气边界**

(1) 允许布局区域

选择菜单栏中的"Edit(编辑)"→"Z – copy(复制)"命令,打开右侧"Option(选项)"面板,如图 12-111 所示。

在"Copy to Class/Subclass(复制集和子集)"选项组下依次选择"PACKAGE KEEPIN(允许布局区域)"、"All"选项。在"Size(尺寸)"选项组下选择"Contract(缩小)";在"Offset(偏移量)"中输入要缩小的数值 50。

完成参数设置后,在工作区中的边框线上单击,自动添加有适当间距的允许布局的区域线,如图 12-112 所示。

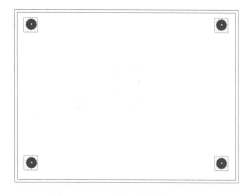

图 12-111 "Option(选项)"面板        图 12-112 添加允许布局区域

(2) 允许布线边界

选择菜单栏中的"Edit(编辑)"→"Z – copy(复制)"命令,打开右侧"Option(选项)"面板,如图 12-113 所示。

在"Copy to Class/Subclass(复制集和子集)"选项组下依次选择"ROUTE KEEPIN(允许布线区域)"、"All"选项。在"Size(尺寸)"选项组下选择"Contract(缩小)";在"Offset(偏移量)"中输入要缩小的数值 25。

完成参数设置后,在工作区中的边框线上单击,自动添加有适当间距的允许布局的区域线,如图 12-114 所示。

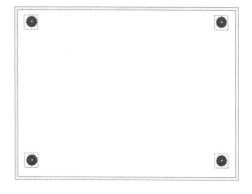

图 12-113 "Option(选项)"面板        图 12-114 添加允许布线区域

（3）禁止布线边界

选择菜单栏中的"Edit（编辑）"→"Z－copy（复制）"命令，打开右侧"Option（选项）"面板，如图12-115所示。

在"Copy to Class/Subclass（复制集和子集）"选项组下依次选择"ROUTE KEEPOUT（禁止布线区域）"、"All"选项。在"Size（尺寸）"选项组下选择"Contract（缩小）"；在"Offset（偏移量）"中输入要缩小的数值65。

完成参数设置后，在工作区中的边框线上单击，自动添加有适当间距的禁止布线的边界，如图12-116所示。

图12-115 "Option（选项）"面板

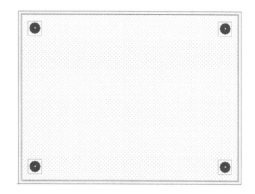

图12-116 禁止布线区域

### 8. 添加布局属性

1）选择菜单栏中的"Edit（编辑）"→"Properties（属性）"命令，在右侧的"Find（查找）"面板下方"Find By Name（通过名称查找）"下拉列表中选择"Comp（or Pin）"。

2）单击"more（更多）"按钮，弹出"Find by Name or Property（通过名称或属性查找）"对话框，在该对话框中选择需要设置Room属性的元件并单击此按钮将其添加到"Selected objects（选中对象）"列表框，如图12-117所示。

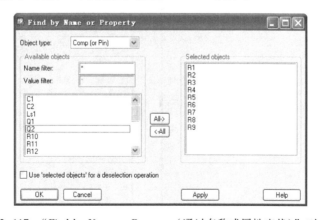

图12-117 "Find by Name or Property（通过名称或属性查找）"对话框

3）单击 Apply 按钮，弹出"Edit Property（编辑属性）"对话框，在左侧"Table of Contents（目录表）"下拉列表中选择"Room"并单击，在右侧显示"Room"并设置其Value 值，在"Value（值）"文本框中输入 ROOM1，表示选中的几个元件都是 ROOM1 的元件，或者说这几个元件均添加了 Room 属性，如图 12-118 所示。

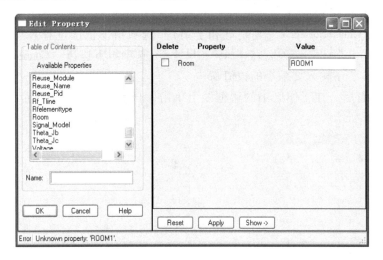

图 12-118 "Edit Property" 对话框

4）完成添加后，单击 Apply 按钮，完成在 PCB 中 Room 属性的添加，弹出"Show Properties（显示属性）"对话框，在该对话框中显示元件属性，如图 12-119 所示。

同样的方法，为元件 SW1 ~ SW9 添加 ROOM2 属性，为元件 R10、R11、R12、R13、C2、Q2 添加 ROOM3 属性，为 Q1、R14、C1、LS1 添加属性 ROOM4。

完成 Room 属性的添加后，需要在电路板中确定 Room 的位置。

5）选择菜单栏中的"Setup（设置）"→"Outlines（外框线）"→"Room Outlines（区域布局外框线）"命令，将弹出"Room Outline（区域布局外框线）"对话框，如图 12-120 所示。

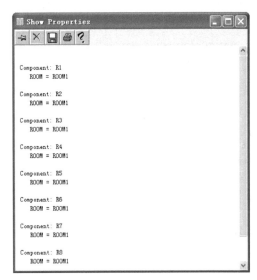

图 12-119 "Show Properties
（显示属性）"对话框

图 12-120 "Room Outline
（区域布局外框线）"对话框

370

6）在"Room Name（空间名称）"区域显示创建的名称 ROOM1，在工作区拖动出适当大小的矩形，完成 Room1 添加，在"Room Outline"对话框内继续设置下一个 Room2，重复操作，添加好需要的 Room 后，单击 [ OK ] 按钮，退出对话框。完成添加的 Room 如图 12-121 所示。

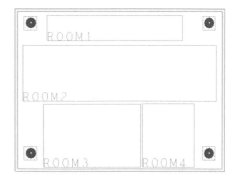

图 12-121　添加 Room 区域

### 9. 摆放元件

1）选择菜单栏中的"Place（放置）"→"Quickplace（快速摆放）"命令，将弹出"Quickplace（快速摆放）"对话框，选择"Place by room（按 ROOM 属性摆放）"，如图 12-122 所示。

2）单击 [ Place ] 按钮，对元件进行摆放操作，显示摆放成功，如图 12-123 对话框所示，单击 [ OK ] 按钮，关闭对话框，电路板元件摆放结果如图 12-124 所示。

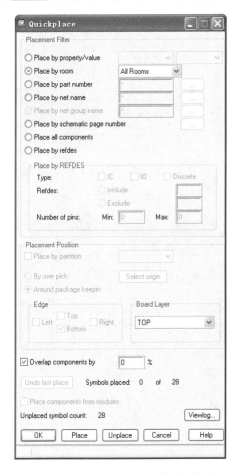

图 12-122　"Quickplace（快速摆放）"对话框 1

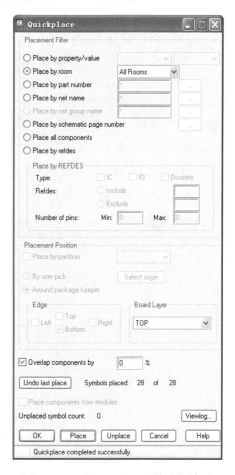

图 12-123　"Quickplace（快速摆放）"对话框 2

**10. 元件布局**

（1）取消飞线显示

单击"View（视图）"工具栏中的"Unrats"按钮，取消显示元件间的飞线，方便队员间进行布局操作。

（2）移动元件

选择菜单栏中的"Edit（编辑）"→"Move（移动）"命令或单击"Edit（编辑）"工具栏中的"Move（移动）"按钮，激活移动命令。在"Find（查找）"面板内单击"All Off（全部关闭）"按钮，取消所有对象类型的勾选，勾选"Symbol（符号）"复选框，如图 12-125 所示，在电路板中单击需要移动的元件封装，右击鼠标选择"Rotation（旋转）"命令，旋转需要旋转的对象，结果如图 12-126 所示。

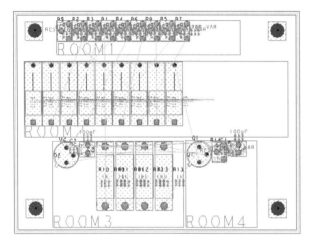

图 12-124　元件摆放结果

图 12-125　"Find（查找）"面板

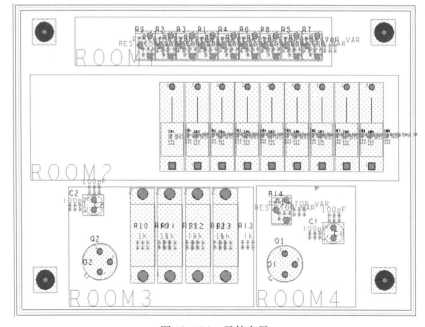

图 12-126　元件布局

**11. 保存文件**

选择菜单栏中的"File（文件）"→"Save As（另存为）"命令，弹出"Save_As（另存为）"对话框，更改图样文件的名称为"TR_copper"，单击 保存(S) 按钮，完成保存。

**12. 层叠管理**

选择菜单栏中的"Setup（设置）"→"Cross – Section（层叠管理）"命令，将弹出"Layout Cross Section（层叠设计）"对话框，在列表内右击鼠标，在弹出的菜单中选择"Add Layer（增加层）"命令，添加两个布线内层，并修改属性，如图 12-127 所示。

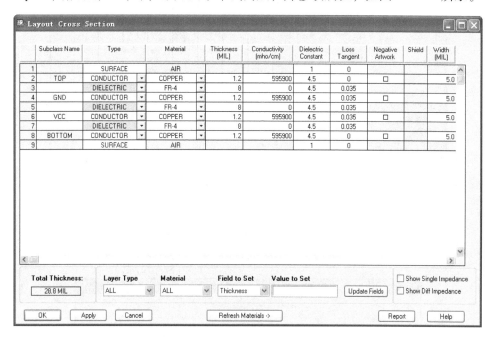

图 12-127 "Layout Cross Section（层叠管理器）"对话框

**13. 设置颜色**

选择菜单栏中的"Display（显示）"→"Color（颜色）"→"Visibility（可见性）"命令，将弹出"Color Dialog（颜色）"对话框，选择"Stack – Up"，将 VCC 电气层的"Pin"、"Via""Etch"以及"Drc"颜色设置为红色，将 GND 电气层的"Pin"、"Via""Etch"以及"Drc"颜色设置为蓝色，如图 12-128 所示。

完成设置后单击 OK 按钮，关闭对话框。

**14. 设置设计参数**

选择菜单栏中的"Setup（设置）"→"Design Parameters（设计参数）"命令，弹出"Design Parameters Editor（设计参数编辑器）"对话框，打开"Display（显示）"选项卡，进行参数设置，如图 12-129 所示。

**15. 设置覆铜参数**

选择菜单栏中的"Shape（外形）"→"Global Dynamic Params（动态覆铜参数设置）"命令，弹出"Global Dynamic Shape Parameters（动态覆铜区域参数）"对话框，进行动态覆铜的参数设置。

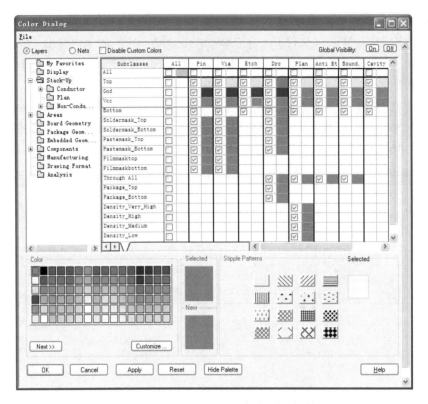

图 12-128 "Color Dialog（颜色）"对话框

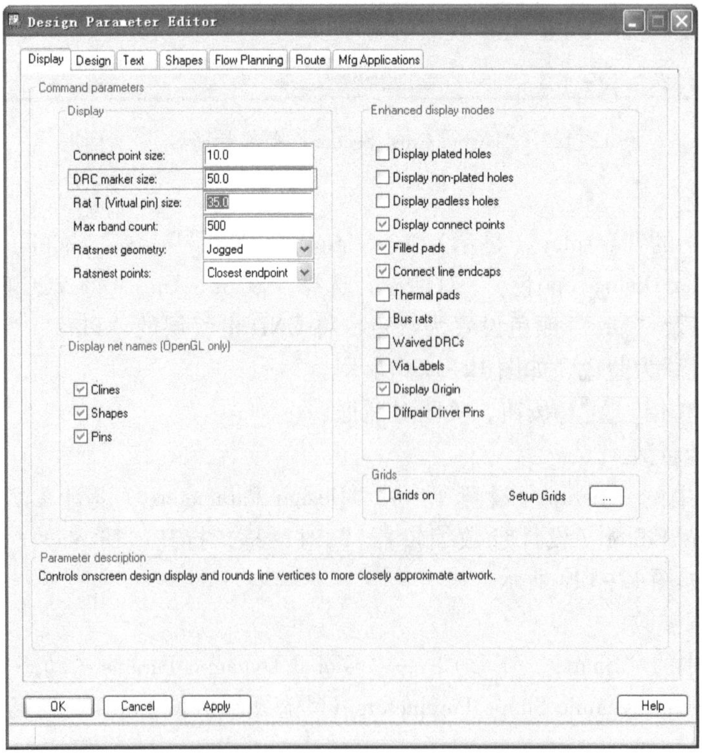

图 12-129 "Design Parameters Editor（设计参数编辑器）"对话框

打开"Shape fill（填充方式）"选项卡，如图 12-130 所示。选择"Rough（粗糙）"选项。其余参数选择默认设置。单击 OK 按钮，关闭对话框。

**16. 添加覆铜区域**

选择菜单栏中的"Edit（编辑）"→"Z-copy（复制）"命令，打开右侧"Option（选项）"面板，如图 12-131 所示。

图 12-130　"Shape fill（填充方式）"选项卡　　　　图 12-131　"Option（选项）"面板

在"Copy to Class/Subclass（复制集和子集）"选项组下依次选择"ETCH"、"VCC"选项；在"Size（尺寸）"选项组下选择"Contract（缩小）"；在"Offset（偏移量）"中输入要缩小的数值 0。

完成参数设置后，在工作区中的禁止布线边框线上单击，自动添加重合的 VCC 覆铜区域，如图 12-132 所示。

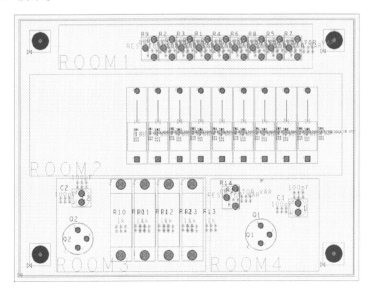

图 12-132　添加覆铜区域

同样的方法，选择"ETCH"、"GND"选项；添加与禁止布线边框线间距为 5 的 GND 覆铜区域，如图 12-133 所示。

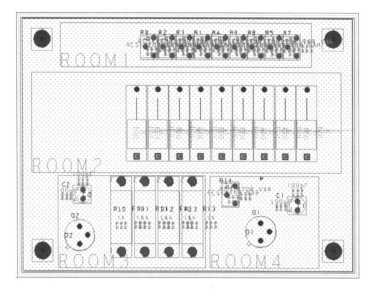

图 12-133　添加覆铜区域

### 17. 修改 DRC 规则

因为电路板上的导线不是完全绝缘的，会经常受到工作环境的影响产生不利于电路板正常工作的因素，因此为了避免此种现象需要规定导线之间的距离。同理，为保证非导线元件之间能正常工作、不相互影响也需要有一定的安全距离。

将鼠标放置在图 12-134 所示 DRC 标记上时，将自动显示如图 12-135 所示的解释说明。

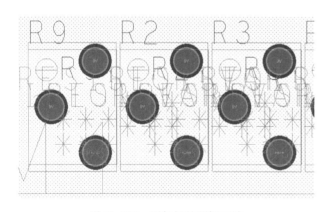

DRC error "Thru Pin to Shape Spacing"　Vcc
Constraint value: 5 MIL
Actual value: 0 MIL

图 12-134　添加好的覆铜区域　　　　　　　　图 12-135　DRC 说明

1）选择菜单栏中的"Setup（设置）"→"Constraints（约束）"→"Model（模型）"命令，弹出"Analysis Model（分析模型）"对话框，选择"Space Model"选项，取消勾选"Spacing DRC model"复选框，如图 12-136 所示。然后单击 OK 按钮，完成设置。在途中不显示该 DRC 标记，如图 12-137 所示。

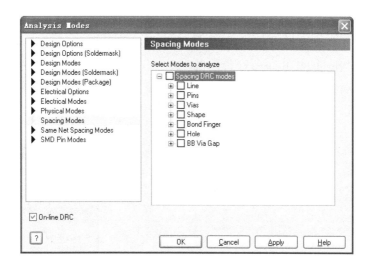

图 12-136 "Analysis Model（分析模型）"对话框

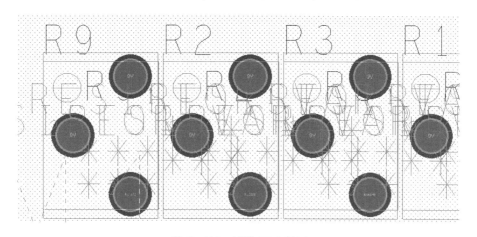

图 12-137 清除 DRC 标记

2）选择菜单栏中的"Shape（外形）"→"Select Shape or Void（选择覆铜区域避让）"命令，选择 GND 覆铜区域，右击鼠标，在弹出菜单中选择"Assign Net（分配网络）"命令，在"Options（选项）"面板内单击 按钮，在弹出的"Select a net（选择网络）"对话框内选择"Gnd"，设置选择网络为 GND，如图 12-138 所示。

3）在工作区右击鼠标，在弹出的快捷菜单中选择"Done（完成）"命令。

**18. 设置设计参数**

选择菜单栏中的"Setup（设置）"→"Design Parameters（设计参数）"命令，弹出"Design Parameters Editor（设计参数编辑器）"对话框，打开"Display（显示）"选项卡，进行参数设置，如图 12-139 所示。

图 12-138 "Options
（选项）"面板

**19. 生成元件报告**

1）选择菜单栏中的"Tools（工具）"→"Reports（报告）"命令，弹出"Reports（报告）"对话框，在"Available Reports（可用报告）"栏中选择"Bill of Material Report"、"Component Report"选项，使其出现在"Selected Reports（选择的报告）"栏中，如图 12-140 所示。

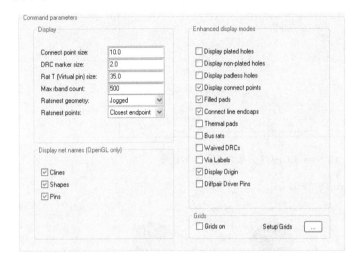

图 12-139 "Design Parameters Editor
（设计参数编辑器）"对话框

图 12-140 "Reports（报告）"
对话框

2）单击 Report 按钮，生成电路图元件清单，如图 12-141 和图 13-142 所示。

Design Name F:/usecadence/yuanwenjian/14/14.2/TR_copper.brd
Date Thu May 21 09:16:23 2015
Total Components: 28

**Component Report**

| REFDES | COMP_DEVICE_TYPE | COMP_VALUE | COMP_TOL | COMP_PACKAGE | SYM |
|---|---|---|---|---|---|
| C1 | C_CAP196_100PF | 100pF | | CAP196 | 328 |
| C2 | C_CAP196_100PF | 100pF | | CAP196 | 77 |
| LS1 | SPEAKER_VVRM_SPEAKER | SPEAKER | | VVRM | 286 |
| Q1 | 2N4851_TO5_2N4851 | 2N4851 | | TO5 | 285 |
| Q2 | BC107_TO5_BC107 | BC107 | | TO5 | 73 |
| R1 | RESISTOR VAR_RESADJ_RESISTOR VA | RESISTOR VAR | | RESADJ | 223 |
| R2 | RESISTOR VAR_RESADJ_RESISTOR VA | RESISTOR VAR | | RESADJ | 182 |
| R3 | RESISTOR VAR_RESADJ_RESISTOR VA | RESISTOR VAR | | RESADJ | 202 |
| R4 | RESISTOR VAR_RESADJ_RESISTOR VA | RESISTOR VAR | | RESADJ | 244 |
| R5 | RESISTOR VAR_RESADJ_RESISTOR VA | RESISTOR VAR | | RESADJ | 306 |
| R6 | RESISTOR VAR_RESADJ_RESISTOR VA | RESISTOR VAR | | RESADJ | 265 |
| R7 | RESISTOR VAR_RESADJ_RESISTOR VA | RESISTOR VAR | | RESADJ | 327 |
| R8 | RESISTOR VAR_RESADJ_RESISTOR VA | RESISTOR VAR | | RESADJ | 286 |
| R9 | RESISTOR VAR_RESADJ_RESISTOR VA | RESISTOR VAR | | RESADJ | 161 |
| R10 | R_RES800_1K | 1k | | RES800 | 122 |
| R11 | R_RES800_1K | 1k | | RES800 | 150 |
| R12 | R_RES800_1K | 1k | | RES800 | 178 |
| R13 | R_RES800_1K | 1k | | RES800 | 205 |
| R14 | RESISTOR VAR_RESADJ_RESISTOR VA | RESISTOR VAR | | RESADJ | 255 |

图 12-141 元件报告

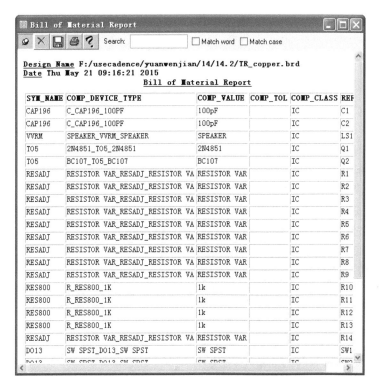

图 12-142　材料报表

3）依次关闭元件清单，单击 [ Close ] 按钮，退出对话框。

# 附录　Cadence 软件的安装

　　Cadence 软件是标准的基于 Windows 的应用程序，它的安装过程十分简单，只需按照提示步骤进行操作就可以了。

### 1. Cadence 产品安装

　　第 1 步：将安装光盘装入光驱后，打开该光盘，从中找到并双击"setup. exe"文件，弹出 Cadence 的安装对话框，显示产品组件菜单，如附图 1 所示。

附图 1　产品组件菜单

　　第 2 步：首先安装许可证文件。单击第一项"License Manager（许可管理器）"，弹出安装向导欢迎对话框，如附图 2 所示。

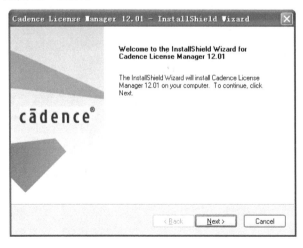

附图 2　安装向导对话框

第3步：单击"Next（下一步）"按钮，弹出安装协议对话框，选择同意安装"I accept the terms of the license agreement（接受许可协议）"选项，如附图3所示。

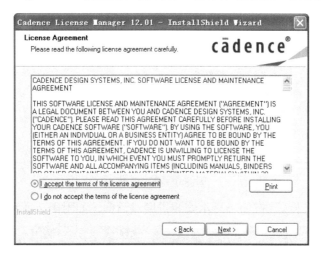

附图3　安装协议对话框

第4步：单击"Next（下一步）"按钮，进入下一个对话框。在该对话框中，用户需要选择安装路径。系统默认的安装路径为"C：\Cadence\LicenseManager"，用户可以通过单击"Change"按钮来自定义其安装路径，如附图4所示。

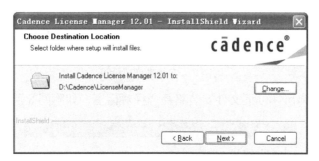

附图4　目标路径对话框

第5步：单击"Next（下一步）"按钮，进入下一个对话框，出现安装类型信息的对话框，设置完毕后如附图5所示。

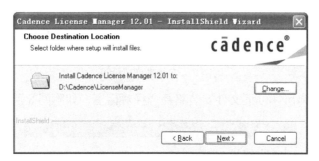

附图5　选择功能

第6步：确定好安装路径后，单击"Next（下一步）"按钮弹出确定安装对话框，如附图6所示。

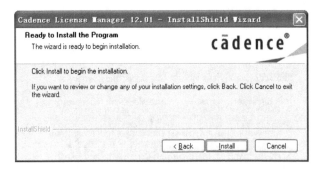

附图6　确定安装

单击"Install（安装）"按钮，显示安装进度对话框，如附图7所示。

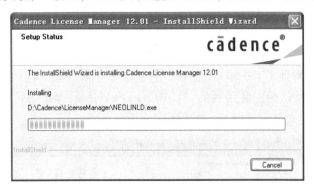

附图7　安装进度对话框

进度条完成后，弹出许可证文件安装路径选择对话框，如附图8所示。

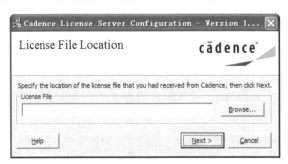

附图8　许可证文件位置对话框

第7步：单击"Cancel（取消）"按钮，弹出确定退出对话框，如附图9所示。

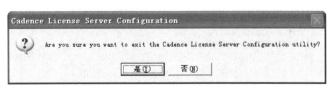

附图9　确认对话框

第 8 步：选择"是"按钮，退出确认对话框，会出现一个"Complete（完成）"对话框，如附图 10 所示。单击"Finish（完成）"按钮即可完成 Cadence 许可证文件的安装工作。

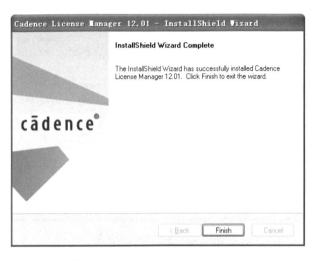

附图 10　"Finish（完成）"对话框

第 9 步：接下来安装 Cadence 的产品，即第二项。单击"Product Installation（产品组件）"，依次弹出安装向导对话框，如附图 11 所示。

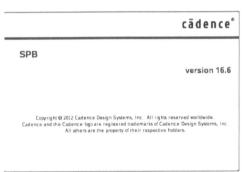 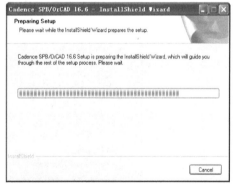

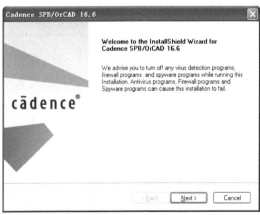

附图 11　安装向导

第 10 步：单击"Next（下一步）"按钮，弹出"Cadence 的安装协议"对话框。选择同意安装"I accept the terms of the license agreement"选项，如附图 12 所示。

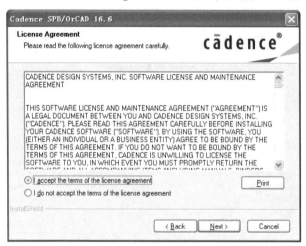

附图 12　安装协议对话框

第 11 步：单击"Next（下一步）"按钮进入下一个对话框，出现安装类型信息的对话框，可选择"Complete（典型）"、"Custom（自定义）"两种，默认选择"Complete（典型）"，如附图 13 所示。

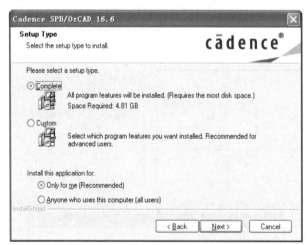

附图 13　选择安装类型

第 12 步：选择完成后，单击"Next（下一步）"按钮，进入下一个对话框。在该对话框中，用户需要选择 Cadence 的安装路径。用户可以通过单击"Browse"按钮来自定义其安装路径，在最下方的"License Server"文本框中输入计算机名称，如附图 14 所示。

若按照附图 15 所示选择"Custom（自定义）"选项，单击"Next（下一步）"按钮，将弹出如附图 16 所示的放置文件位置对话框。

第 13 步：单击"Next（下一步）"按钮，进入下一个对话框。在该对话框中，用户需要选择 Cadence 的安装路径。用户可以通过单击"Browse（搜索）"按钮来自定义其安装路径，在最下方的"License Server"文本框中输入计算机名称，如附图 17 所示。

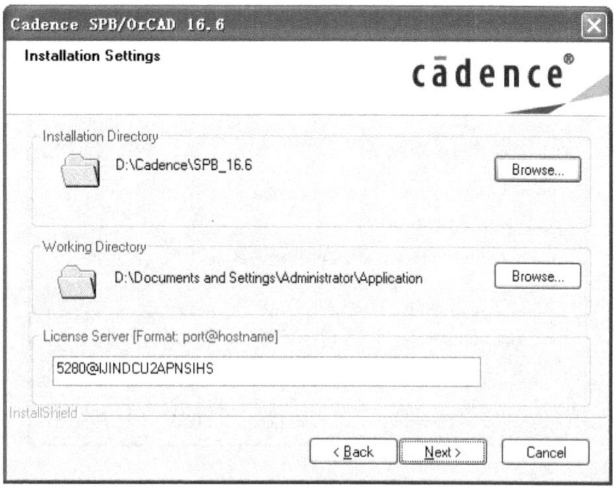

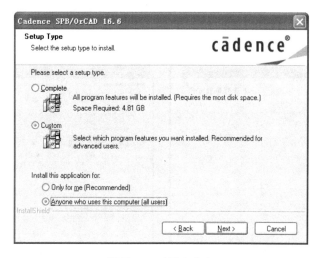

附图 14　指定路径

附图 15　选择自定义

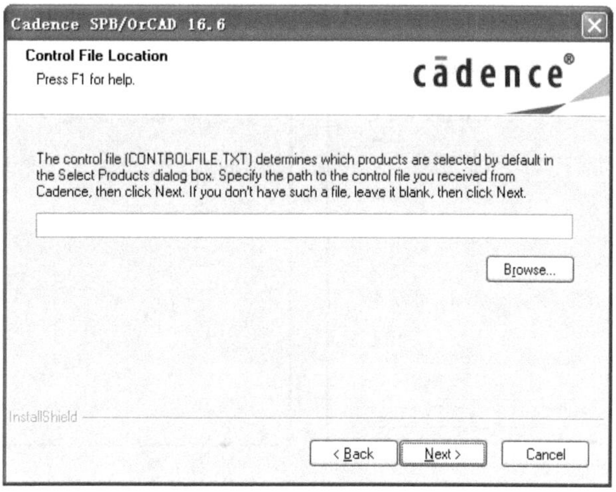

附图 16　设置控制文件位置

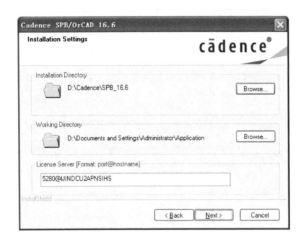

附图 17　设置安装路径

　　单击"Next（下一步）"按钮，进入下一个对话框。在该对话框中，用户选择需要安装的 Cadence 部件。按附图 18 所示选择后，单击"Next（下一步）"按钮，弹出选项设置对话框，如附图 19 所示。

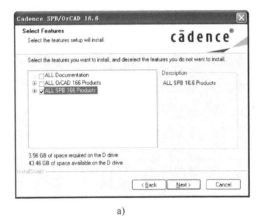

a)

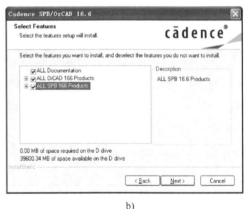

b)

附图 18　选择安装部件

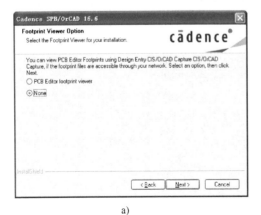

a)

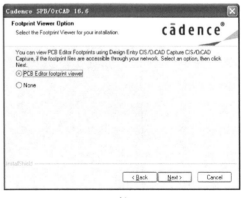

b)

附图 19　选择引脚安装

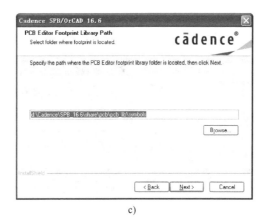

c)

附图 19　选择引脚安装（续）

单击"Next（下一步）"按钮，弹出的对话框显示将要安装的产品，如附图 20 所示。

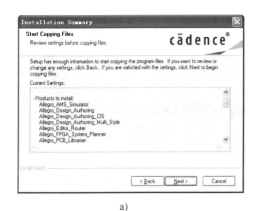

a)

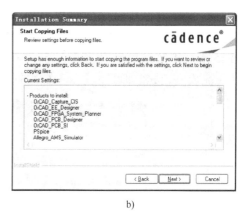

b)

附图 20　显示安装部件对话框

第 14 步：单击"Next（下一步）"按钮，弹出确定安装对话框，也是选择"典型安装"选项，设置安装路径后，弹出确认对话框，如附图 21 所示。

a)

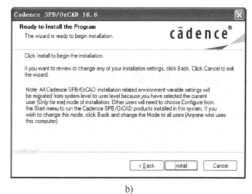

b)

附图 21　确定安装

继续单击"Install（安装）"按钮，此时对话框内会显示安装进度，由于系统需要复制大量文件，所以需要等待几分钟，如附图 22 所示。

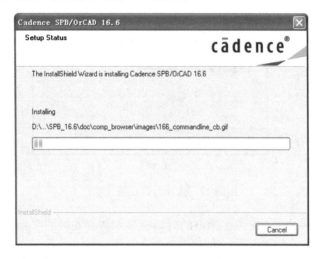

附图 22　安装进度对话框

第 15 步：安装结束后会出现一个"Finish（完成）"对话框，如附图 23 所示。单击"Finish（完成）"按钮即可完成 Cadence 的安装工作。

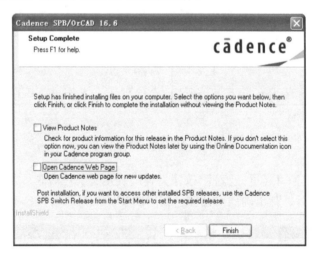

附图 23　"Finish"对话框

单击安装对话框中的"Exit（退出）"按钮，退出安装对话框，到此，完成安装。

在安装过程中，可以随时单击 Cancel 按钮来终止安装过程。安装完成以后，在 Windows 的"开始"→"所有程序"子菜单中创建一个 Cadence 级联子菜单和快捷键。

# 参 考 文 献

［1］ 王超 . Cadence 16. 6 电路设计与仿真从入门到精通 ［M］. 北京：清华大学出版社，2014.

［2］ 周润景 . Cadence 高速电路板设计与仿真 ［M］. 北京：电子工业出版社，2014.

［3］ 李瑞 . Altium Designer 14 电路设计与仿真从入门到精通 ［M］. 北京：人民邮电出版社，2014.

［4］ 闫聪聪 . Altium Designer 电路设计从入门到精通 ［M］. 北京：机械工业出版社，2015.

［5］ 赵月飞 . Altium Designer 13 电路设计标准教程 ［M］. 北京：科学出版社，2014.

［6］ 陈铖颖 . CMOS 模拟集成电路设计与仿真实例——基于 Cadence ADE ［M］. 北京：电子工业出版社，2013.

［7］ 周润景 . Cadence Concept – HDL&Allegro 原理图与电路板设计 ［M］. 北京：清华大学出版社，2014.

［8］ 王俊峰 . 实用电路手册 ［M］. 北京：机械工业出版社，2010.

［9］ 王辉 . Cadence 系统级封装设计——Allegro SiP/APD 设计指南 ［M］. 北京：电子工业出版社，2011.

［10］ 蒋艳波 . Cadence 电路图设计百例 ［M］. 北京：化学工业出版社，2008.